Genome
The Autobiography of
A Species in 23 Chapters

基因组

人类自传

[英] 马特·里德利 著 李南哲 译
（Matt Ridley）

机械工业出版社
China Machine Press

图书在版编目（CIP）数据

基因组：人类自传/（英）里德利（Ridley, M.）著；李南哲译 . —北京：机械工业出
版社，2015.6（2017.7 重印）

书名原文：Genome: The Autobiography of a Species in 23 Chapters

ISBN 978-7-111-50424-5

I. 基… II. ① 里… ② 李… III. 人类基因－基因组－研究 IV. Q987

中国版本图书馆 CIP 数据核字（2015）第 121164 号

本书版权登记号：图字：01-2013-6892

基因组：人类自传

出版发行：机械工业出版社（北京市西城区百万庄大街 22 号　邮政编码：100037）

责任编辑：赵艳君　　方　琳　　　　　　　　责任校对：殷　虹

印　　刷：北京天宇万达印刷有限公司　　　　版　　次：2017 年 7 月第 1 版第 2 次印刷

开　　本：170mm×242mm　1/16　　　　　印　　张：21

书　　号：ISBN 978-7-111-50424-5　　　　定　　价：79.00 元

人类基因组是一套完整的人类基因，位于 23 对独立的染色体里。将其中的 22 对依照尺寸大小进行排序，并分别命名为 1 ~ 22 号染色体，1 号最大，22 号最小。剩下的那对是性染色体，在女性体内是两条大的 X 染色体，在男性体内则是一条大的 X 染色体和一条小的 Y 染色体。就尺寸大小而言，X 染色体处于第 7 号和第 8 号染色体之间，Y 染色体则是最小的。

就基因数量而言，"23"这个数目没有任何特殊的意义。许多物种拥有更多的染色体，与人类关系最近的近亲猿类就是这样的，也有很多物种的染色体要少一些。而相似的基因或有着类似功能的基因也不一定聚集在同一条染色体上。几年前我通过笔记本电脑和演化生物学家戴维·黑格（David Haig）聊天时，他说最喜欢第 19 号染色体。我很惊讶。他解释道，那条染色体上有各种调皮捣蛋的基因。在那之前我从来没有想过染色体竟然还有不同的性格，归根结底，它们不过是基因的组合。但是黑格的话却在我心中植入了一个想法，一直以来都挥之不去：人类第一次探索人类基因组，发现了各种细节，并将其一一展现出来。为什么不试着从每条染色体上都选择一个最具代表性的基因，讲述一下基因组的故事呢？普里莫·莱维（Primo Levi）在他的自传体短篇小说集里就用类似的方法讲述了化学元素周期表，每个化学元素是一个章节，分别讲述了他接触到该元素的那段时期里发生的事情。

于是，我想到：人类基因组本身就是一部人类的自传，它从生命诞生之时起，便用"基因语言"记录了人类和人类祖先所经历的世事更迭与变迁。有些基因从最早的单细胞生物诞生起，就没有发生变化；有些基因是当我们的祖先还是线虫的时候出现的；有些基因是当我们的祖先还是鱼的时候出现的；有些基因因为近期的一场流行病，变成了目前的形态；还有些基因可以用来研究过去几千年里人类迁移的历史。从 40 亿年以前到最近几个世纪，人类基因组谱写了人类的自传，记录了人类历史中的每个重要时刻。

我写下这 23 对染色体的名单，并在每条旁边列出对应的人类本性中的一些重要内容。这是一个缓慢而艰难的过程，我开始寻找那些具有代表性的基因，有时无法找到合适的基因，有时找到了合适的基因却发现它位于其他染色体上，真是令人沮丧。如何排列 X 和 Y 染色体是我遇到的另一个难题，在这本书中，我根据尺寸大小把它们放在了第 7 对染色体之后——对于 X 染色体而言，这再合适不过了。

乍一看来，本书似乎颇具误导性，似乎我在暗示 1 号染色体最早出现，其实不然。抑或是我在暗示 11 号染色体只与人类的性格有关，亦非如此。人类基因组里有 6 万～ 8 万个基因，我无法一一道来，部分是因为截至本书成稿，只发现了不到 8 000 个（尽管这个数字还在以每月几百个的速度增加）。还有一部分原因是它们中的大部分主要负责人体生化反应，描述起来既枯燥又无味。

我要向大家展示的是人类完整基因组中的惊鸿一瞥，在基因组里最有趣的地方稍作逗留，看看它们告诉我们的关于人类自己的一些事情。我们这一代是幸运的，因为我们是阅读《基因组》这本书的第一批人。能够阅读基因组，意味着我们能够更好地了解人类的起源、人类的进化、人类的本性以及人类的思维，这将超过迄今为止科学带给我们的关于人类的所有知识。它将给人类学、心理学、医学、古生物学和几乎所有其他学科带来一场革命。这并非宣扬基因就是一切，或者基因比其他任何因素都重要。但是，基因的重要性是毋庸置疑的。

本书的主题不是关于人类基因组工程——基因定位与测序技术的，而是讲述了这一工程有何发现。2000年6月26日，第一份人类完整的基因组草图的绘制完成，仅仅用了短短几年时间，我们就从对于人类基因几乎一无所知变得无所不知。我坚信，我们正在经历着人类智力活动史上无与伦比的伟大时刻。同时，也有人发出了不同的声音。他们认为，仅用基因无法涵盖人类的全部。我并不否认这一点，每个人所拥有的远远超过一份遗传密码。但在此之前，人类基因几乎是一个谜，我们将是第一批破解这个谜团的人——我们即将揭晓重要的新答案，但也将面对更多的新问题，这也是我希望在本书中呈现给读者的。

导论

前言的第二部分作为本书的导论。在这个部分中，我把与基因和基因作用机制有关的主题以词汇表的形式展现出来，并加以解释。希望读者快速浏览这部分内容，以便在阅读本书的过程中遇到不清楚的术语时，能够返回此部分查询。现代遗传学术语无数，错综复杂。本书力求少用技术术语，但有些还是无法避免的。

人体有大约 100 万亿个细胞，大多数细胞直径不到 1/10 毫米。每个细胞内部都有黑色的一团，叫作细胞核。细胞核里有两套完整的人类基因组（卵细胞、精子细胞和血红细胞除外。精子细胞、卵细胞只有一套基因组，血红细胞内没有基因），其中一套来自母亲，另一套来自父亲。从理论上讲，每套基因组都有相同的 23 对染色体，上面有相同的 6 万～ 8 万个基因。但实际上，来自父亲和母亲的基因对上常常有着细小的差别，正是这些差别决定了人的眼睛是蓝色还是棕色。人类在生育时，来自父亲和母亲的染色体经过交换和重组，便将一套完整的基因组传给了下一代。

想象一下，"基因组"是这样的一本书：

- 全书共 23 章，每章都是一对**染色体**。

- 每章都包含几千个故事，每个故事都是一个**基因**。

- 每个故事由不同的段落组成，称为**外显子**。段落之间是广告，名为**内含子**。

- 每个段落由词语组成，叫作**密码子**。

- 每个词语由字母构成，叫作**碱基**。

如果基因组是一本书，那么这本书有 10 亿个单词，长度是本书的 5 000 多倍，或者是《圣经》的 800 倍。如果按照每秒一个词、每天 8 小时的速度把基因组读给你听，需要 100 年才能读完。如果把人类基因组写下来，每个字母一毫米，则总长度堪比多瑙河。基因组可以看作巨型的文档、巨大的图书、超长的菜谱，其所有内容都收录在比针尖还小的细胞的细胞核内。

严格来讲，将基因组看作一本书不能算作一个比喻，因为它确实是一本书。一本书即一组数码信息，其内容是线性、一维和单向的。一个个小小的字母符号，按照特定的组合顺序，根据一定的规则，拼合成有意义的词汇，汇集成一本书。基因组也是这样的。不同之处在于，所有的英文书都是从左向右读，而基因组的某些部分从左向右读，某些部分又是从右向左读的，好在这两种情况不会同时出现。

（顺便提一句，这段之后，你将不会在本书中看到"蓝图"这个词了。原因有三。首先，我们读的是书。只有建筑师和工程师才使用蓝图，即便是他们，在计算机时代也开始放弃蓝图。其次，对于基因而言，"蓝图"是个很糟糕的类比。蓝图是二维的图示，而非一维的数字编码。最后，对于基因而言，"蓝图"的定义过于字面化，无法表达基因的内在对应关系。蓝图中的每一部分都对应着机器或建筑上的一个部分，但菜谱里的一句话并不对应蛋糕上要吃的那一口）。

英文书是用英文单词写成的，英文单词长短不一，由 26 个字母组成。而整个基因组是由三个字母的词写成的，且仅用了 4 个字母：A、C、G 和 T（分别代表腺嘌呤——Adenine，胞嘧啶——Cytosine，鸟嘌呤——Guanine 和胸腺嘧啶——Thymine）。而且，它们不是写在平面的纸张上，而是写在由糖与磷酸组成的长链上。人们将这条长链称为 **DNA 分子**，碱基就附着在长链的侧面，像螺旋的阶梯一样。每条染色体是一对非常长的 DNA 分子。

基因组是一本非常聪明的书，它懂得在合适的条件下复印自己、读出自己。复印的过程叫作**复制**，读出自己的过程称为**翻译**。基因组之所以能够复制，是因为它的 4 个碱基拥有一种独特的属性：A 总与 T 配对，G 总与 C 配对。所以，一条单链 DNA 将所有的 T 对应所有的 A，A 对应 T，C 对应 G，G 对应 C，依此类推，通过 A-T、C-G 互补配对的方式进行自我复制。实际上，DNA 的通常状态即为著名的**双螺旋**，由原来那条 DNA 链和与它互补配对的一条缠绕在一起形成。

这样，互补链再次进行复制，就把原来的内容带了回来。在这次复制中，序列 ACGT 变成了 TGCA，在下一次复制中又被转录回原来的 ACGT。这使得 DNA 能够无限制地复制下去，却永远携带同一套信息。

翻译的过程要更加复杂一些。首先，一个基因的内容经过相同的碱基配对程序被**转录**成一份副本，但这份副本并非由 DNA 构成，而是由 RNA 构成。RNA 是一种与 DNA 区别非常细微的化学物质。RNA 也携带一个线性密码，与 DNA 使用同样的字母，不同的是使用 U 代替 DNA 中的 T，表示尿嘧啶。这个 RNA 副本被称作"信使 RNA"，通过切除所有内含子并连接所有外显子的方式进行编辑。

之后，这个信使 RNA 与**核糖体**结合，核糖体是一种微小的结构，其自身的一部分也是由 RNA 构成的。核糖体沿着 RNA 移动，依次将由 3 个字母组成的密码子翻译成另外一个字母表，这个字母表代表着 20 种不同的**氨基酸**中的一种，每一种氨基酸由不同的分子带来，这类分子被称为**转运 RNA**。这些氨基酸首尾相连，形成一条与密码子顺序一致的链条。当全部信息都被翻译之后，氨基酸链将自己折叠成一个特殊的形状（具体形状由其序列决定），便形成了**蛋白质**。

几乎身体里的所有东西，从头发到激素，不是由蛋白质构成的，就是由蛋白质制造出来的。每个蛋白质都是被翻译出来的基因。需要特别指出的是，一种名为**酶**的蛋白质对身体里的化学反应起到催化作用。甚至 DNA 和 RNA 分子本身的加工、复印、纠错和组装（复制和翻译）也是在蛋白质的帮助下完成的。蛋白质还负责基因功能的开启和关闭，它们将自己附着于基因内容起始处附近的**启动子**和**增强子**，从而实现对基因开关的控制。不同的基因在身体不同的部位被开启。

基因在复制时，有时会产生错误。偶尔会丢掉或错误地加上一个字母（碱基）。有时整个句子或段落会重复出现、丢失或次序颠倒。这些被称为**突变**。许多突变既无害处也无益处，例如，一个密码子被改成另一个拥有相同氨基酸含义的密码子。这是因为，总共有 64 个不同的密码子，但对应的只有 20 种氨基酸，这就意味着 DNA 中许多"词语"（此处指密码子）有着相同的含义。人类的每一代里会积累大约 100 个突变，因为人类基因组里有 100 多万个密码子，这看上去并不算多。但是如果突变发生在错误的地方，即使只有一个，也可能是致命的。

凡事皆有例外（也包括人类基因）。并非人类所有的基因都在这 23 对主要的染色体上——有很少一部分存在于名为线粒体的小球里，并且，很有可能线粒体还是自由存在的细菌时就是如此。并非所有的基因都是由 DNA 组成——有些病毒由 RNA 构成。并非所有的基因都能够形成蛋白质，有些基因被转录为 RNA，但并不被翻译成蛋白质。这些 RNA 或者成为核糖体的一部分，或者成为转运 RNA，从而直接发挥作用。并非所有的化学反应都由蛋白质来催化，有少量是靠 RNA 催化的。并非所有的蛋白质都来自某个单独的基因，有些是由不同的基因组合而成的。并非所有的 64 个由三个字母组成的密码子都能够用来确定一个氨基酸——其中三个用来下达**终止**指令。最后，并非所有的 DNA 都能够形成基因，大多数 DNA 的序列是重复或者随机的，很少或从来不被转录，即所谓的无用 DNA。

了解完这些，让我们一起开启人类基因组之旅吧！

目录
Genome

前　言

1号染色体
生命 / 1

2号染色体
物种 / 14

3号染色体
历史 / 30

4号染色体
命运 / 47

5号染色体
环境 / 58

6号染色体
智力 / 69

7号染色体
本能 / 85

XY染色体
冲突 / 101

8号染色体
自身利益 / 115

9号染色体
疾病 / 129

10号染色体
压力 / 140

11号染色体
个性 / 153

12号染色体
自装配 / 166

13号染色体
史前 / 178

14号染色体
永生 / 188

15号染色体
性别 / 199

16号染色体
记忆 / 212

17号染色体
死亡 / 225

18号染色体
疗法 / 236

19号染色体
预防疾病 / 250

20号染色体
政治 / 263

21号染色体
人种优化 / 278

22号染色体
自由意志 / 293

参考文献 / 307

生　命

一死一生，川流不息；

灭亡之后，振兴继之；

一祸一福，起伏相寻；

有如水中，忽生泡影；

自起自灭，幻化无穷。

《人论》(亚历山大·蒲柏)

生命起源之初，地球汪洋一片，这时便有这样一个"词"，它携带着自己的信息，自我复制，永不停息，改变了整个海洋的组成。这个"词"能够重新排列化学物质的结构，以使它们从无序的环境中吸收负熵⊖，从而成为有序的生命体，地球从风沙肆虐的地狱变成了郁郁葱葱的天堂。最终，这个"词"发展到极致，创造出一种奇妙的机器——人的大脑，而大脑则意识到了这个"词"的存在。

每当思考这个问题时，我的大脑就像煮沸的粥一样，翻腾不停。地球距今已有 40 亿年的历史，我能够活在当今这个时代，是一种幸运——地球上有 500 万个物种，我有幸成为一个有意识的人；地球上有 60 亿人口，我有幸出生在发现这个"词"的国家；更加幸运的是，我与 DNA 这一宇宙中最伟大、最本质而又最惊人的秘密有着密切的关系：就时间而言，这一秘密揭示之后的第 5 年，我便出生了；就地理位置而言，我的出生地与揭示这个秘密的地点，不过 320 多公里；就生物关系而言，揭示这个秘密的，是我的两个同类——人。当然，你可以嘲笑我对此的狂热，认为我如此热衷于 DNA 这样一个英文缩写词，简直不可理喻。但是，请跟随我去探索生命的源头，你将相信这个"词"是那么迷人。

早在 1794 年[1]，博学的诗人兼内科医生伊拉斯谟斯·达尔文（Erasmus Darwin）曾提出这样一个问题："在动物诞生之前，陆地和海洋就充满了各种植物；在某种动物诞生之前，其他动物就已经存在，据此，我们是否能够得出：所有的有机生命都源自同一种有生命的'丝状物'？"在那个时代提出这样的假设，是令人震惊的。不仅因为他提出了"所有有机生命都有共同祖先"这一大胆的假说（65 年后，他的孙子查尔斯才出版了相同主题的书），也因为他使用了"丝状物"这个古怪的词语。而事实上，生命的秘密就藏在一条细丝里。

⊖ 一个无序的世界是不可能产生生命的，有生命的世界必然是有序的。生物进化是由单细胞向多细胞、从简单到复杂、从低级向高级进化，也就是说向着更为有序、更为精确的方向进化，这是一个熵减小的过程，可以说生物进化是熵变为负的过程。——译者注

问题是，一条"丝状物"怎么就能创造出有生命的东西呢？生命是很难定义的，但生命有两种能力：自我复制和建立秩序。有生命的东西能够产生与自身相似的副本。正所谓"龙生龙，凤生凤，老鼠的儿子会打洞"——兔子生兔子，蒲公英的下一代还是蒲公英。当然，兔子还会做些别的。这个世界本是随机而混沌的，但兔子吃草，却将其转化为骨与肉，从而形成有序而复杂的身体。这一转化过程并没有违反热力学第二定律——在一个封闭系统内，所有的事物都倾向于从有序变成无序。兔子不是一个封闭的系统，因此它通过消耗大量的能量，建立起一个复杂而有序的身体结构。用埃尔温·薛定谔（Erwin Schrodinger）的话来讲：生物从周围环境汲取秩序（从外界引入"负熵"）。

信息是生命这两种能力的关键所在。生命之所以能够自我复制，是因为存在着创造新的身体所需的各种信息。兔子的受精卵携带的信息可以"组装"一只新的兔子。生命通过新陈代谢建立起秩序，同样要依靠信息来创建和维护。如同在烘焙蛋糕时，要在准备蛋糕配方时就预先设计停当——一只有繁殖能力和新陈代谢能力的成年兔子，也是由它的生命"丝状物"预先规划和决定好的。这一理念最早源于亚里士多德。他曾说过，形成一只鸡的原理都蕴含在鸡蛋里，一颗橡实包含着整棵橡树的信息。亚里士多德这种原始的信息理论观点，曾被化学和物理学埋没多年，随着现代遗传学的发现又被重新挖掘出来。马克斯·德尔布吕克（Max Delbruck）开玩笑道：DNA是由这位古希腊哲学家发现的，为此应追授他诺贝尔奖。[2]

DNA的"丝状物"就是信息，由化学物质的密码写成，每种化学物质即为一个字母。令人不可思议的是，DNA的密码是以一种我们能够理解的方式写成的。遗传密码和书面英语一样，是一种线性的语言，沿一条直线书写。遗传密码就像数字一样，每个字母都有着重要的意义。和英语相比，DNA的语言要简单得多，它的字母表里只有4个字母，即通常所说的A、C、G和T。

当我们了解到基因其实是一种加密的信息后，便很难理解为何提出这种可能性的人少之又少。20世纪上半叶，生物学界有个问题一直被反复提及——什么是基因？那时，DNA简直就是无解之谜。DNA的对称结构于1953年被发现，但让我们首先回到10年前的1943年。1943年，那些将在10年后为破解DNA秘密做出卓越贡献的人，都正从事着其他工作。那一年，弗朗西斯·克里克（Francis Crick）在朴茨茅斯（Portsmouth）设计水雷；15岁的"神童"詹姆斯·沃森（James Watson）刚刚被芝加哥大学录取，立志要倾其一生去研究鸟类学；莫里斯·威尔金斯（Maurice Wilkins）在美国协助研发原子弹；罗莎琳德·富兰克林（Rosalind Franklin）在英国政府工作，研究煤炭的结构。

1943年，在奥斯维辛（Auschwitz）集中营里，约瑟夫·门格勒（Josef Mengele）为完成其"科学探究"，将一对对双胞胎折磨致死，可谓惨绝人寰。门格勒尝试去理解遗传的原理，但他的"人种优化论"被证明是伪科学，对于改善人类基因是没有用处的，他的实验结果对之后的科学更是毫无意义可言。

1943年，在都柏林，有一个从门格勒那种人的手下逃出来的难民——大物理学家埃尔温·薛定谔，正在三一学院开展"什么是生命"的专题讲座。他知道染色体内蕴含了生命的秘密，但生命的秘密是以何种形式存储的，却不得而知。于是，他尝试着去解决这个问题："就是这些染色体……使用某种编码，存储了一个人未来发育的全部信息，以及发育成熟后的各种机制和功能。"他说，基因太小了，应该归为一种大分子。他的这一见解似乎为这个问题提供了解决思路，包括克里克、沃森、威尔金斯和富兰克林在内的一代科学家受到启发，开始攻克难题。然而，尽管距离答案触手可及，薛定谔却偏离了方向。他钟爱量子论，认为可以从中找到这种分子承载遗传信息的原因。他固执地坚持自己的观点，却最终被证明走进了死胡同。生命的秘密与量子状态无关，无法从物理学中找出答案。[3]

1943 年，在纽约，66 岁高龄的加拿大科学家奥斯瓦尔德·艾弗里（Oswald Avery）的一个实验进入收尾阶段。这个实验即将决定性地证明 DNA 就是遗传信息的化学物表现形式。此前，他经过一系列精心的实验，证明一种与肺炎有关的细菌，通过吸收一种化学溶剂，就能从无害的变为有毒菌株。到了 1943 年，艾弗里已经得出了结论：发生转变的就是 DNA。但在发表自己的成果时，他的表达过于保守，致使很长一段时间内无人关注。1943 年 5 月，艾弗里写信给他的兄弟罗伊，信中的表述也仅仅放开了一点点：[4]

尽管尚待证明，但如果我们是对的，那就意味着 DNA 不仅在结构上重要，而且是一种功能活跃的物质，它对于细胞的生化活动和某些特性起着决定性的作用。这也意味着，有可能利用已知的化学物质，根据需要去改变细胞，并使这种改变遗传下去。这正是遗传学家们长期以来的梦想。

艾弗里几乎已经实现了这个梦想，但他的思考仍然仅局限在化学的层面。扬·巴普蒂斯塔·范·海尔蒙特（Jan Baptista van Helmont）在 1648 年做出一个猜想："一切生命都是化学。"1828 年，弗里德里希·维勒（Friedrich Wohler）说："至少有些生命是化学。"那时，他刚利用氯化物和氰化银合成了尿素，从而打破了化学与生物学界之间不可逾越的界限，在此之前，尿素都是生物体产生的。说生命是化学，理论上是对的。但这个比喻让人兴致索然，就像有人说足球就是物理一样。粗略来讲，氢、碳、氧是构成生命的主要化学元素。生物体的 98% 都是由这三种原子构成的。真正令人兴致盎然的是生命中那些突出的特性，比如遗传性，而非组成生命的那些元素。然而，艾弗里是无法回答 DNA 是如何承载遗传特性的，因为这个问题无法从化学中得出答案。

1943 年，在英国的布莱奇利（Bletchley），天才数学家阿兰·图灵在极度保密的环境下，亲眼见证了他最伟大的想法（首台可编程计算机）变成现实。图灵曾论证过数字能够自己进行运算。为了破译德国军方的洛伦兹编码器，英国根据图灵理论，制造了一台计算机，命名为"巨人号"（COLOSSUS）。这是一台可编程存储程序的通用计算机。当时，没有一个人意识到图灵也许比其他任何人都更接近生命的秘密。图灵更是没有意识到，遗传物质本质上就是一种可编程的存储程序，新陈代谢就是一台通用计算机。将两者连接起来的是一种编码，是一种化学的、物理的，甚至无形的抽象信息。其奥秘就在能够进行自我复制。任何能够利用世界上的各种资源进行自身复制的事物，都是有生命的。这种信息最有可能以数码信息的方式呈现：可能是数字、程序脚本，或单词。[5]

1943 年，在美国的新泽西州（New Jersey），克劳德·香农（Claude Shannon），这位默默无闻的学者，正在反复思考几年前在普林斯顿大学时的一个想法。他认为，信息和熵都与能量有着密切的关系，但属性却又是相反的。一个系统的熵越小，它所含的信息就越多。蒸汽机之所以能够吸收煤燃烧产生的热能，并将其转化为动能驱动机器运转，就是因为蒸汽机设计者为蒸汽机注入的信息量很大。人体也是如此。香农结合了亚里士多德的信息论和牛顿的物理学原理。和图灵一样，香农也没有考虑生物学的因素，但他的想法很深刻，远比堆积成山的物理化学理论更加接近"什么是生命"这一问题的答案。生命也是一种用 DNA 写成的数码信息。[6]

本章在开头曾提到，生命起源之初，就有那样一个"词"，但那个"词"并不是 DNA。DNA 是在生命诞生之后才出现的，此时生命已经有了两种分工，一种是化学反应与信息存储，另一种是新陈代谢与复制，这两种活动是独立进行的。但是，在 DNA 中记录了这个"词"的信息，并将其原封不动地传递下来，历经岁月变迁，直到今天。

想象一下在显微镜下人类受精卵细胞核的模样，如有可能，将 23 对染色体从左到右按大小顺序重新排列。现在，在显微镜下放大最左边的那条，我们姑且称它为 1 号染色体。每条染色体都有两只手臂，一长一短。我们把连接两只手臂的节点称为着丝粒。仔细观察，你会发现，1 号染色体长臂接近着丝粒的地方，有若干字母序列——长度为 120 个字母，包含 A、C、G 和 T，周而复始，多次出现。每两个这样的序列之间，穿插了一些随机的字符，但这组由 120 个字母组成的"段落"，却仿佛熟悉的旋律一样，反复出现 100 多次。与我们所说的那个"词"最相近的，可能就是这种小段落了。

这里所说的"段落"，就是一小段基因，它也许是人体内最活跃的一个基因。这 120 个字母不断地被复制，形成小段的 RNA，称为 5S RNA。它位于核糖体内，与一些蛋白质和其他 RNA 小心地缠绕在一起。核糖体的功能是把 DNA 成分翻译成蛋白质。蛋白质又使得 DNA 能够进行复制。用塞缪尔·巴特勒（Samuel Butler）的话来说，蛋白质只是一个基因制造另一个基因的手段，而基因又是一个蛋白质制造另一个蛋白质的手段——厨师需要菜谱来做菜，菜谱也需要厨师才能变成菜。生命就是蛋白质和 DNA 这两种化学物质相互作用的结果。

蛋白质代表的是化学作用、生命活动、呼吸、新陈代谢和各种行为等的外在表现——生物学家称其为"表现型"。DNA 代表的是信息、复制、繁殖和性行为等的内在特征——生物学家称其为"基因型"。两者相辅相成，缺一不可。这是一个经典的"先有鸡还是先有蛋"的问题：先有 DNA 还是先有蛋白质？不可能先有 DNA，因为 DNA 只包含一些被动存在的数学信息，无法单独催化任何化学反应。也不可能先有蛋白质，因为蛋白质仅能够进行化学反应，却无法精确地进行自我复制。因此，不能说 DNA 创造了蛋白质，也不能说蛋白质创造了 DNA。如果不是那个"词"在生命的"丝状物"里留下了蛛丝马迹，人们也许一直会困在这个问题上。现在我们知道，在鸡出现很早之前，就有蛋了（爬行动物是一切鸟类的祖先，它们是下蛋的）。越来越多的证据表明：蛋白质出现之前就已经存在着 RNA。

RNA 是联结 DNA 和蛋白质的化学物质。它的主要作用是将信息从 DNA 的语言翻译成蛋白质的语言。但从其运作机制来看，毫无疑问，RNA 就是两者的祖先。如果 DNA 是罗马城，RNA 就是希腊；如果 DNA 是维吉尔，RNA 就是荷马。

RNA 就是本章开始提到的那个"词"。有 5 条线索证明 RNA 的出现先于蛋白质和 DNA。第一，人们发现，要改变 DNA 的组成部分，必须通过改变 RNA 相应组成成分的方式来实现，而无法直接进行更改。第二，DNA 语言中的字母 T 是由 RNA 语言中的字母 U 演化出来的。第三，现在有很多酶，虽然其成分是蛋白质，但必须依赖一些小的 RNA 分子才能发挥作用。第四，RNA 与 DNA 和蛋白质不同，可以在无须任何"外援"的情况下，依靠自己完成自我复制：给 RNA 所需的原料，它就能将其整合成相应的信息。观察细胞的任何一部分，你就会发现最原始、最基础的功能都需要 RNA 的参与。基因中的信息是由 RNA 产生的，由一种依赖于 RNA 的酶携带着。核糖体仿佛是一台带有 RNA 的翻译机，将基因的信息翻译出来，由一种小 RNA 分子负责搬运翻译的过程所需的氨基酸。第五，RNA 与 DNA 不同，它本身就可以作为催化剂，切断或连接其他分子（也包括 RNA 本身在内）。它可以切断这些分子，连接不同的分子片段，使用它们制造出 RNA 结构，并加长 RNA 链。甚至，RNA 能给自己"动手术"，即切除自己的某一段，再将两个游离端连接起来。[7]

20 世纪 80 年代初，托马斯·切赫（Thomas Cech）和西德尼·奥尔特曼（Sidney Altman）发现了 RNA 这些惊人的特点，彻底改变了人们对于生命起源的理解。现在看来，最初的基因应该是兼具复制与催化的，是一个消耗周围化学元素，从而实现自我复制的"词"。它很有可能就是由 RNA 构成的。将 RNA 分子放入试管中，让其发生催化反应，经过反复筛选，就可能得到 RNA 上和自我催化反应相关的序列，这就好像在模拟人类起源时的场景。RNA 一部分序列的功能就是催化自身，进行复制和翻译等过程，而不需要外来物质介入。这个实验最惊人的结果之一是：最后筛选出的片段和 1 号染色体内的 5S 基因结构相似。

在出现第一只恐龙、第一条鱼、第一只虫子、第一棵植物、第一种真菌和第一种细菌之前，RNA 统治着整个世界——那时大约距今 40 亿年前，地球刚形成不久，宇宙也不过只有 100 亿年的历史。这些核糖生物是什么样子的，我们无从考证，只能从化学意义上猜想它们是怎样存活的。尽管无法得知它们之前的世界是怎样的，但是通过今天生物中留下的线索，我们可以很确定地说，曾经，那真的是 RNA 的世界。[8]

这些核糖生物面临着一个很大的问题。RNA 是一种不稳定的物质，几个小时之内就会分解掉。一旦到了比较热的地方，或者个头比较大时，它们基因中的信息就会迅速坏死，遗传学家将这种现象称为"错误灾变"。RNA 前仆后继，不断适应，终于进化出一个新的、更加坚强的类型——DNA，还创造了一个从 DNA 复制 RNA 的系统，里面包含了"原核糖体"。这个系统一定要又快又准，因此，它把基因信息中每三个字母分为一组，同时进行复制，这样更高效也更准确。每个三字母组都带有一个氨基酸"制成"的标签，以便原核糖体进行查找。很久以后，这些标签结合在一起，形成蛋白质，这些三字母组则成为这些蛋白质的密码，即遗传密码。（所以，直到今天，遗传密码里的每个词都包含三个字母，每个包含三个字母的词代表一种氨基酸，成为蛋白质成分的一部分。）这样，一种更复杂的生物诞生了。它将遗传信息存储在 DNA 中，依靠蛋白质运行，并通过 RNA 将 DNA 和蛋白质联结起来。

这种生物名叫"Luca"，是所有物种分化前的最后一个共同祖先。它长什么样子呢？它住在什么地方？传统上认为：它长得像细菌一样，可能居住在温泉旁温暖的池塘里，也可能生活在海岸泻湖里。但是，在过去几年里这一答案有所改变，更倾向于认为 Luca 生活在一个险恶的环境里。因为有清晰的证据表明地下与海底的岩石上生存着数以十亿计的细菌，这些细菌依靠食用化学物质存活。科学家现在认为，Luca 应该生活在地下很深的地方，存在于炽热的火成岩裂缝中，它在那里靠吃硫、铁、氢和碳为生。直到今天，生活在地球表面上的生物，不过是地球上所有生物中的九牛一毛。地下深处的那些嗜热菌体内的总含碳量，也许是地面生物圈总含碳量的 10 倍，也许正是它们形成了我们日常使用的天然气。[9]

然而，在确定最早生命形式时，出现了一个概念上的难题。通常认为，对于大多数生物体而言，它们的基因都只能从父母那里获取，但过去并非如此。即使在今天，许多细菌可以通过吞噬其他细菌获得其基因。在过去，也可能普遍存在着基因"交易"，甚至基因"盗窃"。可能在很久以前，生物体拥有很多染色体，但每条染色体都很小，只携带一个基因，因此很容易获得，也很容易丢失。卡尔·乌斯（Carl Woese）指出，如果果真如此，那么这样的生物体还不能被认为是一种可以存活下去的个体，只能看作一个暂时存在的基因集合。因此，人类体内的基因也许来源于许多不同的物种，将它们归类溯源是毫无意义的。从这种意义上说，我们的祖先并非 Luca 这一支，而是各种携带遗传物质的生命构成的"共生体"。正如乌斯所言，生命的来源在事实上可考，从宗谱上却无法推导。[10]

对于"我们不是来自某个个体，而是来自某个'共生体'"这样一个结论，你可以仅仅将其看作一种模糊哲学，旨在宣扬全局意识，让人感觉良好；抑或，你可以把它看作"自私的基因"这一理论最有力的证明，过去，基因间的战争比今天更加惨烈。它们将生物体作为临时的战车，两者的联盟是极其短暂的；而在今天，基因与生命体形成密切合作的团队，基因间的战争更像是不同团队之间的竞争。面对这两种观点，你更倾向于哪一种呢？

即便以前有很多种Luca，我们仍然可以猜想它们生活在什么地方，以什么为生。这也是关于嗜热菌的第二个问题。1998年，三个新西兰人公布了一些很有意义的调查结果，几乎所有教科书中关于生命进化的图谱，都是金字塔形的，从中我们也许能够找到关于生物进化历程的答案。这些教科书都认为最早的生命体都像细菌那样——单细胞，拥有环状的染色体，并且每条染色体都是一模一样的。当多个这样的生物体集结在一起时，便形成了复杂细胞，于是其他生物便出现了。如果把这个过程颠倒过来，似乎更具有说服力。最原始的现代生命体并不像细菌那样，也不居住在温泉或深海火山口里。它们更像原虫：它们的基因组由若干条线状基因组成，而非环状的一条。科学家将其称为"多倍体"，每个基因都有若干个独立的备份，以便修复基因复制过程中出现的翻译错误。除此之外，这些生命体应该喜欢比较凉爽的气候。帕特里克·福泰尔（Patrick Forterre）一直坚持认为：现在看来，细菌可能是后来才出现的，它们是Luca的后代，功能高度异化，结构高度简化。它们出现的时间远远晚于DNA和蛋白质，抛弃了许多"RNA时代"产生的特性，从而适应了炎热的生存环境。人类的细胞里却保留了Luca中那些原始的分子特征，从这个层面上讲，细菌比人类"进化得更高级"。

一些分子"化石"的出现支持了这一奇特的说法。那是人类细胞核中的一些微小RNA，整天做着一些可有可无的事情，比如把自己从基因里切除。它们分别是：向导RNA、穹窿体RNA、核小RNA、核仁小RNA和自剪切内含子。细菌中就没有这些，与其说人类发明了这些RNA，不如说细菌剔除了这些RNA，因为后者更加容易理解。（人们可能感到惊奇：如果对于同一现象有两种不同的解释，科学会采取比较简单的那一种，直到发现更多的证据。这一原理在逻辑上称为"奥卡姆剃刀"。）细菌在"入侵"高温的地方时，比如温泉或温度高达170℃的地下岩层时，就把这些无用的RNA剔除了。为了尽可能减少高温导致的问题，它简化了自身的无用结构。剔除这些RNA后，细菌发现：在寄生或食腐等生存环境中，能够迅速繁殖是一个优势，而简化后的细胞机制更有利于它们生存。人类保留了这些古老的 RNA，尽管它们不再发挥作用，却从未完全剔除。细菌世界的竞争极为惨烈，只有简单快速才能取胜。而所有的动物、植物和真菌从未遇到过如此激烈的竞争。与简化和高效利用基因相比，它们更加重视积累尽可能多的基因，从而变得复杂起来。[11]

三个字母组成的遗传密码在所有生物体内都是一样的。CGA 代表精氨酸，GCG 代表丙氨酸——无论蝙蝠、甲虫、榉树，还是细菌，都是如此。即使对于生活在大西洋几千尺深处沸腾的硫黄泉中的原始细菌（这些细菌现在仍然存在，因此名字具有误导性），或者生存在形态各异的微小荚膜中的病毒，这些遗传密码的意义也是一样的。不管你走到哪里，不论你看到什么动物、植物、昆虫和其他东西，只要它有生命，使用的都是同一套密码和对应的解码词典。从这个层面来讲，所有的生命都是一样的。除了一些微小的局部变异外（主要发生在纤毛虫原生动物门内，原因未知），所有生物都使用同样的遗传密码。所以，一切生物都使用同一种"语言"。

这意味着只有一次创世纪，生命是在这唯一的创世纪里被创造出来的——对于信仰宗教的人来说，这一论证十分有力。当然，生命也有可能诞生在其他星球上，并由宇宙飞船播种到地球上；也有可能最初有成千上万种生命形态，最终 Luca 过五关斩六将，打败其他对手，存活下来。然而，直到 20 世纪 60 年代遗传密码被破解后，才真相大白：所有的生命都是一样的——海带是你远方的表哥，炭疽是你亲戚的长辈。生命是统一的，这是从经验中得出的事实。伊拉斯谟斯·达尔文（Erasmus Darwin）当年的论断就与这一事实惊人的一致："所有的有机生命都源自同一种有生命的'丝状物'"。

"基因组"是一本书，通过阅读它，我们得到了一些简单的真理：生命具有统一性，RNA 的重要性，地球上最早生命的化学特征，大的单细胞生物可能是细菌的祖先，而非细菌是单细胞生物的祖先。没有化石告诉我们 40 亿年前的生物是什么样子的，我们只能通过阅读"基因组"这部巨著加以了解。一个人小手指细胞里的基因，就是第一个具有基因复制功能分子的直系后裔。这些基因经过上百亿次的复制，生生不息，直到今天我们这里。从它们携带的数码信息里，我们还能依稀看到最原始的生存竞争的痕迹。试想一下，既然通过人类基因组可以了解那个原始混沌的世界里发生的事情，那么对于之后 40 亿年发生的事情，我们了解的还能少吗？人类基因组是一部用遗传密码写就的人类历史，人类依靠这些密码延续至今。

2号染色体
Genome

物　　种

人，尽管有他的一切华贵的品质，然而，在他的躯干上面仍然保留着他出身低贱的烙印，永不磨灭。

——查尔斯·达尔文

有时，真相就在眼前，人们却熟视无睹。1955 年以前，人们认为人类有 24 对染色体。并且，人们都认为这是理所当然的。这是因为，1921 年，有两个黑人和一个白人精神失常了，他们因为自虐而被处宫刑。得克萨斯的西奥菲勒斯·佩因特（Theophilus Painter）把他们的睾丸做成切片，用化学试剂固定，使用显微镜进行观察。佩因特仔细观察了这 3 个倒霉蛋的精母细胞，数出那些缠在一起的、各不相同的染色体的对数，一共是 24 对。他说："我坚信这个数字是正确的。"后来，其他人用其他方法进行了这个实验，结论都是同样的 24 对。

之后的 30 年里，没有人怀疑过这个结论。为此，有几个科学家放弃了对于人类干细胞的研究，因为他们只在这些细胞里发现了 23 对染色体。另一个研究者发明了分离染色体的方法，但他仍然认为自己看到了 24 对染色体。直到 1955 年，印度尼西亚的蒋有兴（Joe-Hin Tjio）从西班牙来到瑞典，与奥尔波特·雷文（Albert Levan）共同发现了真相。他们使用了更先进的技术，清清楚楚看到了有 23 对染色体。他们翻阅了以前出版的书籍，竟然发现那些书的照片里明明有 23 对染色体，图注中却标明"事实上应该有 24 对的"。真是不可理喻！[1]

人类没有 24 对染色体，这着实令人惊讶。黑猩猩、大猩猩和红毛猩猩都有 24 对染色体。在猿类动物里，我们人类是个例外。通过显微镜可以发现，我们与其他类人猿最大、最明显的区别在于：我们比它们少一对染色体。很快就真相大白了，在我们的身体里，并非人类的染色体丢掉一对，而是两对融合在了一起。二号染色体（人类第二大染色体）是由两对中等大小的猿类染色体融合形成的。这点通过人类染色体与猿类染色体上对应的黑色带型排列就可以看出。

教皇约翰·保罗二世（Pope John-Paul II）于 1996 年 10 月 22 日在罗马教皇学院的讲话中提出，古猿和现代人类之间存在某种"本体的断裂"——上帝在该断裂点向动物注入了人类的灵魂。这一观点缓和了宗教与进化论之间的矛盾。或许就是在两条猿类染色体融合时产生了这个本体的飞跃，而人类灵魂的基因就注入在靠近 2 号染色体中间的地方。[2]

然而，抛开教皇的观点，人类绝非进化的终点。进化无终无极，亦无进步退步之分。自然选择不过是生命形式不断变化的过程，为的是适应自然环境和其他生命。例如，生活在大西洋底部硫黄出口的"黑烟囱菌[○]"，是 Luca 时代结束后不久，从与我们祖先不同的一个菌群进化而来。就基因进化水平而言，这种细菌大概比银行职员更加高级。如果这种细菌每一代更迭的时间越短，那么它完善自己基因的机会和时间就越多。

尽管本书专注于讲述人类基因组的故事，但这并不是说，只有人类这个物种才是最重要的。当然，人类是独特的，他们两耳之间有着世界上最复杂的生物机器——人类大脑。但是，复杂并不意味着一切，亦非进化的目的。世界上的每个物种都是独特的，可以说，世上最不缺的就是独特性了。尽管如此，我仍然要在本章里讨论人类的独特性，以探究人类特性的根源——请原谅我的狭隘。起源于非洲的无毛灵长类动物，曾繁荣一时，它们的故事却也仅仅是整个历史长河中的一叶扁舟。然而，对于无毛灵长类动物的历史而言，它们无疑是最重要的。那么，究竟什么是人类这个物种独特的"卖点"呢？

人类适应环境的能力很强大，也许是地球上数量最多的大型动物。人类总数约 60 亿，其生物量总计达 3 亿吨。那些数量上能与人类匹敌甚至超过人类的动物，要么被人类驯化了，比如牛、鸡和羊等；要么要依赖人类环境才得以生存，比如麻雀和老鼠等。相比之下，世界上只有不到 1 000 只山地大猩猩，即使在人类开始毁坏它们的生存环境、屠杀它们之前，其数量也不超过 10 000 只。除此之

○ 即"海底嗜热菌"，是一种喜欢高温的细菌，一般存活在海底活火山口附近。"黑烟囱"是指海底富含硫化物的高温热液活动区，因热液喷出时形似"黑烟"而得名。——译者注

外，人类突显了其征服各种生存环境的能力。无论是炎热还是寒冷，干旱还是潮湿，海拔高还是低，海洋还是沙漠，都有人类涉足。能够在南极洲以外各大洲大量繁衍生存的，除了人类之外，只有鹗、仓鸮和红燕鸥了。即便如此，它们在各大洲的栖息地都是很有限的。毫无疑问，人类为适应各种生态环境付出了高昂的代价，也注定一场大灾难将不期而至。至少到目前为止，人类的生存繁衍是成功的，但对未来却无比悲观。无论如何，到目前为止，人类取胜了。

令人惊讶的是，人类经历了一系列的失败，几近灭绝，才走到今天。人类由猿类进化而来，但在 500 万年前，猿类与"基因更好"的猴子展开竞争，以失败告终，几乎灭绝；人类属于灵长类，但在 4 500 万年前，灵长类哺乳动物与"基因更好"的啮齿动物展开竞争，以失败告终，几乎灭绝；人类拥有一个由合弓纲动物进化而来的四足爬行动物祖先，但在两亿年前，人类的爬行动物祖先与"基因更好"的恐龙展开竞争，以失败告终，几乎灭绝；人类是远古叶鳍鱼的后代，但在 3.6 亿年前，叶鳍鱼与"基因更好"的条鳍鱼展开竞争，以失败告终，几乎灭绝；人类属于脊索动物，但在 5 亿年前的寒武纪，在与那些非常适应环境的节肢动物的竞争中，只能算作侥幸活了下来。历经种种屈辱，克服重重困难，我们才最终适应了环境，生存下来。

根据理查德·道金斯（Richard Dawkins）⊖的理论，Luca 之后的 40 亿年间，那个"词"越来越擅长制造"生存机器"。"生存机器"指那些大型的、由血肉构成的生物体，它们善于将局部的熵逆转变小⊜，从而更好地在体内实现基因的自我复制。这个过程庄重而繁杂，步骤之多，几经尝试，历经失败，人们称为"自然选择"。数以万亿计的生物体被制造了出来，经历重重检验，标准越发严苛，

⊖ 理查德·道金斯：英国著名演化生物学家、动物行为学家和科普作家，著有《自私的基因》等作品，下文中"生存机器"的观点即出自《自私的基因》一书。——译者注

⊜ 熵是描述系统混乱的量。熵越大说明系统越混乱，携带的信息就越少；熵越小说明系统越有序，携带的信息越多。——译者注

只有那些达到标准的，才得以生存并繁衍下去。起初，这个过程非常简单，只关乎化学反应是否高效：最好的生物体是那些能够把其他化学物质转化成 DNA 和蛋白质的细胞。这个阶段持续了大约 30 亿年。其他星球上的生命在这个时候是何种形式，我们不得而知，但在地球上，生命似乎就是不同种类的变形虫之间的战争。在那 30 亿年间，生活过的单细胞生物不计其数，每个生命体在短短几天内就要完成繁殖，然后死亡。这样周而复始，有大量生物走向灭亡。

然而，这并非生命的终结。大约 10 亿年前，一种新的世界秩序骤然而至，更大的多细胞生物诞生了。这一时期，大型生物如雨后春笋，大量涌现。从地质学角度来看，仅一眨眼的工夫（所谓的寒武纪大爆发也许只持续了 1 000 万～2 000 万年），就出现了大批无比复杂的生物：有跑得飞快的、近 30 厘米长的三叶虫，有比三叶虫还长的、浑身黏糊糊的蠕虫，还有长达 1 米、在水底摇曳的藻类。那个时期单细胞生物仍然统治着世界，但这些庞大的"生存机器"在努力为自己划出一块领地。并且，这些多细胞体不可思议地获得了一些意外的进步。尽管偶有来自太空的陨石撞击地球，给生物进化造成了一些倒退，更不幸的是，这些灾难总是倾向于给更大、更复杂的生命形式带来灭顶之灾，但是生物进化的趋势还是清晰可辨的。动物存在的时间越长，它们中的一些就变得越复杂。特别需要指出的是，那些最聪明的动物的大脑，每一代都会变得更大：中生代最大的大脑比古生代最大的要大，新生代最大的大脑比中生代最大的要大，而现代最大的大脑又比新生代最大的要大⊖。基因通过制造既能够存活下去，又具有智慧的生存机器，实现了自我延续。例如，动物很聪明，当受到冬季暴风雪的威胁时，会向南方迁徙，或给自己搭建避风寒的住所。这样，动物体内的基因便可以依赖其延续下去。

让我们一口气从 40 亿年前回到距今 1 000 万年的时候——暂且不去讨论最早出现昆虫、鱼类、恐龙和鸟类时的地球——那时地球上大脑最大（大脑与身体比

⊖ 地质年代从古至今依次为：太古代、元古代、古生代、中生代、新生代。——译者注

例最大）的生物可能就是我们的祖先类人猿了。当时距今1 000万年，非洲生存着至少两种或两种以上的猿类。它们中的一种是大猩猩的祖先，另一种则是人类和黑猩猩的共同祖先。大猩猩的祖先可能在非洲中部的重重山林里安置下来，从此在基因上与其他猿类隔断。而那之后的500万年间，另一种猿类的后代形成两个不同的分支，最终进化成人类和黑猩猩。

我们之所以知道这段历史，是因为基因记录了这一切。就在1950年，伟大的解剖学家约翰·扎卡里·杨（J. Z. Young）曾写道：我们仍不清楚人类究竟与猿类拥有共同的祖先，还是起源于与猿类在6 000万年前就分开的另一个灵长类分支。那时，有人还认为红毛猩猩是人类最近的表亲。[2] 然而时至今日，我们不仅知道黑猩猩与人类分离晚于大猩猩，还知道人类和猿类的分离发生在1 000万年，甚至可能不到500万年以前。物种之间的关系明显反映在基因随机积累的"排列组合"变化的速度上。黑猩猩与大猩猩基因的差别大于黑猩猩与人类基因的差别——从每个基因、每个蛋白质序列到人们想观察的任意一段DNA序列，均是如此。用最直白的话来讲，由人类DNA与黑猩猩DNA组成的杂合体，需要在较高的温度下才能分离开来；而大猩猩DNA和黑猩猩DNA的杂合体，或人类DNA和大猩猩DNA的杂合体，只需较低的温度就可以分离。

与确定人类祖先相比，通过校准分子钟以判断物种出现的时间要难得多。因为猿类寿命很长，并且在年龄较大时才开始生育，所以它们的分子钟走得比较慢（基因的"排列组合"变化多产生在基因复制、形成卵子或精子的时候）。但是针对这个问题，我们尚不清楚该如何去校正分子钟。并且，基因与基因之间也各不相同。一些DNA片段似乎暗示着黑猩猩与人类的分离发生在很久以前；而线粒体和其他结构中的DNA片段，则显示这种分离发生在更近的时间。普遍认为，这一时间为500万～1 000万年。[3]

除 2 号染色体是由两对黑猩猩的染色体融合而成外，人类与黑猩猩的染色体之间可见的差别是微乎其微的，有 13 对染色体不见丝毫差别。如果随机选取黑猩猩基因组里的一个"段落"，并将其与人类基因组里相应的"段落"进行比较，你就会发现仅仅个别"字母"不同而已——平均每 100 个字母里只有不到两个不同。如果按照比例来计算，可以说我们有 98% 的基因序列与黑猩猩的相同，也可以说黑猩猩有 98% 的基因序列与人类相同。这是完全可信的。如果你仍旧不以为然，那么请思考这样一个问题：黑猩猩的 97% 是大猩猩，人类的 97% 也是大猩猩，与大猩猩相比，我们是不是更像黑猩猩呢？

怎么可能是这样呢？人类和黑猩猩之间的差别太大了。黑猩猩的毛发比人多，它的头部、身体和四肢的形状都与人类不同，它发出的声音也和人类的不一样。黑猩猩身上似乎没什么东西能和人类有高达 98% 的相似性。但果真如此吗？这还要看跟谁比较。比如有两个橡皮泥老鼠模型，你将其中一个改成黑猩猩模样，将另一个改成人形，那么这个过程中的大部分改变是相同的。如要将两个橡皮泥变形虫模型中的一个改成黑猩猩，另一个改成人，这个过程中的绝大多数变化也是一样的——两者都要有四肢、每只手上有 5 个手指、两只眼睛、32 颗牙齿和肝脏；都要有毛发、干燥的皮肤、脊柱和中耳里的三块小骨头。从变形虫的角度，或从受精卵的角度来讲，人类和黑猩猩有 98% 的相似。黑猩猩有的骨头，人类一块不少；黑猩猩大脑里有的化学物质，在人脑里都能找到。黑猩猩和人类一样，都拥有免疫系统、消化系统、血管系统、淋巴系统和神经系统，反之亦然。

甚至人类大脑中的脑叶也和黑猩猩的一样。维多利亚时期的解剖学家理查德·欧文⊖爵士（Sir Richard Owen）坚持认为人类不是从猿类进化而来。欧文提

⊖　理查德·欧文是当时公认的古生物学权威，也是达尔文进化论的主要反对者。——译者注

出，人脑中有海马体小叶。他研究了探险家保罗·杜·沙伊鲁（Paul du Chaillu）从刚果带回的大猩猩大脑标本，并没有发现海马体小叶。他据此声称海马体小叶为人类大脑所特有，是灵魂的栖息地，也证明了人类是由上帝创造的。这也是欧文为捍卫自己的观点所做的最后努力。托马斯·亨利·赫胥黎（Thomas Henry Huxley）⊖ 愤怒地回应道：类人猿的大脑里也有海马体小叶！"不，它不存在。"欧文坚持自己的观点。赫胥黎反驳道："它就是存在的！"——两人就这一问题展开了争论。尽管时间持续不久，"海马体问题"在 1861 年一度成为维多利亚时期伦敦关注的焦点。当时的讽刺漫画杂志《笨拙》（Punch）和查尔斯·金斯莱（Charles Kingsley）的小说《水孩子》（The water babies）里都讽刺过这件事情。赫胥黎的观点（今天也有很多人热烈响应）并不仅限于解剖学：⁴"我并不是根据人类能够直立行走就赋予人类无上的尊严，同样不会因为猿脑也有海马体小叶，就去讽刺我们失去了尊严。相反，我尽力去排除这种虚荣心。"值得一提的是，在"海马体问题"上，赫胥黎是正确的。

毕竟，从人与猿的共同祖先居住在非洲中部的日子算起到现在，人类只繁衍了不到 30 万代。你拉着你妈妈的手，她拉着你外祖母的手，曾祖母又拉着你曾外祖母的手，代代手拉手，刚从纽约延伸到华盛顿，就要同"缺失的一环"⊖（人类与黑猩猩的共同祖先）拉手了。500 万年是很长一段时间，但进化并不是按年进行的，而是按代计算的。对于细菌而言，要经历这么多代仅仅需要 25 年的时间。

"缺失的一环"是什么样子的呢？通过仔细研究人类已知祖先的化石，科学家距离揭晓答案还有一步之遥。与"缺失的一环"最接近的当属一种小型猿人的骨架，这种猿人生活在距今大约 400 万年前，科学家将其命名为"地猿"

⊖ 托马斯·亨利·赫胥黎，19 世纪英国生物学家，达尔文进化论最杰出的代表。著有《进化论与伦理学》（Evolution And Ethics）等作品。该著作于 19 世纪末由我国翻译家严复介绍到中国，即《天演论》。——译者注

⊖ 假设的介于现代人类及其类人猿祖先之间进化过程中已经绝灭的动物。——译者注

（Ardipithecus）。尽管有一些科学家认为"地猿"的生存年代早于"缺失的一环"，但这实际上并不太可能："地猿"的骨盆构造十分适合直立行走，要从这种构造退回大猩猩或黑猩猩那样的骨盆构造，几乎是不可能的。然而，要确定"地猿"是不是人类和黑猩猩的共同祖先，我们还需要找到比"地猿"早几百万年的化石。不过，通过"地猿"化石，我们可以大致猜测出那"缺失的一环"的模样：它的大脑也许比现代的黑猩猩小；它靠两条腿支撑身体，可能与现代的黑猩猩一样灵活；它的饮食习惯也许和现在的黑猩猩类似——主要以水果和其他植物为生：雄性的比雌性的个头大很多……从人类角度来看，这"缺失的一环"应该与黑猩猩更相近，而不是人类。当然，黑猩猩的看法可能恰恰相反。但无论任何，我们人类这一分支应该比黑猩猩经历了更加完整的进化。

如同每一种曾经存在过的猿类，这"缺失的一环"很可能也生活在森林里——那应该是一种典型的、具有现代特征的猿，生活在上新世 ⊖，居住在树林里。在某一时刻，它的种群一分为二。我们知道这一点，是因为一个种群发生分离后，这两个分支的基因逐渐产生差异，因此往往会形成新的物种。可能是一条山脉，可能是一条河流（今天，黑猩猩和它的姐妹物种倭黑猩猩，就分隔在了刚果河两岸），也可能是大约 500 万年前形成的东非大裂谷将人类的祖先阻隔在了干旱的东侧 ⊜。法国古生物学家伊夫·科庞（Yves Coppens）将最后一种假设称为"东边的故事"。这些理论现在变得越来越不着边际——也许，是当时刚刚形成的撒哈拉沙漠把人类的祖先阻隔在了非洲北部，而黑猩猩的祖先则留在了非洲南部；也许 5 万年前直布罗陀海峡突然洪水泛滥，流量比尼亚加拉河大 1 000 倍，将当时干旱的地中海盆地淹没，导致"缺失的一环"被隔绝在地中海的一些大岛

⊖ 上新世（Pliocene）是地质时代中第三纪的最新的一个世代，它从距今 530 万年开始，距今 180 万年结束。——译者注

⊜ 东非大裂谷形成后，降水规律被破坏，非洲东部开始变得干旱，雨林逐渐消失。居住在这一区域的共同祖先的后裔逐渐适应了新环境，成为人科成员。这种假设即后文提到的"东边的故事"（East Side Story）。——译者注

上，它们在那里过着半水栖的生活，以捕食鱼类和贝壳类动物为生。这个"水猿假说"[⊖]闹得沸沸扬扬，却没有支持它的确凿证据。

不管是哪种原因，我们都可以猜想，人类的祖先只是当时与其他猿类隔绝的、很小的一个分支，而黑猩猩的祖先则是当时猿类的主流分支。之所以得出这个结论，是因为从人类的基因里，我们发现人类经历的"种群瓶颈"（即人类经历过一个人口骤减的时期），比黑猩猩的要严重得多：人类基因组里的随机变异比黑猩猩的少得多。⁵ 不管这座孤岛是否存在，让我们勾画一下生活在这座岛上与世隔绝的那小群猿人。它们开始了近亲繁殖，因此面临着灭绝。这时，它们受到了"遗传奠基者效应"的影响（这种效应使得一个小群落可能偶然出现巨大的遗传变异），基因发生了巨大的突变，有两对染色体融合了。从此以后，它们只能在自己的群落里进行繁殖，即便这个"孤岛"与"大陆"重新接合之后也是如此。它们与大陆上以前的那些"亲戚"杂交生出的后代是没有生育能力的。（我不禁要想：人类和黑猩猩能否繁殖后代呢？不过好像科学家似乎对于人类和猿类之间的生殖隔离没有丝毫兴趣。）

就在这时，开始出现其他一些惊人的变化。这些猿类的骨架形状发生了变化，它们可以用两条腿直立行走了，从而适合在平坦的地面上长途旅行，其他猿类则更适合在崎岖的山区短途行走。它们的皮肤也发生了变化，毛发越来越稀少，天热时会大量出汗。这些特质在猿类中是罕见的，再加上它们的头上有一层头发，保护头皮；头皮里的血管四通八达，便于散热，这些变化暗示着人类的祖先已经不再生活在荫蔽的雨林里，它们行走在开阔的平原上，行走在赤道的炎炎烈日下。⁶

⊖　水猿假说（aquatic ape hypothesis，AAH）是对人类演化过程的一个假说，这个理论假设现代人类的共同祖先曾经度过一段半水栖时期，之后才又回到以陆地为主的生活方式。——译者注

是什么样的生存环境使得我们祖先的骨骼发生了巨大的变化呢？对于这个问题，人们提出了各种各样的猜想，但只有极少几种猜想被证明是有可能的。其中，最可信的一个说法，当属我们的祖先被阻隔在了一块相对干旱和开阔的草地上。我们的祖先只是巧遇了这种生存环境，而非它们刻意去寻找：当时在非洲的很多区域，热带雨林正在被稀树大草原所取代。在现在的非洲坦桑尼亚，有一座名叫萨迪曼（Sadiman）的火山。大约在 360 万年前的一天，这座火山忽然爆发，飘落的火山灰，还没来得及冷却，就因一场雨而变得泥泞。这时，三个猿人出于某种目的，从南向北走过这片火山灰。走在最前边的个头最大，中等个头的那个紧随它的步伐，个头最小的那个在最后边，要甩出大步才能跟上。之后，它们稍作停顿，向西偏移了一些，然后继续前进，就像你我一样，直立着向前走去。在莱托里发现的脚印化石，清晰地向我们展示了人类祖先是如何用双腿直立行走的。

即便如此，我们仍然所知甚少。那三个莱托里猿人是一个男人、一个女人和一个孩子，还是一个男人和两个女人？它们吃什么食物？喜欢住在什么地方？有一点可以肯定，大裂谷阻挡了来自西面的潮湿的风，东非变得越来越干旱。但是这种变化并不能说明当时猿人在刻意寻找干旱的居住地。事实上，人类更需要水。人类爱出汗，会吃含有大量油脂的鱼类，还有一些其他因素（例如人类喜欢海岸、喜爱水上运动等）都暗示了我们的祖先其实是喜欢水的。人类也很擅长游泳。那么，人类的祖先最初是生活在水边的森林或湖边吗？

具有戏剧性的是，人类的祖先在某一时期变成了食肉动物。在那之前，出现过一种全新的猿人（确切地讲，应该是几种）。它们和莱托里猿人类似，却不是人类的祖先，它们应该是以植物为生的。科学家给它们起名为"粗壮型南猿"。因为这种猿人已经灭绝，在研究它们时，基因起不到任何作用。如果无法"阅读"基因，我们就无从得知人类与黑猩猩的亲戚关系。同样，如果没有发现那些脚印化石 [化石的发现者主要是李基（Leakey）一家、唐纳德·约翰逊（Donald

Johanson）等人]，我们也许不会知道我们曾经有过很多像南猿这样的近亲。尽管名为"粗壮型南猿"（"粗壮"指的是它们的下颚很大），但这其实是一种很小的动物，个头比黑猩猩小，也没有黑猩猩聪明，但它们能够直立行走，脸部很发达，庞大的下颚由强大的肌肉支撑着。它们可能非常喜欢咀嚼草和一些比较硬的植物。为了更好地咀嚼植物，它们的犬齿逐渐退化了。大约在 100 万年以前，它们灭绝了。关于它们，我们知道的也许仅限于此了。没准是人类的祖先把它们吃掉了呢。

让我们回到人类的祖先来。人类祖先比南猿更大，和现代人类一般大，或者更大一点。它们身材魁梧，高约两米，同艾伦·沃克（Alan Walker）和理查德·李基（Richard Leakey）[7] 描述的那具 160 万年前纳利奥克托米男孩的骨骼类似。它们已经开始使用石器代替牙齿作为工具。它们有着厚实的头骨，使用石头制成的武器（这两者可能缺一不可），能够轻易杀死和吃掉毫无抵抗能力的南猿。在动物的世界里，"亲戚"关系一点都不可靠——狮子会杀死猎豹，狼会杀死土狼。人类的祖先受到了最原始的竞争冲动的激发，日后大获成功——它们的大脑越来越大了。有些痴迷于算数的人曾做过如下的计算，大约每过 10 万年，大脑就会增加 1.5 亿个脑细胞。当然，这个数字就像旅游手册上那种统计数据，毫无实际用途。人类的祖先要想延续下去，必须同时满足以下条件：大脑发达、食肉、发育缓慢、成年后仍然保留孩童时期的特征（皮肤光滑、小下巴、拱形的头盖骨）。如果不吃肉，就无法为大脑提供足够的蛋白质，大脑就会沦为一种昂贵的奢侈品，华而不实。如果头骨过早定型，就不能为大脑发育提供所需的空间。如果发育过快，就不可能有足够的时间去学习如何充分发挥大脑的功能。

推动这整个进化过程的，可能是性选择。除了大脑变化之外，还发生了另外一个巨大的变化。与雌性猿人相比，雄性的身体变得更大了。化石显示，现代黑猩猩、南猿和最早的猿人里，雄性的体型是雌性的一倍半大，而现代人类的男女体型差距就小得多。根据化石的记录，这个体型比例在稳步降低，这也是关于史前的记录里最容易被忽视的事实之一。它意味着这个物种的配偶制度发生了变化。黑猩猩实行"多夫多妻"制，雌雄黑猩猩之间的性关系很短暂；大猩猩实行"一夫多妻"制，这两种制度都被一种类似于一夫一妻制的形式所代替，雌雄两性身体大小差异的减小就是一个有力的证据。但是，在"一夫一妻制"的系统里，雄性和雌性都会认真选择自己的配偶。但在"一夫多妻制"的系统里，只有雌性需要小心地选择配偶。在这种长久的配偶关系下，猿人生育期内的绝大多数时间都和自己的配偶在一起生活，它们开始更加关注后代的质量，而不是数量。对于雄性猿人而言，选择一个年轻的配偶尤为重要，因为年轻的雌性猿人的生育能力更加长久。无论雄性还是雌性，它们都更喜欢青春活力，希望保持孩童时的特征，这也意味着它们十分青睐年轻人拱形的大头盖骨。从那时起，猿人的大脑容量便开始增大了。

两性在获取食物方面有着不同的分工，这使人们习惯于一夫一妻制，或者至少促进了一夫一妻制的发展。人类两性之间有一种独特的合作关系，这是地球上其他物种所不具备的。女性负责采摘植物果实，并分享劳动成果，从而男性能够从事风险性较大的打猎工作。男性将猎取的肉类食物同女性分享，从而女性可以直接得到高蛋白的、易于消化的食物，她们就不会为了猎取肉食而影响了照顾子女。这种分工意味着人类有办法在干旱的非洲平原上减少饥饿的威胁，从而生存下来。当肉类食物稀缺时，就用植物果实弥补食物的不足；当干果和水果稀缺时，就用肉食填充不足。这样，人类无须进化出猫科动物那样卓越的捕猎能力，也能够享用高蛋白的食物。

因两性分工而产生的习惯，也影响到了生活的其他方面。人们乐于同他人分享自己特有的东西，这个特征带来的好处就是，它促使每个人发展出各自的专业特长。存在不同专业之间的分工，是我们这个物种所特有的，也是我们成功适应环境的关键所在，因为专业的分工促进了技术的发展。我们今天生活的社会，分工更具创造性，也更加全面。[8]

从那时起，这些发展和趋势就是一脉相承的。大脑体积变大，就需要肉类食物（今天的素食者通过豆类补充必需的蛋白质）；分享食物增加了吃肉的可能性（因为男性即使未能成功捕杀猎物，依然可以获得别人分享的食物）；分配食物要求人们拥有复杂的大脑（如果不能清楚地记住分配食物时的细节，就不可能充分分配或忘记分配）；两性的分工推动了一夫一妻制的形成（一对配偶就是一个经济实体）；一夫一妻制导致在选择性伴侣时，更加重视代表青春活力的体格特征（年轻的配偶有更大的优势）……如此这般，周而复始，不断调整，螺旋上升，我们便成了今天的我们。要验证这些想法，我们现有的证据还很薄弱，但是我们有理由相信，这些理论终有一天会得到证实。化石记录并不能告诉人们多少关于过去动物的故事，发掘出的动物骨骼很零散，提供的信息也很有限，但是，基因会告诉我们更多的事情。自然选择就是基因改变其序列的过程，其间，基因根据生物谱系，记录下了地球40亿年以来的世事变迁。这份记录一旦被解读，将比伟大的比德手稿更加珍贵，成为一个更加重要的信息来源。可以说，关于我们过去的记录都刻在了基因里。

基因组中，大约有2%的内容，针对生存环境与社会环境的进化，讲述了人类与黑猩猩的不同。黑猩猩和人类有着共同的起源，使用计算机完整地转录一个典型的人类基因组和一个典型的黑猩猩基因组，将活跃的基因从基因表达噪声中提取出来，列出两者基因的区别，这时，我们就可以清晰地看到，更新世时期的经历对这两个物种产生怎样的影响。在人类和黑猩猩的体内，那些起生化作用和负责生长样貌的基因是完全相同的。也许唯一不同的是那些负责调节发育和激素分泌的基因。不知为什么，那些基因用它们的数码语言告诉人类胚胎，要使脚丫长出平平的脚底，长出脚跟和大脚趾。黑猩猩体内同样的基因，却告诉它的胚胎，脚掌要长得更加弯曲，脚跟要小，脚趾要长，方便抓东西。

很难想象基因是如何做到这点的。但毋庸置疑，是基因控制了人类和黑猩猩的生长和样貌，但它们是如何控制的，科学家仍然一头雾水，只有些许最模糊的线索。除了基因不同以外，人类和黑猩猩毫无二致。有些人强调人类的文化环境，否认或怀疑人与人之间、人种与人种之间基因区别的重要性，即使是这些人，他们也同意人类与其他物种之间的主要区别在基因。假设这样一种场景，去掉一个人类卵细胞的细胞核，再注入一个黑猩猩的细胞核，并把这个卵细胞植入一个人的子宫。假设生下来的婴儿能够存活，并在一个人类的家庭中长大，会长成什么样子呢？根本不用去做这个极端不人道的实验，它会长得像一只黑猩猩。尽管它一开始就拥有人类的细胞质，利用人类的胎盘发育，并在人类环境中间长大，但它的样貌一点都不会像人。

不妨使用照相来打一个比方。假如你照了一张黑猩猩的照片，要冲洗的话，你需要在规定的时间内把底片放进显影液。但是，不管如何改变显影液的配方，你都无法使用这张黑猩猩的底片得到一张人的照片。在这个实验里，基因就是底片，子宫就是显影液。正如一张底片要浸在显影液里，才能出现图像，黑猩猩的"图像"存储在卵细胞的基因里，以数码语言的形式存在，同样，它也需要有适合的环境（营养、水分、食物和照料）才能成长，但无论如何，基因里的信息使它只可能长成一只黑猩猩。

但在动物的实际行为上，这个道理不一定行得通。在另一个物种的子宫里可以发育出一只典型的黑猩猩，但由于受到外界环境的影响，这只黑猩猩的行为可能就不那么"典型"了。一只被人类养大的小黑猩猩，会与被黑猩猩养大的"泰山"一样，无法适应自己同类的生活。比如说，泰山就不可能学会说话。被人类养大的黑猩猩也不会去学怎样讨好它的猩猩首领，不会去学怎样去威吓它的"下属"，也不会去学怎样在树上做巢或怎样抓白蚁。基因还不足以控制动物的外在行为，起码对黑猩猩就是这样的。

无论如何，基因是不可或缺的。基因里线性数码指令中一点小小的区别，就能导致人类和黑猩猩身上那 2% 的区别。如果你对此感到惊异，那么请想象一下，只需改变这些数码指令中的一些，就能够精确地改变黑猩猩的行为，将会是多么令人震惊。我刚才顺便提到了不同种类猿与人的配偶制度——黑猩猩常换配偶，大猩猩一夫多妻，人类一夫一妻。我之所以这样描述，是为了假设每个物种都有一个比较典型的行为特征，从而进一步假设这些行为特征是部分受基因的影响和控制的。基因的密码中包含了四个字母，这些基因是怎样决定一种动物拥有一个还是多个配偶呢？尽管我一点都不清楚，但是我坚信基因能够做到这一点。基因能够决定动物的形态结构，也能够支配动物的行为。

3 号染色体
Genome

历　　史

我们已经发现了生命的秘密。

——弗朗西斯·克里克
1953 年 2 月 28 日

1902 年，虽然阿奇博尔德·加洛德（Archibald Garrod）只有 45 岁，但他已经是英国医学界的中流砥柱了。他的父亲是知名教授阿尔弗雷德·巴林·加洛德（Alfred Baring Garrod）爵士。这位教授专门攻克当时上流社会最普遍的疾病——痛风，他在医学方面的研究取得了巨大的胜利。阿奇博尔德·加洛德自己也在医学领域有所建树。第一次世界大战期间，他在马耳他从事医疗工作，被加封为威廉·奥斯勒（William Osler）爵士。之后他出任牛津大学医学院钦定讲座教授，这是他一生的荣耀之一。

你一定会把他想象成那个时代爵士所特有的样子，他应该是一个典型的爱德华时代的人物：脾气暴躁、过分讲究、穿着正式、不善表达、思维僵化、严重阻碍科学的进步。你如果这样想的话，那就大错特错了。就在 1902 年，阿奇博尔德·加洛德提出了一个大胆的猜测，充分证明了他的思想远远领先于他所生活的那个年代。但他自己也许并不清楚，他其实已经在不知不觉中开始破解生物学中有史以来最大的一个谜团：什么是基因？事实上，他对基因的理解很透彻，但他的思想太超前了，直到他去世之后很多年，才开始有人理解他的想法：一个基因就是一种化学物质的配方。除此之外，他还认为自己发现了一种基因。

在圣巴塞罗缪医院和大欧蒙德街医院工作期间，加洛德遇到了一系列患有黑尿症的病人。这种疾病虽然很罕见，但并不严重。患者有一些类似关节炎的症状，除此之外，他们的尿液和耳垢遇到空气后会变成红色或是黑色，具体颜色要视他们的饮食情况而定。1901 年，他收治了一个患有这种病的小男孩。这个男孩的父母生的第五个孩子，也有这种病。这种情况让加洛德想到，这种病可能与家族遗传有关。他还注意到，这两个患儿的父母是堂兄妹。于是，他重新检查了其他病例，发现：4 个家庭里有 3 家，父母是堂兄妹关系。而他收治的 17 例黑尿症患者中，有 8 例是远房表亲结婚。但是，这种疾病并不是简单地从父母传给孩子。大多数患者的孩子都很正常，但在这些孩子的后代中，这种疾病又会再次出现。幸运的是，加洛德拥有最先进的生物学理念。两年前，格雷戈尔·孟德尔（Gregor Mendel）的研究成果被重新发现，加洛德的朋友威廉·贝特森（William Bateson）对此非常激动，正在撰写一本巨著，以向公众介绍孟德尔的研究成果，并捍卫"孟德尔遗传学说"。这样，加洛德意识到他所遇见的情况正是孟德尔所说的隐性遗传——每代人都带有一种"隐性性状"，孩子只有同时从父母双方都遗传到了这种"隐性性状"特性，才能表现出隐性性状。加洛德甚至援引了孟德尔的植物学术语，称这种人为"化学突变"。

加洛德从中获得了灵感。他想，也许这种疾病属于"隐性性状"，只有父母双方同时将这种"隐性性状"遗传给子女时，子女才会发病，因为他们体内缺失了某种物质。加洛德既精通遗传学又精通化学，因此他知道这些患者的尿液和耳垢之所以变成黑色，是由于一种叫作尿黑酸的物质大量积累引起的。尿黑酸是人体化学反应的正常产物，但在大多数人体内，这种物质会被分解并排出体外。加洛德推测，尿黑酸之所以会在体内大量积累，有可能是因为负责分解尿黑酸的催化剂无法发挥作用。他认为，这种催化剂一定是一种由蛋白质形成的酶，并且一定是一种遗传物质（即我们现在所说的基因）的产物。在那些患者体内，某种基因无法制造出正常工作的酶。携带这种基因并无大碍，因为只要遗传父母中一方遗传到的基因是正常的，它就能发挥作用，制造出能分解尿黑酸的酶。

加洛德据此提出了一个大胆的假说，即"先天性代谢缺陷"。这个假说中包含了一个意义深远的假设：基因的作用是生产化学催化剂，每一种基因生产一种专用的催化剂，也许基因就是制造催化剂的机器。加洛德写道："如果一种酶缺失或者无法正常发挥作用，就会导致新陈代谢中的一些步骤出现问题，而这些问题就会导致先天性代谢缺陷。"因为酶是由蛋白质构成的，它们携带的化学属性一定是各不相同的。加洛德的书于1909年出版，受到了广泛的好评。但是，这本书的评论家完全没有理解书中的要点。他们认为，加洛德只是在谈论一种罕见的疾病而已，却没有意识到他谈论的其实是一种适用于所有生命的基本原理。加洛德的理论被忽略了，直到 35 年之后才重见天日。那时，遗传学中新的观点如雨后春笋般涌现，而加洛德已经去世 10 年了。[1]

我们现在知道，基因的主要功能是储存制造蛋白质所需的"配方"。几乎体内所有的化学作用、结构形成和功能调节都是依靠蛋白质完成的。蛋白质的作用包括产生能量、抵御感染、消化食物、形成毛发和运输氧气等。体内的每一个蛋白质都是通过翻译基因携带的遗传密码而形成的。但这句话反过来说就不一定对了：有些基因永远也不会被翻译为蛋白质，比如 1 号染色体上的核糖体 RNA 基因。但即便如此，这些基因也会间接参与到形成其他蛋白质的过程中。加洛德的推测大体上是正确的：人们从父母那里得到的是一套内容复杂的"配方"，用来制造蛋白质和"装配"制造蛋白质所用的机器——这就是我们遗传到的全部内容。

那个时代的人也许无法理解加洛德的思想，但最起码赋予了他应有的荣耀。但是对于格雷戈尔·孟德尔而言，他虽然给加洛德以启发，却没有那么幸运了。两人的出身可谓是天壤之别。孟德尔的教名是约翰·孟德尔，他于 1822 年出生在海因策道夫（即现在的海诺伊斯），那是一个位于摩拉维亚北部的小村庄。他的父亲安东租种了一小片农场，靠给地主干活来抵租。孟德尔 16 岁那年，就读于在特拉波的文法学校，成绩优异。就在这时，他的父亲被一棵倒下的树砸伤，无法再靠务农支持家里的生计。安东把农场转卖给了自己的女婿，用卖地的钱供儿子读文法学校，以及支付他后来在奥尔米茨上大学的学费。但是这样的生活太艰辛了，并且孟德尔需要更多的钱。于是，他进入奥古斯汀修道院，成为格雷戈尔修道士。他费尽周折，在布鲁恩（现在的布尔诺）的神学院里完成了学业，成为一名牧师。他担任一些郊区牧师的工作，但做得并不太好。之后，他又进入维也纳大学学习，毕业后希望成为一名理科老师，却没有通过考试。

孟德尔只好又回到了布鲁恩。此时，他已经31岁了，一事无成，只能在修道院里生活。他很擅长数学和象棋，性格很开朗。他还非常喜欢摆弄花花草草，并且跟着父亲学会了嫁接果树和授粉。他通过与农民的接触了解了一些农业知识，为他日后取得卓越成就奠定了基础。当时，养牛的农民和种苹果树的果农已经对颗粒遗传有了些模模糊糊的基本认识，但还没有人进行过系统的研究。孟德尔写道："没有一个实验能够达到这样的规模，也没有一个实验是这样完成的。通过这样的实验，我们能够根据不同的世代，确定不同类型后代的数目，或是确定它们之间的统计关系。"如果这是一场学术报告，相信已经有听众如坠入云雾中了。

于是，34岁的孟德尔神父在修道院的花园里，利用豌豆开始了一系列实验。这些实验总共持续了8年，种植了3万多颗豌豆（仅1860年一年就种了6 000颗），这些实验最终永远地改变了世界。实验完成之后，他很清楚自己的发现具有划时代的意义，便将其研究成果撰写成文，发表在《布鲁恩自然科学学会会刊》上，世界上的顶级图书馆都存有这份刊物。然而，他的成果却一直没有得到认可。后来，孟德尔当上了布鲁恩修道院的院长，渐渐失去了对花园里实验的兴趣，最后成为一位善良、忙碌却又不是那么虔诚的神父（他在文章中提到美食的次数比上帝还要多）。在生命的最后岁月里，他投身到反抗政府对修道院增收新税的运动里，那是一场艰苦卓绝、孤立无援的抗争。孟德尔成为最后一位缴纳此税的修道院院长。在孟德尔暮年的时候，回想他这一生最大的成就，也许是让唱诗学校里一个19岁的天才男孩莱奥斯·亚纳切克（Leos Janacek）⊖担任了唱诗班指挥。

在修道院的花园里，孟德尔使用不同品种的豌豆，做了一系列的杂交实验。这可不是一个非专业园丁做的科学游戏，而是一个科学实验，规模巨大，体系性

⊖ 莱奥斯·亚纳切克是20世纪捷克杰出的作曲家、理论家。他与斯梅塔纳、德沃夏克三人被誉为"捷克三杰"。他从以瓦格纳为代表的德国音乐的强势中，开创了一条属于自己的同时也是捷克的民族音乐道路。——译者注

强，经过精心设计。孟德尔选择了7组不同种类的豌豆来进行杂交，分别为：圆粒的与皱粒的杂交，黄子叶的与绿子叶的杂交，豆荚饱满的与豆荚不饱满的杂交，灰色种皮的与白色种皮的杂交，未成熟时豆荚是绿色的与未成熟时豆荚是黄色的杂交，花朵腋生的与花朵顶生的杂交，高茎的与矮茎的杂交。他还杂交了一些其他种类的豌豆，具体数目我们不得而知。这7对性状都是代代相传的，也都是由单个基因决定的，所以，他肯定进行了初步的实验，从中推测出了可能的结果，才选择了这7对。每一例杂交子代，都与其亲本中的一个相同，而另一个的特征似乎消失了。其实不然。孟德尔让杂交子代进行自我繁殖，在长出的豌豆里，大约有1/4又显示出了之前消失了的杂交亲本的特征。经过反复统计，在他种植的 19 959 颗二代豌豆中，14 949 颗具有显性特征，5 010 颗具有隐性特征，比例为2.98比1。正如20世纪时罗纳德·费希尔爵士（Sir Ronald Fisher）提出的那样，这个比值几乎达到了3。孟德尔数学很好，在做实验之前，他就知道这些豌豆的生长应该遵守怎样的"公式"。[2]

孟德尔像着了迷一样，除了豌豆之外，他还用倒挂金钟和玉米等其他植物进行了同样的实验，并得到了同样的结论。他意识到自己得到了遗传学方面一个非常重要的发现：遗传特征互不融合或混合。遗传过程中有些关键的东西是固实的、不可分的、量子化的以及颗粒化的。遗传物质不会像液体那样混合起来，也不会像血液那样融在一起。相反，遗传物质只不过像细小的沙粒一样，暂时地混在一起了。细细回想，还真是这个道理。否则，怎么解释一个家庭里可以既有蓝眼睛的孩子又有棕眼睛的孩子呢？达尔文的理论建立在遗传特性的融合性上，但他也曾多次暗示过这个问题。1857年，他在给赫胥黎的信中写道："我最近隐约想到，两性繁殖的后代，携带着父母的遗传物质，但这些遗传物质并没有真正融合，而是掺杂在一起……除此之外，我想不出其他原因来解释为什么这些后代与它们的祖辈如此相像。"[3]

面对这样一个问题，达尔文是相当紧张的。此前，他刚被一位苏格兰工程学教授猛烈地抨击过。这位教授的名字很奇怪，叫弗莱明·詹金（Fleeming Jenkin），他指出，达尔文理论中的自然选择与遗传特性融合是互相矛盾的，这是一个简单却又无懈可击的事实。如果在遗传过程中，遗传物质均匀地融合起来了，那么达尔文的理论就有可能是错误的。这是因为，每个新的、有利的变化都会在融合中被其他遗传因素稀释掉。詹金用一个故事来阐明他的观点，一座岛上都是黑人，有白人希望通过与岛上的黑人生育后代，想通过这个方法将岛上的人群变白。很快，他那白人的血液就会被稀释，变得无足轻重。达尔文深知詹金是对的。面对詹金的观点，向来强势的托马斯·亨利·赫胥黎（Thomas Henry Huxley）也默不作声。但另一方面，达尔文知道自己的观点也是有道理的。如果当时他能读到孟德尔的学说，就知道该如何调和这个矛盾了。

事后再看，尽管很多事情都是显而易见的，但仍然需要一个天才将其公之于众。孟德尔的成就在于，他揭示出：大部分遗传物质看上去似乎融合在了一起，其唯一的原因，是这些遗传物质是由多种不同的"微粒"构成的。19世纪前期，约翰·道尔顿（John Dalton）已经证明了水是由亿万个坚实的、不可再分割的小微粒原子构成的，从而击败了认为水具有连续性的对手。现在，孟德尔则证明了生物学里的"原子理论"。构成生物的原子曾有过五花八门的名字，仅在1900年，用过的名字就有：遗传因子、原芽、原生粒、全因子、泛子、生原体、id和遗子团。最终，"基因"这个名字一直流传至今。

1866年之后的4年里，孟德尔不断地把自己的论文和想法寄给慕尼黑的植物学教授卡尔-威廉·内格尔（Karl-Wilhelm Nageli）。他变得敢于指出自己发现的重要性了，但在这4年的时间里，内格尔竟全然不得要领。他给这位执着的修道士写的回信彬彬有礼，却给人一种高高在上的感觉。他竟然让孟德尔去研究山柳菊，没有什么建议能比这个更荒谬了：山柳菊是无融合生殖的，也就是说，它虽然需要授粉才能进行繁殖，却不接受给它授粉的"同伴"的基因。这样，杂交实验就会得出奇怪的结果。经过一段不成功的实验后，孟德尔放弃了山柳菊，转而研究蜜蜂。他在蜜蜂的繁殖上做了大量的实验，也没有得到想要的结果。不知道他当时是否发现了蜜蜂奇特的"单倍二倍体"遗传形式呢？

与此同时，内格尔出版了他自己关于遗传学的长篇巨著。在书中，他丝毫没有提及孟德尔的发现，更令人无法理喻的是，他竟然在书中使用了证明孟德尔理论的例子，却仍然没有明白孟德尔的观点。内格尔提到，如果安哥拉猫与另一种猫交配，安哥拉猫特有的纹理就会在下一代里消失得干干净净，但第三代里又会重新出现。要解释孟德尔所说的隐性性状，恐怕没有比这更好的例子了。

在孟德尔有生之年，他的理论差一点就得到认可了。查尔斯·达尔文很善于从他人的工作里寻求灵感。他曾经向自己的一个朋友推荐过一本 W.O. 福克（W. O. Focke）写的书，里面就引用了 14 篇孟德尔的论文。但达尔文自己似乎并未注意这些内容。直到 1900 年，孟德尔的遗传学定律才被重新发现。此时，他和达尔文都已经去世多年。有 3 位植物学家在 3 个不同的地方几乎同时发现了孟德尔的学说。这 3 位植物学家是：雨果·德·弗里斯（Hugo de Vries）、卡尔·科灵斯（Carl Correns）和埃里奇·冯·契马克（Erich von Tschermak）。他们都不辞辛苦，重复了孟德尔的工作之后，终于重新发现了孟德尔遗传学说。

对于生物学界而言，孟德尔遗传学说来得太突然了。在进化理论中，没有东西的遗传是突然发生的。事实上，达尔文毕生建立起的全部理论，似乎要被孟德尔的学说推翻了。达尔文说过，进化就是自然选择之下微小的、随机变化的累积。但是，如果基因是坚实的微粒，可以在一代之内隐藏起来，之后又完整地表达出来，这怎么能叫作逐渐地、微妙地变化呢？从很多方面来讲，在 20 世纪初期，孟德尔学说完胜达尔文学说。威廉·贝特森说，颗粒遗传学说最起码限制了自然选择学说——他代表了当时很多人的想法。贝特森这个人头脑糊涂、文风枯燥。他坚信进化是跳跃的，生物从一种形式直接跳跃到另一种形式，没有中间的过渡。为了推销这个怪异的理论，他在 1894 年出版了一本书，书中论述到遗传是颗粒性的。从那以后，他就一直受到"真正"的达尔文主义者的强烈攻击。难怪他无比拥护孟德尔的遗传学说，并第一个将其译成英文。贝特森像一个声称能够诠释圣保罗的神学家那样，开始解释孟德尔遗传学说，他写道："在孟德尔遗传学说里，没有任何内容与正统的物种起源（自然选择）理论相矛盾……无论如何，现代科学的目的，毫无疑问，是剔除人们总结出来的自然规律中那些'超自然'的成分，尽管有些时候这些探索本身就带有'超自然'的烙印。坦率地说，不能否认，达尔文著作中的某些章节在某种程度上鼓励了对于自然选择原理的曲解与滥用。但我相信，如果达尔文有幸读过孟德尔的大作，他一定会立刻修改这些章节。我会对此感到欣慰。"[4]

当时的实际情况是，大家都不喜欢贝特森，而贝特森则极度推崇孟德尔遗传学说，这就导致欧洲的进化论学者对孟德尔的学说持怀疑态度。在英国，孟德尔学派与"生物统计"学派之间的激烈论战持续了 20 年。这场"战火"一直燃烧到美国，不过在美国，两派之间的争论不那么激烈。1903 年，美国遗传学家沃尔特·萨顿（Walter Sutton）发现，染色体的行为就像孟德尔提出的遗传因子：它们成对出现，一条来自父亲，另一条来自母亲。托马斯·亨特·摩尔根（Thomas Hunt Morgan）被誉为美国遗传学之父，当他得知这一发现之后，马上转为支持孟德尔遗传学说。之后，贝特森不再讨厌摩尔根，而是放弃了原本正确的立场，开始攻击这个有关染色体的理论。科学的发展总是伴随着这样一些无足轻重的争论，而这些争论却经常起到决定性的作用。贝特森最终没有太大的作为，而摩尔根却干出了一番事业。他创立了一个遗传学派，成果卓著；遗传学上的距离单位"厘摩"，就是用他的名字来命名的。在英国，直到 1918 年，罗纳德·费希尔才用自己敏锐的数学头脑，成功调和了孟德尔学说和达尔文学说之间的矛盾。他的结论是：孟德尔学说不但与达尔文学说不冲突，还非常出色地证明了其正确性。费希尔说："达尔文的理论是不完善的，孟德尔遗传学说将它补充完整了。"

但是，突变仍然是一个遗留问题。达尔文学说立足于遗传的多样性，孟德尔学说支持了遗传的稳定性。如果基因是构成生物的"原子"，那么改变它们岂不是像炼金术那样诡异？既然提到了爱德华时代的医生加洛德和奥古斯汀修道院院长孟德尔，就不得不提起一个与他们非常不同的人——赫尔曼·约瑟夫·穆勒（Hermann Joe Muller）。他完成了第一次人工诱发的突变，在基因突变问题上取得了突破。穆勒是个典型的犹太科学家，头脑聪明。20世纪30年代时，他与许多其他犹太科技工作者一样，跨过大西洋，到美国避难。但有一点不同，他后来又曾返回过东方。他是土生土长的纽约人，父亲是一家小型金属铸造公司的老板。他在哥伦比亚大学学习遗传学，但因为和导师摩尔根意见不合，于1920年转到得克萨斯大学。在对待聪明好学的穆勒的时候，摩尔根明显表现出了一丝反犹太主义倾向。可以说，穆勒的一生是在与不同人的争吵中度过的。1932年，他的婚姻破裂，同事剽窃了他的想法（他自己是这么说的），自杀未遂之后，就离开得克萨斯，前往欧洲。

穆勒的重大发现是基因突变可以由人工诱发，他为此获得了诺贝尔奖。这一发现和几年前欧内斯特·卢瑟福（Ernest Rutherford）的发现有些类似。卢瑟福发现，原子是可嬗变的，这也意味着，使用"原子"这个词（希腊语意为"不可分割"的）表达组成物质的最小微粒，是不合适的。1926年，穆勒问自己："突变是否和其他生命过程不同，它无法被人工改变和控制？它是否和最近在物理学领域发现的原子嬗变情形相当？"

次年，他回答了这个问题。穆勒使用X射线轰击果蝇，使它们的基因产生了突变。这些果蝇的后代出现了新的畸形。他写道："突变，并不是上帝站在遥不可及、坚不可破的遗传物质的堡垒里，给人类开的一个玩笑。"就像原子一样，孟德尔提出的遗传颗粒一定也有一些内在的结构。它们可以被 X 射线改变，突变之后仍然是基因，但已不再是以前的基因了。

人工诱发突变标志着现代遗传学的开端。1940 年，两个科学家乔治·比德尔（George Beadle）和爱德华·塔特姆（Edward Tatum），使用穆勒的 X 射线轰击法，制造出了面包红真菌的突变体。之后，他们发现，新突变体的体内有一种酶无法发挥正常的功能，因此它们无法制造一种化学物质。他们提出了一条生物学定律：一个基因确定一种酶。这个定律后来被证明是基本正确的。从那时开始，遗传学家都会默念道：一个基因——一种酶。从本质上讲，这其实是用现代的、生物化学的方式，将加洛德时代的假说重新进行了表达。3 年之后，针对一种患者主要是黑人的严重贫血症，莱纳斯·鲍林（Linus Pauling）做出了一个大胆的推断：其病因是制造血红蛋白的基因出了错误，患者的红细胞变成了镰刀形。这个基因错误的表现尤其像孟德尔式的突变。事情渐渐变得明朗起来：基因是蛋白质的"配方"；突变就是由于基因变化造成的蛋白质变化。

此时的穆勒却淡出了人们的视线。1932 年，出于对社会主义的热爱和同样的对于人种优化理论（通过选择人类基因，生育优良的后代）的狂热，他渡过大西洋去了欧洲（他希望看到精心养育出来的儿童，不过在他的书再版时，他很识时务地将其改成了林肯或笛卡儿）。他在希特勒掌权之前的几个月到了柏林。在那里他看到，由于他的老板奥斯卡·沃格特（Oscar Vogt）没有赶走在自己手下工作的犹太人，纳粹分子就砸毁他实验室，这让他惊恐万分。

于是，穆勒继续向东行进，来到了彼得格勒，去了尼古拉·瓦维洛夫（Nikolay Vavilov）的实验室。刚到不久，特罗菲姆·李森科（Trofim Lysenko）就得到了斯大林的支持。李森科反对孟德尔学说，为了巩固自己的歪理邪说，他开始迫害支持孟德尔理论的遗传学家。他坚持生物的获得性遗传，根据他的理论，麦子就像俄罗斯人民的灵魂一样，不必通过繁殖，只要通过训练就可以让它们适应新的环境。对于反对这种理论的人，不应该劝说，而应该将他们枪毙。瓦维洛夫最终的下场是死在了监狱里。穆勒满怀希望，把自己关于人种优化理论的新书送给斯大林。但听说得到斯大林赏识后，他便找了个借口，及时离开了苏联。他参加了西班牙内战，在国际纵队的血库工作。后来又去了爱丁堡，还是跟往常一样厄运连连，刚到不久第二次世界大战就爆发了。苏格兰的冬天没有电力供应，他很难在实验室里戴着手套做科研。最终，他绝望地回到了美国。但是，他课讲得不好，还在苏联待过——在美国，没有人想要一个脾气糟糕的社会主义者。最后，印第安纳大学给了他一份工作。一年以后，他因为发现人工诱导突变而获得了诺贝尔奖。

但是，基因依然很神秘，难以捉摸。一方面基因能够决定蛋白质的成分，另一方面基因本身又由蛋白质构成，这种关系令人摸不着头脑——细胞里好像没有其他东西比基因更复杂、更神秘了。确实如此，不过染色体上还有些神秘的东西：那种小小的、被称为 DNA 的核酸。1869 年，在德国的图宾根（Tubingen）镇，一位名叫弗雷德里希·米歇尔（Friedrich Miescher）的瑞士医生，从受伤士兵沾满脓血的绷带里，第一次分离出了 DNA。米歇尔本人猜测，DNA 可能是遗传的关键。1892 年，在写给叔叔的信里，他做了惊人的预测：也许是 DNA 传递了遗传物质。"同所有语言一样，只要 24～30 个字母就能组成词汇，表达概念。"但是，那时人们并不关注 DNA，只是将其看成一种相对简单的物质：它只有 4 个不同的"字母"，怎么可能携带遗传信息？ [5]

继穆勒之后，詹姆斯·沃森也来到了印第安纳州的布卢明顿。那时他才 19 岁，已经大学毕业了，显得有些早熟，看上去一点都不像能解决基因问题的人，但他确实做到了。可以想象，在印第安纳大学，他与穆勒相处不好，便师从来自意大利的萨尔瓦多·卢里亚（Salvador Luria）。沃森坚定地认为：组成基因的是DNA，而不是蛋白质。为了寻找证据，他去了丹麦。之后，又因为对那些丹麦的同事不满，于1951年10月去了剑桥。在卡文迪什实验室，机会之门向他打开了。在那里，他遇到了弗朗西斯·克里克（Francis Crick）。两个人同样聪明绝顶，同样坚信DNA的重要意义。

之后的事情都众所周知了。克里克不像沃森那样"早熟"，当时他已经35岁了，却还没有拿到博士学位。德军的炸弹炸毁了他在伦敦大学学院的仪器，使他无法测量高压下热水的黏性。但对他而言，这其实是一种解脱。他在物理学上无法取得成果，便尝试着转战生物学，但也没有获得成功。开始的时候，他受雇于剑桥的一个实验室，主要工作是测量细胞在被迫摄入颗粒后的黏性，但他觉得这份工作太枯燥，便辞职了，前往卡文迪什实验室从事晶体学研究。但是他没有耐心潜心进行自己的研究，也不屑于只研究一些小问题。他时常开怀大笑，对自己的学识充满信心，还喜欢抢着告诉别人正在研究的问题的答案，这导致他在卡文迪什实验室里人际关系紧张。当时的主流观点是基因由蛋白质构成，而克里克却不敢苟同。他觉得，基因的结构是个重大问题，也许DNA就是答案的一部分。于是他放弃了自己的研究，和沃森一起，开始对DNA进行深入研究。这样，科学史上一个伟大的合作诞生了：一个是美国人，年轻、雄心勃勃、头脑敏捷，专攻生物学；另一个是英国人，天资聪颖、无法专注于某个学科，却擅长物理学。他们的合作愉快友好，有很强的竞争力，因此也十分高产——真可谓是珠联璧合。

短短几个月之内，他们从别人已收集好的但未分析透彻的数据，发现了DNA的结构，这也是有史以来最伟大的科学发现之一。比起阿基米德从浴缸里发现浮力定律，沃森和克里克的发现更值得骄傲。1953年2月，弗朗西斯·克里克在老鹰酒吧里宣布："我们发现了生命的秘密!"沃森有些不敢相信,他还是担心他们的研究是否还存在纰漏。

但是,他们没有错。突然间,一切都清楚了:DNA是一种双螺旋结构,好似两条缠绕在一起的精美楼梯,长度可以无限延长。它携带着一个密码,借助密码字母之间的化学亲和力,这个密码能够进行自我复制。除此之外,这个密码还指明了制造蛋白质的配方——DNA和蛋白质之间的关系通过一本"密码手册"对应联系起来,而在当时这本"密码手册"还未被发现。DNA结构的发现,具有重大的历史意义,它让一切显得那么简单,却又不失美感。正如理查德·道金斯(Richard Dawkins)所言[6]:"在沃森 – 克里克时代之后,分子生物学真正的革命在于它变成了数码式的——基因的"机器代码"与计算机代码很接近,令人不可思议。"

沃森 – 克里克的DNA结构发表之后一个月,英国新女王加冕,同一天,一个英国探险队征服了珠穆朗玛峰——这些新闻都有更多的理由吸引媒体和公众的注意力。因此,除了《新闻纪事》上刊登了小则消息外,再没有报纸报道DNA双螺旋结构的发现。而今天,大多数科学家都认为它是20世纪,甚至是1 000年来最重要的发现。

DNA结构发现了,也给人们带来了种种困惑,一直持续了很多年。基因密码本身,也就是基因用以表达自己的那种语言,本身就是一个谜,多年不得破解。对于沃森和克里克来说,发现密码的存在是很容易的,只需将猜测、物理学知识和灵感结合起来就可以了,但要破译密码,却需要真正的天才。很明显,这个密码是由4个字母组成的:A、C、G和T。而且几乎可以肯定地说,就是这个密码被翻译成了20种氨基酸,氨基酸又组成了蛋白质。但是,这个过程是怎样的?又是在哪里、以何种方式完成的?

克里克有许多好的想法，为我们寻找这些问题的答案，提供了很多绝佳的思路，其中就包括一种被称为"衔接分子"的物质——我们今天称其为转运 RNA。尽管没有任何证据，克里克预言这样的分子肯定是存在的。最后，它果然现出了真面目。不过，克里克也有一个观点，被称为历史上最伟大的错误理论。这是一个非常理想化的观点，克里克的"没有逗号的密码"理论比自然母亲所用的方法要优美得多。这个理论是这样的：假设这个密码的每组有三个字母（如果只有两个，则总共只能有 16 种不同的组合，不够用）。假设密码里没有逗号，每组密码之间也没有空隙。现在，假设这个密码不包括那些可能由于选择了错误的起始位置，而导致错误识别的密码组合。下面使用布赖恩·海斯（Brian Hayes）曾经用过的一个例子来进行说明。有 4 个字母 A、S、E 和 T，首先列出利用其中 3 个字母能够组成的全部词语：ass、ate、eat、sat、sea、see、set、tat、tea 和 tee。之后，排除那些可能由于起始位置选择错误，而导致误读的词语。例如，"ateateat"就可能被误读成"a tea tea t"或"at eat eat"或"ate ate at"。在基因密码里只能存在一种这样的三字母组合。

克里克对 A、C、G 和 T 进行了同样的处理。他首先去除 AAA、CCC、GGG 和 TTT。然后，把其余的 60 个组合每三个并为一组。每一组里的三个组合都含有相同的字母，字母的顺序是循环的。比如，ACT、CTA 和 TAC 是一组，因为在每一个组合里，C 都位于 A 的后面，T 位于 C 的后面，A 位于 T 的后面。如果顺序不同，比如 ATC、TCA 和 CAT 就是另外一组了。每一组里只有一个组合会出现在密码里。这样，基因密码里就包含了 20 个密码组合，蛋白质的字母表里恰好也有 20 个由氨基酸组成的字母。结果就是，一个 4 位的密码竟然有一个包含 20 个字母的字母表。

克里克希望人们不要对他的这个理论太在意，却事与愿违。"在破译密码上，我们现在的假设和推断依据不足，因此，从理论上讲，不应该做出这样的推断。

但是，我们之所以这样推断，只是因为"20"这个数字符合物理学的假设。"并且，DNA 的双螺旋结构在开始时同样也没有证据支撑。在这个理论提出之后，人们都很兴奋。之后的 5 年里，人人都觉得克里克的理论是正确的。

但是，有关这个理论的真相终将被揭开。1961 年，当其他人都还在沉迷于这个理论的时候，马歇尔·尼伦伯格（Marshall Nirenberg）和约翰·马太（Johann Matthaei）破译了遗传密码中的一个组合。他们的方法很简单，完全使用 U（尿嘧啶，相当于 DNA 里的 T）制造出一条 RNA 链，然后把这条 RNA 链浸入氨基酸溶液。在这个溶液里，核糖体将许多苯基丙氨酸结合在一起，制造出一个蛋白质。这样，遗传密码里的第一个组合就被破译了，"UUU"代表的是苯丙氨酸。"无逗号基因密码"的理论终究是错误的，因为它无法容纳"移码突变"的存在。在这个理论下，一旦出现"移码突变"，一个字母的丢失就会导致之后的所有字母都变得毫无意义。相比之下，大自然选用的方法兼容性更强，能够经受住其他错误。基因密码内出现了很多重复内容，同一个意义可以用很多种三字母形成的组合进行表达。[7]

到了 1965 年，所有的遗传密码都已被破解，标志着现代遗传学的开端。那些在 20 世纪 60 年代看来具有前沿性的突破，在 20 世纪 90 年代已经成了常规工作。所以，在 1995 年重新回顾很久以前，阿奇博尔德·加洛德的那些黑尿症病人时，根据科学就能很准确地说出，他的疾病是哪一个基因上的哪一个"拼写"错误导致的。这个故事是 20 世纪遗传学的一个缩影。前边曾经提到，尿黑酸尿症尽管少见，但并不危险，通过调整饮食的方法就可以轻松治愈。所以有很多年，科学家都没再研究这种疾病。鉴于它在遗传学历史上的重要性，1995 年，两个西班牙人对它展开研究。他们经过努力，制造出一个曲霉菌（一种真菌）的突变体——在苯丙氨酸存在下，这种突变种体内会积累大量的紫色色素，即尿黑酸。与加洛德的推测一致，在这个突变体内的一种蛋白质是有功能缺陷的，它叫作尿黑酸双加氧酶。这两个西班牙人利用一些特殊的酶把曲霉菌的基因组分裂开来，找出与正常真菌基因组不同的片段，然后破解这些片段里的密码。这样，他们最终找到了出问题的基因。他们遍历人类全部基因，试图找出一个与曲霉菌这个"问题基因"相似的人类基因。他们找到了——在 3 号染色体的长臂上，有一段 DNA 的字母序列与那个"问题基因"里的 52% 是相同的。从黑尿症患者体内找出这个基因，并把它和正常人体内的同一基因进行对比，结果显示两者的基因只有一个字母不同（第 690 个或第 901 个），这就是致病的关键。每一个病人都是因为这两个字母中的一个出了错，导致这个基因制造的蛋白质无法发挥正常功能。[8]

这个基因只是人体中无数普通基因中的一个，基因在不同的人体器官内进行生化作用，按部就班，制造蛋白质，一旦出了问题，就会导致一种疾病。它的一切都是那么平淡无奇，没有丝毫特殊之处。基因与智商或同性恋倾向没有什么联系，没有向我们揭示生命的起源，也不是"自私的基因"，它遵守孟德尔遗传定律，既不会致死也不会致残。不管出于什么目的、为了达到什么目标，它在地球上所有生命里都是一样的，甚至在面包霉里都有它的踪影，它在那里发挥着和人体内一样的功能。但是，制造尿黑酸双加氧酶的这个基因是值得载入史书的，因为它的故事伴随了遗传学的发展。这个小小的基因发出的夺目光芒，会让格雷戈尔·孟德尔都感到眩晕，它完美地展示出孟德尔的遗传学说。基因要讲述的故事关乎那些微观的、缠绕在一起的、共同发挥作用的双螺旋，关乎那些由 4 个字母组成的遗传密码，也揭示了所有生命在化学上的一致性。

4号染色体
Genome

命　运

⊖ 加尔文主义又称"归正神学"（Reformed Theology）或"改革宗神学"，是 16 世纪法国宗教改革家、神学家约翰·加尔文毕生的许多主张和实践及其教派其他人的主张和实践的统称。加尔文主义支持马丁·路德的"因信称义"学说，主张人类不能透过正义的行为获得救赎。——译者注

若你想从基因组名录中找到人类有多少"潜力基因"，恐怕会大失所望，因为这本名录上记录的满是人类"疾病基因"名单：尼曼匹克症（Niemann-Pick disease）致病基因、沃夫－贺许宏氏症（Wolf-Hirschhorn syndrome）致病基因等，这些疾病往往是以一两个不知名的中欧医生命名的。基因组学前沿网站也常常发出这种报道，"精神类疾病相关基因被发现""与早发性肌无力相关的基因被发现""肾癌相关基因被分离""孤独症与血清素转运子基因有关""新的阿尔茨海默氏症基因被发现"……看到这里，你肯定会有这样的感觉：基因的作用就是导致疾病。

如果要根据可能导致的疾病来命名基因，我们也应该用疾病来给各个器官命名，比如把心脏叫作心脏病，把肝脏叫作肝硬化，把大脑叫作脑中风，这样是不是很荒唐？是的，因为这些器官的功能不止如此。我们之所以这样给基因命名，是因为我们对基因还知之甚少。对于大部分基因而言，我们仅仅知道如果它们缺失了会导致什么疾病。然而，这仅仅是这个基因功能的冰山一角，并且会误导我们。比如，我们会认为一个拥有沃夫－贺许宏氏症基因的人会患上这种疾病，但事实却恰恰相反，沃夫－贺许宏氏症患者恰好缺失了这个基因，这个基因在正常人的体内发挥着很重要的作用，患者就是因为缺失了这个基因而患病。对于其他人而言，这个基因起到了积极作用。可见，患病不是因为体内有某些特殊的基因，而是因为正常的基因发生了突变。

沃夫－贺许宏氏症非常罕见，症状很严重，很多患者在幼儿时期就夭折了，但该基因却是4号染色体上最著名的基因。因为除了沃夫－贺许宏氏症以外，该基因还会导致另外一种著名的疾病——亨廷顿氏舞蹈症。这两种疾病的分子机理有些许不同：沃夫－贺许宏氏症是由于该基因完全缺失造成的；亨廷顿氏舞蹈症是由于该基因个别碱基缺失或突变造成的。尽管我们还不知道这些基因为什么发生突变，但是这些基因突变所导致的结果却研究得很清楚。正常情况下，亨廷顿氏舞蹈症基因的碱基拥有以下的重复：CAG，CAG，CAG，CAG……这样的重复在人体内会重复很多次，重复次数不同，产生的后果也不尽相同。大多数人会重复 10～15 次，35 次以下都是正常的。如果重复到 35 次以上，那么就危险了：重复 39 次以上的人到了中年之后会慢慢开始失去平衡能力、生活逐渐变得不能自理，最后导致过早死亡。亨廷顿氏舞蹈症无药可医，更可怕的是，该病不会立刻致死，而是有持续 15～25 年的病发期：先是智力轻微下降，随后四肢出现震颤，最后深度抑郁，出现幻觉或妄想症。由于该病会家族遗传，因此一旦一个家族中出现了一个病人，那么未患病的家庭成员也会陷入深深的恐惧之中。

由此看来，亨廷顿氏舞蹈症的致病原因在于基因突变，一个人带有突变的基因，就会得病，反之就不会得病。人的命，天注定——这恐怕是加尔文不曾想过也不愿意承认的。但对一个人而言，无论他吸烟也好，补充维生素也好，天天窝在屋里看电视也好，积极锻炼身体也好，都没关系，该犯病就会犯病，因为疾病是由基因决定的。亨廷顿氏舞蹈症的发病时间受到 CAG 重复次数的影响：重复 39 次——66 岁发病，75 岁成为痴呆的可能性最大；重复 40 次——59 岁发病；重复 41 次——54 岁发病；重复 42 次——37 岁发病。依此类推，重复 50 次的人在 27 岁就会发病。正常人和患者之间只有毫厘之差，打个比方，如果人的基因有赤道那么长，两三厘米的差错就足以导致这种疾病。[2]

占星术也好，弗洛伊德、基督教、泛灵论的理论也罢，没有任何理论可以如此精确地预言一个人的一生。人在多大年龄时身体会出问题，《圣经·旧约》里的先知预测不了，古希腊那些能够洞察人心的圣人预测不了，在英国博格诺里吉斯码头上拿着水晶球算命的吉卜赛人也预测不了，但基因组学就可以。人体内有 10 亿个这样的三字母组合，重复次数的不同，就决定是健康还是患病。这太可怕了，基因极为残酷地决定了人的一生，而且无法更改。

1967 年，著名歌星伍迪·盖瑟瑞（Woody Guthrie）死于亨廷顿氏舞蹈症，随后更多的人开始关注这种疾病。早在 1872 年，乔治·亨廷顿（George Huntington）医生在长岛首次诊断出这种疾病，随后又发现亨廷顿氏舞蹈症可能是一种家族遗传疾病。随着研究的深入，他发现长岛上的病人属于新英格兰的大家族。在这个大家族一共有 12 代，出现了 1 000 多个亨廷顿氏舞蹈症患者。1630 年，来自萨克福的两兄弟将这种疾病带到了这个家族里，这些患者都是这两兄弟的后代。也许是因为该病的症状太恐怖了，1693 年，家族中有几个成员在发病后被当作巫婆烧死了。尽管如此，由于亨廷顿氏舞蹈症发病期多在中年，这些患者都有孩子，并且他们比正常人生的孩子更多，因此这个基因并没有被淘汰掉。[3]

和黑尿症不同，亨廷顿氏舞蹈症是人类发现的第一个显性遗传疾病。黑尿症需要从父母那遗传到两个突变基因才能发病，但是亨廷顿氏舞蹈症只要一个就可以发病。研究表明，这个突变基因如果来源于父亲，后代的病症会更严重些。除此之外，出生越晚的孩子，体内的重复数越多，发病越严重。

伍迪·盖瑟瑞死后，他的遗孀于 20 世纪 70 年代晚起建立了“抗亨廷顿氏舞蹈症疾病协会”，致力于查找亨廷顿氏舞蹈症的致病基因。医生米尔顿·韦克斯勒（Milton Wexler）是这个协会的一员。他有一个女儿，叫南希·韦克斯勒（Nancy Wexler），南希的母亲和三个舅舅都患有亨廷顿氏舞蹈症，当她得知自己有50% 的可能性也会得这种病时，便义无反顾地踏上了这种致病基因的寻找之旅。很多人劝她不要白费力气，找这样一个基因如同大海捞针，不如等几年后医疗条件好了，也许就能治愈了。但是她说：“如果你也有亨廷顿氏舞蹈症，就不会等了。”1979 年，她阅读了委内瑞拉医生埃默里科·内格瑞特（Americo Negrette）的报告后，乘飞机抵达委内瑞拉，访问了马拉开波湖（Lake Maracaibo）⊖附近

　　⊖　马拉开波湖是南美洲最大的湖泊及潟湖；位于委内瑞拉西北部沿海地区，其北部通过马拉开波海峡与加勒比海委内瑞拉湾相连，因此与其说是湖泊，它更像是个海湾。——译者注

的圣路易斯（San Luis）、巴兰基塔斯（Barranquitas）和拉古内塔（Laguneta）这三个位于委内瑞拉米列达山脉以西的海湾城市。

该地区有个非常大的家族，多代以来饱受亨廷顿氏舞蹈症的折磨。据他们家族记载，该病来源于18世纪中期的一个水手。经过调查，南希·韦克斯勒将这个家族的患病史追溯到一个叫作玛丽亚·康塞普申（Maria Conception）的妇女身上。她居住在普韦布洛德阿瓜（Pueblos de Agua），那是一个由建在水上的房屋组成的村庄。她的家族已有8代，大约有11 000人，到1981年，还有9 000人活在世上。韦克斯勒的访问对象中，有371人已经患上了亨廷顿氏舞蹈症，还有3 600个人由于其祖父母至少一人患病，故他们也有1/4的可能会患病。

虽然韦克斯勒自身可能就存在致病突变基因，但是她非常勇敢，不惧怕疾病。她曾在书中写道："当我看到这些可能患病的孩子，真的很心碎。他们贫穷，不识字，但是他们仍然在顽强地生活着。男孩子冒着危险在翻滚的波涛中打鱼，女孩子操持家务照顾生病的父母。尽管他们的祖父母、父母、叔姨甚至表兄妹有的已经死于亨廷顿氏舞蹈症，但是他们仍然充满希望地活着，直到疾病来袭。"

韦克斯勒开始了艰苦卓绝的"大海捞针"。首先，她采集了500个人的血样，并送到了吉姆·古塞拉（Jim Gusella）位于波士顿的实验室。通过随机寻找一些DNA，并与基因标记物比对，希望以此找到致病基因。通过不断地比对，好运向他们招手了。1983年年中，他们分离到一个离致病基因很相近的标记，并将其定位在4号染色体短臂的顶端。这就完事了吗？当然没有，这仅仅是把范围缩小了一些而已。由于这个基因存在于100万个碱基序列里，他们仍有很大的工作量。8年过去了，这个基因仍是个谜。韦克斯勒在书中写道："这项工作极其辛苦，4号染色体的顶端是如此复杂，这8年以来，我们就好像在征服珠穆朗玛峰一样。"[4]

1993 年，努力最终得到了回报，亨廷顿氏舞蹈症致病基因被发现了。人们阅读了这个基因后得到了导致该疾病的突变体。随后，该基因编码的蛋白被分离出来，并命名为亨廷顿蛋白。由于 GAG 编码的蛋白为谷氨酰胺，因此这个基因编码的蛋白中含有一个谷氨酰胺链，谷氨酰胺链越长，发病年龄越小。[5]

但是，人们对亨廷顿氏舞蹈症的发病机制还是有些疑问：亨廷顿蛋白突变与生俱来，为什么它没有立刻发作，而是要潜伏 30 年才发作？事实上，像老年痴呆和疯牛病一样，亨廷顿氏舞蹈症是当突变蛋白逐渐积累到一定量时才发病的。这些突变蛋白在细胞内逐渐积累起来，最终导致了细胞的死亡。由于这些死亡的细胞主要位于大脑控制运动的区域，因此患病者会出现运动失调，严重时甚至失控。[6]

另一个惊人的发现是，除了亨廷顿氏舞蹈症外，这些 CAG 重复还存在于其他疾病中。另外 5 种神经类疾病也是"CAG 发生了错误的重复"而导致的，比如小脑运动性失调症。人们做过一个实验，把一串重复的 CAG 随机插入到小鼠体内，结果发现小鼠得了一种类似亨廷顿氏舞蹈症的疾病。因此，无论重复的 CAG 出现在什么基因内，都会或多或少地导致某种神经疾病。除此之外，还有一些神经退化的疾病也是由一些"错误的重复"导致的，这些重复往往以 C 开头，以 G 结尾。至此，人类已经发现了 6 种由 CAG 突变导致的疾病。此外，X 染色体起始处的 CCG 和 CGG 重复如果超过 200 次，则会导致"脆性 X 染色体综合征"。在正常人的体内，这种重复一般少于 60 次，病人体内常常超过 1 000 次，从而导致患者痴呆。如果 19 号染色体上的 CTG 重复 50 ～ 1 000 次，则会导致肌肉萎缩症。在人体中，有一系列的疾病都是由于这样的三字母组合发生错误导致的，它们被统称为多聚谷氨酰胺疾病。这些疾病中的蛋白无法正常降解，在细胞中过量积累，从而导致相关的细胞死亡。这些死亡的细胞所在的器官不同，则症状不同。[7]

除谷氨酰胺外，CxG ⊖还能代表什么呢？科学家从"预期效应"中得到了灵感。人们早就知道，患有严重亨廷顿氏舞蹈症或脆性 X 染色体综合征的孩子，他们的发病时间早于父母。预期效应是指，父母体内的 CxG 重复越长，下一代中所增加的长度就越长。为什么会这样呢？在人体内，这些重复会使 DNA 形成环状，环状 DNA 喜欢将不同 CxG 重复中的 C 和 G 配对，从而形成发卡一样的结构。当 DNA 复制时，发卡结构被打开，复制过程中偶尔出个小错，从而使更多的 CxG 重复被编码到 DNA 中。[8]

以上这段理论可能有些晦涩，下面打个比方帮助你来理解：如果将 CAG 这个词重复说 6 次，CAG，CAG，CAG，CAG，CAG，CAG，你肯定能够很快数清楚。但是如果将它重复 36 遍，CAG，CAG，CAG，CAG，CAG，CAG，CAG，CAG，CAG，CAG，CAG，CAG，CAG，CAG，CAG，CAG，CAG，CAG，CAG，CAG，CAG，CAG，CAG，CAG，CAG，CAG，CAG，CAG，CAG，CAG，CAG，CAG，CAG，CAG，CAG，CAG，恐怕你就会漏数或多数几个。DNA 在复制的时候也是如此，重复越多，越容易忘记复制到哪一个了，就会多复制一个进去。此外，人们还认为错配修复系统（检查复制情况的系统）主要用于发现并修复小的错误，但像这种 CxG 重复的错误太严重了，反而无法修复。[9]

这也许可以解释为什么亨廷顿氏舞蹈症会在人类成年后才发病。伦敦盖伊医院的劳拉·曼贾里尼（Laura Mangiarini）制造出一只转基因老鼠，这只老鼠被转入了 100 多个亨廷顿蛋白的重复序列。研究表明，当老鼠长大后，除了小脑外，其他器官中该基因的重复次数都增加了，最多的增加了 10 次。小脑内重复次数之所以没有增加，是因为它是后脑分管运动技能的器官，老鼠一旦学会走路，这里的细胞就不会再复制分裂了，因此基因的重复次数不会增加，也不会再产生复

⊖ 指以"C"开头，以"G"结尾的三字母组合，"x"是"A""T""C""G"中的一个。——译者注

制错误。在人体内，小脑中的重复是不断减少的，但是在那些分裂旺盛的细胞内，它却是不断增加的。比如制造精子的细胞，会不断地分裂复制，因此细胞内的 CAG 重复次数就不停地增加。这也解释了孩子的发病时间为什么和父亲的生育年龄有关：父亲生育年龄越大，精子中的重复越多，孩子患病就越早、越严重。顺便提一下，男性基因组的突变率是女性的 5 倍，这是由于男性提供精子的细胞一生之中都在进行复制导致的。[10]

对于某些家族而言，亨廷顿基因突变的发生率会更高一些。这些家族中 CAG 的重复次数不仅刚刚低于正常临界值（比如 29～35 次），更有的高于临界值一倍以上。为什么会发生这种情况呢？原因很简单，这和基因序列的碱基组成有关。对比下面这两个人：一个人在 CAG 重复了 35 遍以后，应该是 CCA 和 CCG，如果复制酶出错，将 CCA 误读成 CAG，那么重复次数就增加了一次；而另一个人在 CAG 重复了 35 遍以后，应该是 CAA 和两个 CAG，这时，如果复制酶将CAA 误读成 CAG，就会多出三个 CAG 重复。因此第二个人的基因突变发生率会更高。[11]

前面用很大篇幅介绍了 CAG 的细节，好像有点跑题。不过仔细想想，这些知识在 5 年前还都是一个个的谜团：亨廷顿基因还未被发现；CAG 重复也没被鉴定出来；亨廷顿蛋白是什么不得而知，除此之外，没有人想到神经萎缩和亨廷顿氏舞蹈症有关，也没有人知道突变率和致病率之间的关系，更没有人知道父亲的生育年龄为什么对孩子的症状有影响。1872～1993 年，人们除了知道这种疾病是个遗传病外，其他一无所知。直到 1993 年亨廷顿基因的发现，有关这个疾病的信息爆炸式地出现了。相关信息太多了，需要在图书馆泡上好几天才能读完。1993 年以来，有近百名学者在各种杂志上发表了关于亨廷顿氏舞蹈症的文章，并且都是关于一个基因的——这是人类基因组 6 万～8 万条基因中最特殊的一条。1953 年，詹姆斯·沃森和弗朗西斯·克里克发现了 DNA 的双螺旋结构，也带来了太多的秘密，亨廷顿基因就是其中一个。基因组学给我们带来的信息太多了，如果生物学其他分支是一条小溪，基因组学就是整个江河。

尽管如此，亨廷顿氏舞蹈症现在还是不能被治愈，上述种种理论都无法为治疗该病指出一条希望之路。即使我们理出一点点头绪，CAG 重复出现的现实却又使得梦想变得更加苍白。大脑有 1 000 多亿个脑细胞，要怎样做才能把每一条基因上重复的 CAG 都缩短一点呢？

南希·韦克斯勒讲述了这样一个故事：在马拉开波湖畔居住着一位妇女，有一天她来到韦克斯勒的办公室，咨询自己是否患有亨廷顿氏舞蹈症。尽管她看起来身体很好，但是韦克斯勒通过检查，还是从她身上发现了一些亨廷顿氏舞蹈症的征兆，这意味着她很有可能患病。做完检查后，她反复地问医生，结论是什么，她到底有没有病？这种行为让医生觉得很反常，于是就反问她："你觉得呢？"她说："我觉得我很好。"医生并没有告诉她真正的结果，只告诉她还需要更多的接触和检测，才能得出最终诊断结果。这个女人刚离开，她的一个朋友就疯了一样地冲进来，问医生跟刚刚那个女人说了什么。医生复述了刚才的话，这个人才松了一口气，说"谢天谢地"，因为那个女人说如果查出她患有亨廷顿氏舞蹈症，就立刻去自杀。

这个故事的结尾只是个"假团圆"而已，但事实的真相着实让人感到不安。一个女人，体内带有致病的基因突变，无论想或不想，她都已被判了死刑。即使这些医生告诉她的是善意的谎言，她也无法逃脱患上亨廷顿氏舞蹈症的命运，她能做的只有面对现实。换句话讲，即使知道她了解真相后想要自杀，医生有权利隐瞒真相吗？但是一句善意的谎言的确是好的选择。对于一个病人，最痛苦的不是得到一份致死基因的化验结果，而是明知道自己有病，却无药可医。医生与其冷酷地通知病人，倒不如说一个谎言，这样一来，至少这个女人暂时是快乐的。

假设这个女人还能活 5 年，至少在这 5 年里她是快乐的，而不是天天生活在对即将发病的惶恐中。

一个人如果她的母亲死于亨廷顿氏舞蹈症，她会认为自己有 50% 的可能也会得上这种病。这么想其实是错误的，为什么？对于个体而言，没有人得这个病的概率会是 50%。如果她得病了，那就是 100%；如果她没得病，就是 0，只是这种 100% 和 0 的概率是一半一半而已。因此基因诊断的结果就是告诉这个人，她是属于那 100%，还是属于那 0。

南希·韦克斯勒说，科学正扮演着忒瑞西阿斯（Tiresias）的角色。忒瑞西阿斯是古希腊神话里一位底比斯（Thebes）的盲人先知，他因为不小心看到雅典娜洗澡而被刺瞎，后来雅典娜为了弥补他，给了他预知未来的能力。但是这种能力让忒瑞西阿斯苦不堪言，因为他可以看到未来，却无力改变未来。他曾对俄狄浦斯（Oedipus）说："拥有智慧，却无法从这种智慧中获益，没有比这件事更让人悲伤的了。"或正如韦克斯勒所言："如果你不能改变命运，还想知道你什么时候会死吗？"事实上，自 1986 年以来，人们就可以去医院检测自己是否含有亨廷顿基因突变，但是大部分人没有选择检查。选择检测的人只有 20%，有意思的是，在这 20% 的人中，女性是男性的 3 倍。因为男性为自己考虑得多一些，而女性为孩子考虑得多些。[12]

即使一个人选择去做检测，这其中也包含着错综复杂的伦理关系。如果家族里有一个人选择做检测，他其实是替整个家族里的人选择了做检测。有很多大人并不愿意检测，但为了孩子，他们还是去了。并且，即使是在一些教科书和宣传册上，有些概念也是错误的。比如说，宣传册上常常会写道，如果父母带有亨廷顿氏舞蹈症的致病基因，则孩子有一半会得病。这是极其错误的，每个孩子有一半的可能性得病和一半的孩子有可能得病，是完全不同的两个概念。同时，医生在告知检查者结果时，也要非常小心。告诉患者你的孩子有 3/4 健康的可能和有 1/4 患病的可能，这两种表达方式虽然含义一样，但是患者的感受却大为不同，对于前者的感觉要好一些。

亨廷顿氏舞蹈症在基因组学里是一个极端的例子，它所代表的是极端的宿命论。无论是良好的生活方式、优良的医疗条件、健康的饮食习惯还是和睦的家庭环境，甚至是大把大把的钞票，在这个基因组设定好的命运之前，都于事无补。一如奥斯汀教派所宣传的："你上天堂不是因为你做了好事，而是因为主的仁慈。"它提醒我们，基因组学是一本百科全书，在这本书里，你会学到一些关于命运的知识。有些命运是不可更改的，正如忒瑞西阿斯的宿命那样。

南希·韦克斯勒的最终目的不只是发现基因，而是治愈疾病。相比 10 年之前，她离这个目标又近了一步。她说："我是一个乐观的人，尽管面对亨廷顿氏舞蹈症，我们现在处于一个知而不能解的过程里。也许我们现在很痛苦，但为了获得最终的答案，这种苦痛非常值得。"

南希·韦克斯勒的现状又如何呢？ 20 世纪 80 年代末，她和姐姐爱丽丝、父亲米尔顿曾讨论过是否去进行检查。这是一场激烈的讨论，父亲米尔顿反对检查，因为检查的结果并不准确，仍有误诊的可能；南希曾经一度非常坚决地要去做检查，但是在亨廷顿氏舞蹈症不可治愈的现实面前，她的决心也慢慢消失了。最终，两个姐妹都没有去做检查，爱丽丝将这些争论记在日记里，后来结集出版了《命运的筹划》一书。现在，南希和她母亲被确诊时是同样的年龄。[13]

5号染色体
Genome

环　　境

错误像稻草，漂浮在水面。

欲觅珍珠者，须往水下潜。

《一切为了爱》（约翰·德莱顿）

亲爱的读者，是时候给你泼一盆冷水了——本书的作者一直在误导你。他反复使用"简单"这个词来形容遗传学，目的就是让你以为遗传非常简单。他说，一个基因如同文章中的一句话，而且是行文非常简单的一句话，他对自己这个绝妙的比喻很满意。用他的话来讲：导致尿黑酸尿症的原因很简单，因为3号染色体上有个小小的基因出问题了；亨廷顿氏舞蹈病的病因也很简单，只不过因为4号染色体上有个基因长得太长了。解释这些病因的方法很简单，如果相关的基因突变了，人就会得这些病，反之就不会得病。无须寻找找其他原因，无须进行统计数字，也无须编造理由。遗传的世界是数字的，遗传物质具有颗粒性，通过颗粒遗传⊖传给下一代，因此，豌豆要么是圆粒的，要么是皱粒的。

但是，你真的被误导了，世界并非如此黑白分明，很多时候它介于黑白之间。事物之间存在着细微的差别，因此在描述事物时需要加以限定才能讲清楚，很多时候还要视情况而定。事实上，使用孟德尔遗传学说来研究遗传想象，就相当于使用欧几里得几何学来分析橡树的形状，总之可谓微乎其微。除非有人太不幸了，他患上一种罕见而严重的遗传病（这种可能性太小了），否则，基因对一个人的生命产生的影响都是逐渐且局部的，而且这些影响还要考虑到其他因素发挥的作用。人也不会像孟德尔做实验用的那些豌豆，要么人高马大，要么体型矮小，他很有可能身材适中。听到这些，你也不必垂头丧气，我们都知道，水不是由无数水分子简单地组合而成的，同样，认为人体由一个个独立的基因"搭建"而成，也是不对的。生活经验告诉我们，不同的基因会交织在一起，相当复杂。从孩子的脸上能够看到父亲的样子，但他又与母亲的相貌有相似之处；弟弟的样子和姐姐的也不一样，总而言之，每个人的相貌总有他的独特之处。

⊖　颗粒遗传（particulate inheritance），与融合遗传（blending inheritance）相对。孟德尔于1865年发现豌豆杂种后代性状分离和自由组合的遗传定律后，提出了遗传因子概念，并且他认为这些遗传因子互不融合，互不干扰，独立分离，自由组合，具有颗粒性，因此被称为颗粒遗传。——译者注

本章将讨论基因的多效性[⊖]和多元论。影响一个人相貌的不仅仅是一个"相貌"基因，而是受到多个"相貌"基因以及非遗传因素的影响，比如时尚潮流和自我意志等。让我们从 5 号染色体看起，展现在你眼前的将是一幅描绘得比前面章节更复杂、更细致、更绚丽的画面，你必将有所裨益。凡事要循序渐进，步步为营。在深入探讨 5 号染色体之前，先来了解一种疾病——哮喘。这种疾病的病因还不是完全清楚，但它绝对不是一种"基因病"。尽管如此，有人认为它是 5 号染色体上的几个基因引发的。提起这些基因，就不得不提及一个专业术语——基因的多效性，它指的是多个基因的多种影响。研究证实，很难把哮喘的发病原因简单地归结到这些基因上。对不同的人来说，这些基因的作用是不同的，因此不应该简单地得出这样一个结论。几乎所有人都得过哮喘或对某些物体过敏，只不过发生的时期有所不同。关于人们患哮喘或过敏症的原因和病理，可谓众说纷纭，莫衷一是，且各自都有相关的支持者。与此同时，一个人的政治观也会在很大程度上影响其科学观。那些负责治理污染的人，倾向于认为哮喘患者增多是环境污染造成的；那些认为人类变得太娇弱的人，则把哮喘的原因归结为集中供暖（室温高、空气干燥、通风差）和铺了满屋的地毯（滋生细菌、影响卫生）；那些不信任义务教育的人，则认为孩子在学校操场染上了感冒，这才是导致哮喘的元凶；那些不爱洗手的人，则认为是过度讲卫生导致的哮喘。换句话说，真实生活中的方方面面，都有可能被认为是导致哮喘的原因。

除此之外，哮喘只不过是众多"特异反应性"的一种，大多数哮喘患者也对其他某些东西过敏。哮喘、湿疹、过敏以及全身性过敏反应，都属于同一种综合征，由体内的一种肥大细胞引起，而这种肥大细胞则是被一种名为免疫球蛋白 E 的分子激活和触发的。每 10 个人里就会有 1 个人带有某种过敏症状。每个人的过敏症状不同，后果也不同：有些人对花粉过敏，只是感到些许不适；有些人过

⊖ 一个基因对多种遗传性状产生影响的现象。——译者注

敏是因为被蜂蜇或误食了花生，后果可能是致命的。如果能够发现导致哮喘患者增加的原因，也必定能够用它来解释其他的"特异反应性"。有些孩子小时候对花生过敏很严重，但如果他长大之后这种过敏症状消失了，那么他们得哮喘的可能性也随之减少了。

但是，几乎每一种关于哮喘的说法都受到了质疑，也包括"哮喘患者越来越多"这个说法。一项研究显示，过去10年间，哮喘的发病率增加了60%，患者的死亡率增加了两倍。而这10年内，对花生过敏的人数增加了70%。几个月之后公布的另一项研究同样显示，哮喘患者的增加只是一个假象。只不过随着人们对于哮喘了解的加深，很多人在出现轻微症状时便会去看医生；以前医生会把一些小病当作感冒治疗，现在则有可能将其诊断为哮喘。19世纪70年代时，阿曼德·特鲁索（Armand Trousseau）在他的《临床医学》（*Clinique Médicale*）一书里，用了一个章节来讨论哮喘。书中描写了一对孪生兄弟，他们住在马赛和另外几个地方时，哮喘很严重，但搬到土伦之后，病竟然好了。他觉得这个现象很奇怪。特鲁索能够用整整一个章节来讲哮喘，可见这种疾病在当时应该是比较常见的。不过，经过综合考虑，他得出结论：哮喘和过敏症状同以前相比增加了，究其原因，就是两个字——污染。

但问题是，是什么样的污染呢？过去，人们用木柴烧火，并且烟囱通风效果很差，相比之下，现在大多数人吸进的烟雾少多了，因此，一般烟雾应该不是哮喘增加的原因。现在，有些人工合成的化学物质可能突然导致很严重的哮喘，并且症状很危险。这些化学物质用来制造塑料，使用罐车在不同地区之间运输，有时会泄漏到空气里，被人们吸到肺里。诸如异氰酸盐、邻苯二甲酸酐和苯工甲酸酯这样的化学物质都是新的污染物，可能引发哮喘。如果一辆运输异氰酸盐的罐子车在美国某个地方发生了泄漏，当时在现场疏导交通的警察就可能患上严重的哮喘，他在之后的生活中将饱受折磨。但是，就接触化学物质导致哮喘而言，集中大剂量接触的后果与日常生活中少量接触是完全不同的。到目前为止，还没有证据表明小剂量接触会导致哮喘。事实上，有些人在社区里生活，从未接触过这些化学物质，他们一样也会得哮喘。那些从事传统工作的人，尽管科技含量低，同样可能患上职业性哮喘，比如马夫、咖啡烘焙工、美发师和金属研磨工人等。已知的职业性哮喘诱因就有250种以上，其中最常见的是尘螨粪便（占一半以上）。尘螨和人类一样，喜欢聚集在地毯和被褥里，在有集中供暖的室内过冬。

美国肺脏协会发布了一份关于哮喘致病因素的名单，可谓包括了生活的各个方面：花粉、羽毛、真菌、食品、感冒、精神紧张、剧烈运动、冷空气、塑料、金属蒸气、木材、汽车尾气、吸烟、油漆、喷雾气体、阿司匹林、心脏病药物，甚至还有一种哮喘是睡眠引起的——任何人、任何理论都能从这份名单中找到自己的依据。例如，有人认为，城市往往是哮喘的多发地，这种疾病会突然出现在一些刚刚发展起来的城市里。吉马位于埃塞俄比亚的西南部，是一个近10年来才崛起的小城市，而住在那里的人也有10年的哮喘病史。两者之间有怎样的联系，尚不明确。通常情况下，城市中心的汽车尾气和臭氧污染更严重，但是市区的卫生条件也要更好一些。

还有人认为，小时候洗手过勤、平时接触泥巴少的人更容易得哮喘，他们认为，卫生条件好才是哮喘的病因。有哥哥姐姐的人不容易得哮喘，可能是因为他们能够接触到哥哥姐姐在室外玩耍之后带回家的尘土。一项对居住在布里斯托尔附近的14 000个孩子的调查发现，那些每天洗手5次以上、洗澡两次的孩子中，有1/4可能得哮喘；而那些每天洗手3次以下、每两天才洗一次澡的孩子，得哮喘的可能性要降低一半。原因是，土里的细菌，特别是分枝杆菌，会刺激免疫系统的一个组成部分，而常规疫苗刺激的是免疫系统的另一个组成部分。在正常情况下，免疫系统的这两个组成部分（分别为 Th_1 细胞和 Th_2 细胞）是相互抑制的。对于一个生活在现代的孩子，他们讲卫生，居住在消过毒的房间里，按时注射疫苗，因此他的 Th_2 系统十分活跃。而 Th_2 系统的主要功能是大量释放组胺，清除寄生在肠胃里的微生物，而对于花粉病、哮喘和湿疹是没有作用的。人类的免疫系统需要得到外界的刺激才能发挥作用，如果一个人小时候没有受到过土壤里分枝杆菌的刺激，免疫系统中对应的免疫功能就无法激活，结果就是容易过敏。有个实验证明了这种理论，在实验室里使老鼠对卵清蛋白过敏，只要迫使它们吸进分枝杆菌，就能治好它们的哮喘。所有的日本学龄儿童都要接种卡介苗，以预防肺结核。尽管只有 60% 的接种者得到了肺结核抗体，但是他们比未接种的人更不容易得哮喘和过敏。这个现象也许意味着，接种分枝杆菌能够刺激 Th_1 细胞，Th_1 细胞又会抑制 Th_2 细胞，从而降低患哮喘的可能性。从这个角度出发，扔掉消毒器，"亲近"分枝杆菌，这才是哮喘的解决之道。[1]

还有一个类似的说法，免疫系统里抗击寄生虫的"部门"需要"宣泄情绪"，其外在表现就是哮喘发作。早在石器时代（或者说中世纪更准确一些），免疫球蛋白 -E 系统正在奋力抗击蛔虫、绦虫、钩虫和吸虫，根本无暇顾及尘螨或者猫毛，于是人们对这两种东西就不会产生过敏反应。现在，环境改善了，免疫系统不再那么忙碌，闲了便会搞点"恶作剧"。这个理论基于一个关于人体免疫系统工作方式的假设，可信度不高，但却有不少人表示赞同。但问题是，假若得了绦虫病就能够治好花粉病，你更愿意得绦虫病还是花粉病呢？

还有人认为，与其说哮喘与城市化有关，不如说哮喘其实与生活富裕相关。富人总是待在室内，将室温调得很高，睡觉的羽毛枕头里便住满了尘螨。还有一种理论，随着公共交通的发展和义务教育的普及，那些靠偶然接触传染的温和病毒（比如感冒病毒等）获得了更多的传播机会。这是一个不争的事实，每个家长都知道的，孩子会从学校操场上带回很多新的病毒。在古代，人们很少外出，新的病毒难以传播，但是今天，父母乘飞机往返于各国之间，工作时会接触不同的陌生人，回家后又同孩子接触，这样就源源不断地给孩子带来新型病毒。小学里"唾液飞溅""细菌泛滥"，正是病毒传播的好地方。仅导致普通感冒的病毒数量就在200种以上。

因此，一个人是否容易得上哮喘，和他小时候是否接触过温和病毒（如呼吸道合胞体病毒）是有直接联系的。最新的一种理论认为，有一种可以引起女性非淋菌性尿道炎的细菌越来越常见，其增长速度与哮喘患者的增速几乎是一致的，原因是，这种细菌可能使免疫系统对过敏原的反应更激烈。面对上述各种观点，你更倾向于哪一种呢？我最倾向于那个认为过度讲卫生会导致哮喘的观点，但有一点可以肯定，我不会为此就不讲卫生了。有人认为哮喘患者的增加是因为"哮喘基因"增加了，这种说法肯定是不对的，因为基因的变化没有那么快。

那为什么还有这么多科学家坚持认为哮喘的最起码部分是"遗传病"呢？他们是什么意思呢？首先解释一下哮喘是如何产生的：人体内的免疫球蛋白E对某些分子非常敏感，一旦遇到这些分子就会激活，从而引起肥大细胞释放组胺，组胺会导致呼吸道收缩，从而引发哮喘。在生物学上，这就是一连串很简单的因果事件。哮喘有多种诱因，都受到免疫球蛋白E结构的影响。这种蛋白质的结构有多种形式，每种形式都对应着一种外界分子或过敏原，并被其激活。也许这个人的哮喘是尘螨诱发的，那个人的是咖啡豆诱发的，但机理都是一样的——他们体内的免疫球蛋白E系统被激活了。

人体内所有的简单生化反应链，都有基因的参与——这些链条上的所有蛋白质都是由一个基因制造的（免疫球蛋白-E是由两个基因制造的）。有人一生下来就对动物毛发过敏，或者在成长过程中变得对动物毛发过敏，也许是因为有些突变使得他们的基因与其他人的有所不同。

有一点很明确，哮喘通常在一个家族内有多人发病——早在12世纪时，科尔多巴的犹太先知迈蒙尼德（Maimonides）就已经知道这一点了。在有些地方，由于一些偶然的历史事件，哮喘突变更加常见了。比如，特里斯坦－达库尼亚群岛中就有这样一个孤岛，这个岛上全部居民的祖先是一个哮喘易感者。虽然当地是温和的海洋性气候，但全岛仍然有20%以上的人有明显的哮喘症状。1997年，几个基因学家得到一家生物科技公司资助，漂洋过海到达这个岛屿。他们采集了岛上300名居民中270人的血液，进行基因突变反应测试。

找到那些突变的基因，也就找到了导致哮喘的主要原因，治愈哮喘也就成为可能了。也许，卫生因素或者尘螨可以解释哮喘发病率上升的原因，但是，只有找到基因上的差异，才能真正解释为什么在同一个家族里，有人得了哮喘，有人却没有得。

这里，首先解释一下什么是"正常"，什么是"突变"。对尿黑酸尿症患者而言，可以非常明显地区分出他们基因的形式是否"正常"。但对于哮喘来说，就不这么明显了。回到石器时代，在羽毛枕头出现之前，即使一个人的免疫系统对尘螨很敏感，也不会出现什么不良反应。因为在那时，人们为了狩猎，会在干旱的大草原上搭起临时的帐篷，根本不存在尘螨的问题。同样的道理，如果免疫系统能够很出色地消灭肠道寄生虫，那么，我们现在看来的哮喘患者在当时就成了"正常人"，其他人反而不正常了，因为他们的基因使得他们特别容易感染肠道寄生虫。有些人的免疫球蛋白E系统非常敏感，他们比其他人更能抵御肠道寄生虫。直到最近几十年，人们才意识到，要定义"正常"和"变异"其实是一件极其困难的事情。

20世纪80年代后期，许多科学家小组开始信心十足地寻找"哮喘基因"。到了1998年年中，他们发现哮喘基因不只是一个，而可能有15个。5号染色体上就有8个基因可能引起哮喘，6号和12号染色体上各有两个，11号、12号和14

号染色体上各有一个。这还没有算上 1 号染色体上的两个用于制造免疫球蛋白 E 的基因，而这种蛋白在哮喘成因中处于核心地位。哮喘的遗传机理可能是由这 15 个基因共同决定的，只是不同基因的重要性不同；也可能是由这 15 个基因和其他基因共同决定的。

到底哪种基因才是正的"哮喘基因"，大家各执一词，群情激奋。威廉·库克森（William Cookson）是一位牛津大学的遗传学家，他讲述了当他发现了 11 号染色体上有个标记与哮喘易感性有关后，竞争对手的各种反应。有的向他表示祝贺；有的急着发表论文，反驳他的发现，但这些论文不是漏洞百出，就是样本数量太少；有个人目中无人，在医学杂志上发表了一篇评论，嘲笑他"前后矛盾、逻辑混乱"，戏称他发现的基因是"牛津郡基因"；有一两个人在公开场合批评他的发现，语言尖酸刻薄；还有一个人匿名指责他造假。（在外界看来，科学界的争论竟是如此混乱，着实让人大跌眼镜。相比之下，政治斗争反而显得更加文明。）曾有一份报纸在周日版用激动人心、夸大其辞的语言报道了库克森的发现。随后发生的事情更加混乱了，一个电视节目对这篇报道进行了攻击，这家报社又向广播电视管理部门提起投诉。"这种互不信任和互相攻击的情形持续了 4 年之久，我们真是筋疲力尽了。"库克森说道[2]，显得很无奈。

这正是寻找基因过程中的真实场景。那些象牙塔里的道德哲学家很是看不起这样的科学家，称其为"追求名利的淘金者"。有些科学家声称自己找到了诸如"酗酒基因"或"精神分裂症基因"这样的基因，却又在事后矢口否认，从而沦为笑柄。这些科学家对自己发现的否认，并不能否认基因与疾病之间存在内在联系，只不过证明了他们在寻找这种关系的过程中出现了问题，这种批评是很有道理的。报纸上的大标题往往具有误导性，因为它们过于简化了。当然，如果有人发现了能够表明某个基因与某种疾病之间有联系的证据，他就应该发表其成果。如果他的发现被证明是错误的，也没有什么坏处。有证据显示，在探索基因与疾病关系的过程中，漏报（因数据不足而错误地认为一个基因与一种疾病没有关系，而事实上是有关系的）比误报（错误地认为一个基因与一种疾病有关系，但事后证明是没有关系的）的危害要更大。

库克森和他的同事最终找到了哮喘基因。他们通过实验，确认了同正常人相比，哮喘患者体内有一种基因突变非常普遍。其实，说这个基因就是哮喘基因有些牵强，因为它只能解释15%的哮喘病，而且，在研究新病例的时候，这个实验也是难以再现的，而这正是寻找哮喘基因时常常遇到的一个问题。大卫·马什（David Marsh）是库克森的一个竞争对手。1994年，他在研究了11个阿米什人家族之后，宣称哮喘与位于5号染色体上的白细胞介素-4的基因有关。不过这个研究后来也未能成功再现。1997年，一个芬兰的研究小组彻底否定了这个基因和哮喘的关系。同年，在美国开展了一项针对混血人口的研究，结论为染色体上11个区域与哮喘易感性有关，但其中的10个都是某个种族或民族所特有的。也就是说，与哮喘有关的基因，在黑人、白人和拉美人体内是不同的。[3]

性别的区别与种族的区别同样明显。美国肺脏协会的研究显示，装有汽油发动机的车排出的臭氧会诱发男性哮喘，而装有柴油发动机的车排出的烟尘颗粒更容易诱发女性哮喘。有一个规律，男性一般小时候容易过敏，随着年龄增长会有所好转，但女性往往在20～30岁才开始出现过敏现象，且不会随着年龄增长而消失。（当然，任何规律都有例外，也包括"任何规律都有例外"这句话。）这个规律可以解释哮喘遗传机制中的一个奇怪现象：大多数人都说是从母亲那里遗传到哮喘，而非父亲。这可能仅仅是因为父亲发生哮喘时年龄还小，不记得了。

问题是，改变人体对哮喘触发器敏感性的方法太多了，在导致哮喘的链式反应中，各种基因都有可能是哮喘基因，然而，每种基因只能够解释为数不多的几个病例。例如，5号染色体长臂上的$ADRB_2$基因，能够制造一种名为β-2肾上腺素能受体的蛋白质，该蛋白控制着支气管扩张和收缩，而支气管收缩正是哮喘的直接症状，因此，最常用的抗哮喘药物都是抑制这个基因。据此，应当认为 $ADRB_2$ 是一个主要的哮喘基因了吧？这个基因最初是在中国仓鼠的基因中发现的，这个基因很普通，包含 1 239 个字母。之后不久，人们发现，那些有严重夜间哮喘的人和没有夜间哮喘的人相比，两者的基因上有一处"拼写"不同：前者的第 46 个字母是 G，而后者是 A。但并不因此就确定 $ADRB_2$ 是一个主要的哮喘基因，约有 80% 的夜间哮喘患者和 52% 没有夜间哮喘的人，他们 $ADRB_2$ 基因的第 46 个字母都是 G。科学家认为，这点细微的差别足可以降低夜间哮喘患者的易感性。[4]

但是，夜间哮喘为数不多。让事情变得更加复杂的是，$ADRB_2$ 基因第 46 个字母上的区别，还涉及另外一个问题：对哮喘药物的抗药性。5 号染色体两个副本的这一位置上都是 G 的人，同两个副本都是 A 的人相比，前者对哮喘药物的抗药性更强，比如福莫特罗，药效在短短几周或几个月内就会逐渐丧失殆尽。

本书在讨论位于 4 号染色体上的亨廷顿氏舞蹈病基因时，用的都是一些十分肯定的语言，几乎不会使用诸如"更有可能""也许""某些情况下"之类的字眼，本章就不同了。$ADRB_2$ 基因上第 46 个字母由 A 变到 G，这也许与哮喘的易感性有关，然而，它却不能被称为"哮喘基因"，也不能用来解释为何有人会得哮喘而有人则不会。它只是冰山一角，对一小部分人群产生了影响，但这种影响太微弱了，随时有可能被其他因素的影响所淹没。你应该习惯这种不确定性的语言，因为随着对基因组研究的深入，会发现越来越多的不确定性，这个系统本来就不是"黑白分明的"，它具有多样性、多变性，本性模糊。但这并不是说，前几章节关于颗粒遗传进行的"简单"讨论是错误的，只不过许多简单的事物叠加在一起就变得复杂了。基因组同生命一样，具有复杂性和不确定性。了解了这些，就应该如释重负。简单的决定论，无论是基因决定论还是环境决定论，对于那些热爱自由意志的人而言，都是无法接受的。

智　力

遗传论者的谬误，不在于他们宣称智商在一定程度上受到遗传的影响，而是将"可以遗传"与"必然遗传"之间画上了等号。

史蒂芬·杰伊·古尔德

在前边的章节里，我一直在误导你，并且一再违反自己的原则。作为惩罚，我应该把下面这句话写100遍：基因并非为了致病而存在。有时基因被"破坏"后会引起疾病，但多数情况下，这些基因并没有被真正破坏，只不过表现为不同的形态，例如，不能说使人长蓝色眼睛的基因就是被破坏的棕色眼睛基因。从专业角度来讲，它们是不同的等位基因——同一基因位置上的不同版本而已，都是健康的基因，能够发挥功能，并且合乎人体的要求规则。尽管没有一个确切的定义来解释何为基因的"常态"，但这些等位基因都是正常的。

开门见山，让我们直击基因中最混乱、最难以解决的一个问题：智力的遗传性。

与人类智力遗传有关的基因可能位于6号染色体上。1997年年底，一位科学家首次对全世界宣布，他在6号染色体上发现了"智力基因"。他的举动是勇敢的，但也有人说是鲁莽的。他确实很有勇气，因为面对一个新的发现，不管证据多么充分，总有很多人拒绝承认这样一个事实，更不用说参与研究了。这些人之所以怀疑，一方面是因为过去几十年来，进行这样的研究会被认为具有政治目的，任何触及智力遗传的人都会被扣上这样的帽子；另一方面，大量的常识显示出，智力不具有遗传性。很显然，大自然并未让一个或几个基因盲目地决定一个人智力，一个人要在父母的养育下，不断学习，通过语言、文化和教育，在成长的过程中逐步发展自己的智力。

那位科学家名叫罗伯特·普洛明（Robert Plomin），这正是他和同事们的发现。每年夏天，都会有一群智力超群的孩子，从美国各地聚集到艾奥瓦州，参加一个夏令营。这些孩子年龄都在12～14岁，在此之前曾连续5年进行智商测试，并且排名都进入前1%，智商都在160左右。普洛明的团队推测，影响智力的基因在这些孩子体内一定是最好的，因此他们采集了每个孩子的血液样本，之后用常人 6 号染色体上的 DNA 片段在血样中进行比对，希望从中找到这样的基因（他们基于前期研究成果，选择了 6 号染色体）。他们渐渐发现，这些孩子的 6 号染色体长臂上有一段 DNA 序列往往与常人不同，这个序列在常人身上都是一样的，但这些孩子的那段序列是与众不同的，并且出现的频率很高，这引起了普洛明的注意。该序列位于 IGF2R（Insulin Like Growth Factor 2 Receptor，胰岛素样生长因子 2 受体）基因的中间位置。[1]

关于智商的研究，从未令人感到过兴奋，可以说，关于智力的争论充满了各种愚蠢的看法，这在科学史上是少有的。有很多人，包括我自己在内，在谈及这个话题时都怀有一种不信任的偏见。我不知道自己的智商是多少，虽然上学时曾做过一次测试，但一直也没被告知结果。因为当时我并不知道这个测试需要在规定的时间内完成，所以只完成了一小部分题目，想必得分很低。后来回想起来，如果我智商很高，就应该意识到这种测试是有时间限制的。无论如何，有了这个经历之后，我认为用一个数字去衡量一个人的智商太粗陋了，也对这种智商测试失去了敬畏之心。现在看来，使用半小时前去测试"智力"这样一个复杂的事物，这简直太荒谬了。

事实上，早期的智力测试在动机上很粗陋，也带有偏见。为了区分出先天才能和后天才能，弗朗西斯·高尔顿（Francis Galton）率先展开了对双胞胎的研究。对于为什么这样做，他直言不讳道：[2]

我的总体目标是记录不同人遗传下来的多种能力，以及在不同家族和种族之间的巨大差异，从而了解使用更好的人种来替代劣势人种的可行性有多大，并且确认我们是否有义务采用合理的方式完成这一壮举。这样，我们就能够加快进化过程，减少自然进化带来的压力。

换句话说，他想像优化牛的品种一样，来挑选和培育一些人。

但是，智商测试真正令人不愉快的，是在美国。智商测试是法国人阿尔弗雷德·比奈（Alfred Binet）发明的，H. H. 戈达德（H. H. Goddard）将其照搬到美国，对美国公民和想要成为美国公民的人开展测试，并得出一个可笑的结论：很多从外国到美国的移民都是"傻瓜"，工作人员只要经过培训，就能一眼将这些"傻瓜"区分出来。他的智商测试带有很强的主观性，对于中产阶级或持有西方文化价值观的人很有利。比如就有这样一道题目：有多少波兰犹太人知道网球场中间是有网的？他坚信，智力是天生的[3]："一个人的智力或者脑力水平都是与生俱来的，从精子卵细胞染色体结合那一刻就已经决定了，除非由于严重的事故破坏了大脑功能，它几乎不受任何后天的影响。"

戈达德的观点很诡异，但他却用充分的理由说服相关部门出台国家政策，允许他对到达埃利斯岛（Ellis Island）的移民进行智商测试。有些人的观点更加极端，第一次世界大战期间，罗伯特·耶克斯（Robert Yerkes）说服美国军方，让他对数百万新兵进行智力测试，尽管军方根本不关心这个测试结果，但这却给耶克斯和其他人提供了数据和平台，他们借此大肆宣扬自己的主张，即利用智商测试可以快速便捷地将人们划分为不同的层次，这对于商业和国家都是很有价值的。军方的测试影响极大，据此，1924 年，美国国会通过了移民限制法案，严格限制南欧和东欧的移民人数，理由是同 1980 年前在美国人口中占主导地位的"北欧"移民相比，这些人智商较低。这一法案与科学无关，它在更大程度上反映出了种族偏见和地方保护主义，智商测试充其量只是个借口罢了。

本书后面将用一个章节来讨论有关人种优化理论的内容，但智力测试这段历史给学术界留下了深刻的印象。因此，对于大多数学者，尤其是社科者来说，他们对智商测试非常不信任，也就不足为奇了。第二次世界大战前夕，主流思潮开始反对种族主义和人种优化论，在那时，谈及智力遗传的观念几乎成为一种禁忌。耶克斯和戈达德这些人已经完全忽视了环境对一个人能力的影响，他们甚至对不会说英语的人进行英语测试，让不识字的人拿起笔来接受测试。对他们而言，遗传是影响智力的唯一因素，这也导致后来的评论家认为他们简直是在搭建一座空中楼阁。事实上，人类是有能力去学习的，他们的智商受到后天教育的影响，所以，从心理学的角度出发，可以假设智力水平不受遗传因素的影响，完全靠后天训练来培养。

科学的进步是一个提出假说并尝试论证其真伪的过程，但有时事实却并非如此。20世纪20年代，持遗传决定论的学者从来只是在寻求证明自己假说正确性的证据，而从不尝试去推翻它们；20世纪60年代，持环境决定论的学者也总是寻求支持自己的证据，他们本该积极寻求反证，却对它们视而不见。颇具讽刺意味的是，在智力遗传研究领域，"专家"比普通人更容易犯错。普通人都清楚教育的作用，但同样他们也相信先天因素对于智力的影响，反而是那些"专家"犯着荒谬的错误，走了极端。

对于智力，还没有一个公认的定义。该如何确定一个人的智商是否高呢？是根据他的思维速度、推理能力、记忆力、词汇量、心算能力，还是仅仅根据他的求知欲？高智商的人在某些事情上会显得极为蠢笨，他们可能缺乏常识、处世呆板、走路撞上灯柱等。一个足球运动员可能在学校里成绩很差，但他能够判断出最佳时机，来一记妙传。同样，有些高智商的人不懂音乐，不善言谈，也不擅长洞察他人的思想。霍华德·加德纳（Howard Gardner）⊖曾强烈倡导一种智力多元化的理论，他认为人类的智力是多元的，每个人在一定程度上都拥有多种

⊖ 世界著名教育心理学家，最为人知的成就是"多元智力理论"，被誉为"多元智力理论"之父。加德纳认为，支撑多元智力理论的是个体身上相对独立存在着的、与特定的认知领域和知识领域相联系的8种智能：语言智力、节奏智力、数理智力、空间智力、动觉智力、自省智力、交流智力和自然观察智力。——译者注

智力，而每种智力在个体身上也都有着不同的体现。罗伯特·斯滕伯格（Robert Sternberg）⊖也曾指出，人的智力从本质上分为三类，即分析能力、创造能力和实践能力。使用分析能力解决的问题由他人提出，问题明确，提供解决问题所需的全部信息，并且答案是唯一的。这种问题就像学校的考试一样，与日常生活经验关系不大。使用实践能力解决的问题需要自己将问题识别并表达出来，没有明确的说明，缺乏相关的信息，与日常生活相关，可能有不止一个答案。有些巴西街头的孩子可能在学校里数学不及格，但对日常生活中涉及数学的问题却能分析得头头是道。如果专业的赛马成绩预测员仅凭智商来预测赛马成绩，结果一定非常不准确。对于一些赞比亚的儿童，使用线框模型测试他们的智商，就能取得很好的成绩，改用纸和笔测试，则成绩很差；而对于英国的一些儿童，情况则恰恰相反。

有一点几乎可以肯定，学校侧重培养学生分析问题的能力，智商测试也是如此。智商测试的形式和内容可以是多种多样的，但一定偏向某些类型的头脑，也确实能反映出一些事情。如果对比人们在各种不同智商测试中的表现，就会发现其结果有一定的一致性。1904 年，统计学家查尔斯·斯皮尔曼（Charles Spearman）首先注意到这样一个现象，一个学生如果有一门课成绩好，往往其他课学得也好，不同类型的智力是相互联系着的，而非各自独立的。斯皮尔曼称其为一般智力，简称为"G"。有些统计学家认为"G"只是一个统计上的巧合，是检测学习成绩的众多方法之一。还有些人则认为，"G"只是大众意见的统计学表达，毕竟，对于哪个学生聪明、哪个学生不聪明这样的问题，大家的观点基本都是一致的。但是，就实际情况而言，"G"无疑是有效果的，对学生之后在校的表现进行预测，它比其他方法相比都更准确。有些事实证据也证明了"G"是真实

⊖ 20 世纪美国心理学家和认知心理学家，提出智力三元理论，这三种智力分别为：成分智力、经验智力和情境智力。——译者注

客观的：人们在完成浏览信息和检索信息的任务时，速度和智商成正比。令人惊讶的是，一般智商不会随着年龄的增长而提高：在 6 ～ 18 岁，一个人的智力水平会突飞猛进，但相对于同龄人来说，智商的变化却很小。事实上，婴儿适应一种新刺激所需的时间，与其之后的智商有很大的关系。如果能够确定一个孩子未来的教育环境，就可能在他出生后几个月便预测出他成年之后的智商。智商测试分数与学校考试成绩有着很强的相关性，似乎高智商的孩子能够更多地吸收学校所教的内容。[4]

但这并不能证明"三岁看老"之类的宿命论观点，否定教育对于智商的影响。就数学和其他学科而言，学校之间、不同国家之间学生的平均差距是巨大的，这足以体现出教育的作用。"智力基因"不能在真空中发挥作用，它的发育离不开周围环境的刺激。

所以关于智力有这样一个解释，智力通过多种一般智商（"Ｇ"）测试的平均水平来衡量，这听起来傻了点，但让我们先接受它，并看看这个解释带来了什么。智商测试在过去很不成熟，如今既不完美，也不客观。尽管如此，它们的结果却是惊人的一致，这吸引了更多的眼球。马克·菲尔波特（Mark Philpott）曾称其为"不完美测试的迷雾"[5]，如果透过这种"迷雾"，能够发现智商与某些基因存在某种联系，就更能说明智力与遗传紧密相连了。此外，现代的智商测试已经有了很大的改进，它们更加客观，受试者不会因为文化背景或者知识构成不同而影响测试结果。

20 世纪 20 年代，尽管当时没有任何证据显示智力具有遗传性（只是智商测试从业人员的一个假设），但为优化人种而进行的智商测试达到了全盛时期。如今，情况已不再如此，但智商（姑且不论何为"智商"）的遗传性作为一个假说，已经在两类人身上进行了测试：双胞胎和被收养的儿童。无论从何种角度来看，结果都是令人吃惊的——所有研究均显示，遗传因素在很大程度上影响着一个人的智力。

20 世纪 60 年代有一种流行做法，就是双胞胎一出生便被分开抚养，在把他们送人收养时，更是如此。在很多情况下，这么做并非出于某种特别的考虑，但也有人出于科研目的，他们希望检验和证实当时很流行的一个说法——塑造一个人性格的是养育方式和生活环境，而非基因。最著名的例子当属两个纽约的双胞胎女孩贝丝（Beth）和艾米（Amy）。她们一出生便被一个好奇的弗洛伊德学派的心理学家送到两个不同的家庭，收养艾米的家庭十分贫困，养母很胖、缺乏安全感，且没有爱心。正如弗洛伊德理论所预测的那样，艾米长大后神经过敏、性格内向。然而，尽管贝丝的养母家境富裕、为人和善、富有爱心，她的性格却和艾米如出一辙。20 年后她们再次见到彼此，两人之间的性格差异几乎是看不出来的。这一案例不但没有证明环境在塑造一个人性格方面的作用，反而证明了基因的重要性。[6]

最早研究被分开养育的双胞胎的，是环境决定论者。随后，和他们持有相反观点的人也开始进行这一研究，明尼苏达大学的托马斯·布沙尔（Thomas Bouchard）就是其中一个代表人物。从 1979 年开始，他在世界各地找到了数对分散的双胞胎，并使他们得以团聚，同时测试了他们的性格和智商。与此同时，还有其他一些研究则致力于比较被收养者和他们的养父母、生父母或者兄弟姐妹的智商水平。将所有这样的研究放在一起，计算出数以万计个体的智商测试分数，得出了以下的统计结果。（其中的数字是一个百分比，表示两个人之间的智商相关性，100 表示两人智商完全一致，0 则表示两人智商毫不相关。）

同一个人进行两次测验	87
一起长大的同卵双胞胎	86

分开长大的同卵双胞胎	76
一起长大的异卵双胞胎	55
非孪生亲生兄弟姐妹	47
在一起生活的父母与子女	40
不在一起生活的父母与子女	31
生活在一起的被收养孩子	0
不在一起生活的没有血缘关系的人	0

不出所料，相关度最高的是一起长大的同卵双胞胎，他们有着相同的基因，在同一个子宫里孕育，在同一个家庭里生活，他们的测试结果与同一个人进行两次测试的没有多大区别。异卵双胞虽然在同一个子宫里孕育，但他们的基因同非孪生亲生兄弟姐妹相比，差别更大。然而，他们的智商相关性却比后者要高，这说明胚胎时期在子宫里的活动或者早期家庭生活会对其产生一点影响。但是令人惊讶是，几个被收养的孩子生活在同一个家庭里，他们之间的智商相关性竟然为零，也就是说，生活在同一个家庭中对智商而言毫无影响可言。[7]

直到最近，人们才意识到子宫的重要性。通过一项研究发现，子宫对双胞胎智力相似性的影响达20%，而对非孪生亲生兄弟姐妹而言，才占5%。两者的区别在于，双胞胎在同一时间共同孕育在同一个子宫里，而非孪生亲生兄弟姐妹则没有这样的经历。子宫内的活动对智力的影响，是出生后父母教育的3倍。因此，即使智力中的"后天因素"，也早已确定下来，并且无法改变；而另一方面，"先天因素"会贯穿整个青少年时期。所以，根据"先天因素"，而不是"后天因素"，我们不应该在孩子尚小的时候，就对他们的智力妄下定论。[8]

这个观点确实很奇怪，根据常识，难道一个人的智力不受儿时读过的书和家人间谈话的影响吗？肯定会有影响，但这并不是问题的关键所在。毕竟，由于遗传因素的影响，在一个家庭中，孩子在学习方面可能与父母相似。目前的研究仅限于双胞胎和被收养的孩子，至于亲生父母和养父母对于孩子的智商会产生哪些不同的影响，尚无此类研究。毫无疑问，关于双胞胎和收养的研究，能够解释遗传因素导致孩子与父母在智商方面具有一致性。但是，由于这些研究只是针对特定范围的家庭展开的，样本数量较小，所以其结果可能不够准确。研究对象主要是中产阶级白人家庭，只有极少数穷人或黑人家庭。而在中产阶级白人家庭中，人们受到的教育、谈论的话题往往是相似的，这就不足为奇了。在一项研究中，被收养的孩子和养父母属于不同的种族，结果显示，这样的孩子的智商与其养父母有一定的关联度（19%）。

但这种影响仍然很小。综合所有研究，可以得出如下结论：一个人的智商中约有一半由遗传而来，不到 1/5 源于家庭，这是和兄弟姐妹共同生活的环境，其余源于子宫、学校和其他外界影响，如同龄人的影响等。但这依然不够科学。一个人的智商不仅随年龄而变化，影响智商的遗传因素也随之发生变化。随着年龄的增长，经验的不断积累，基因带来的影响也在不断增加，这是真的吗？应该是减小才对吧？不是的，一个人儿时遗传对智商的影响大约占到 45%，然而在青春期以后它会增加到 75%。随着一个人的长大，他会慢慢地表现出自己的先天智力，而其他因素的影响会逐步消失。他会选择适合自己的能力发挥的环境，而不是通过调整自己来适应环境。这证明了两个重要的事实：第一，遗传对智商的影响在受孕那一刻起便确定了；第二，环境对智商的影响并不会一直积累下去。智商具有遗传性，但这并不意味着它永远不变。

在这个漫长的争论刚开始的时候，弗朗西斯·高尔顿（Francis Galton）曾打过这样一个比方："很多人在野外消遣时，会将小树枝扔进溪流中，然后看着它们在水中的变化。有的小树枝会碰到一个个障碍物，停了下来；有的受到周围环境的影响，加速向前流去。这些人可能认为：溪流中的各种状况都非常重要，而小树枝的命运就是受到这些微不足道的因素的影响。但无论如何，所有的树枝都顺着溪流而去，并且在长途奔流中，它们的速度总体上是一致的。"这个比方用在外界环境对智力的影响上，再贴切不过了。有证据表明，给孩子更好的教育，加大他们的学习强度，确实可以大大提高他们的智商，但这只是暂时的。在小学毕业后，那些参加过启蒙计划（Head Start）⊖的孩子与其他孩子没有什么差别。

因为这些研究仅限于单一社会阶层的家庭，有人批评它们在一定程度上夸大了遗传对于智商的影响。如果你认为这种批评是有道理的，那么会发现：与不平等的社会相比，遗传作用在平等社会里的影响会更大。事实上，人们将精英社会定义为一个由基因决定成就的社会，因为在这样的社会里，人们所处的环境是相同的，这真有讽刺意味。人们也即将使用同样的逻辑来讨论身高问题了：过去，由于营养不良，很多儿童长大后没有达到应有的"遗传"高度。今天，能够保证儿童营养了，因此个体身高的差异主要是由于遗传造成的。我怀疑，遗传对于身高的影响在逐步加深。但这一观点对于智力就不适用了，因为在现实生活中，不同人所处的环境是不同的，人们接受不同的教育，拥有不同的家庭习惯，富裕程度也各不相同，并且这种差距正在进一步变大。但无论如何，说基因在公平社会里的影响更突出，这有些自我矛盾。

这些对于智力遗传性的判断，仅适用于解释个体之间的差异，而不适用于群体。在不同的人群或种族中，智商的遗传性看起来大体是相同的，但事实可能并非如此。如果根据两个人的智商差异中有将近50%归结于遗传因素，就认为黑种人与白种人的平均智商差异或白种人与黄种人的平均智商差异是由于基因决定

⊖ 启蒙计划 (Head Start) 是美国政府在各种幼儿教育与儿童福利政策中，为贫穷学前幼儿所做的最完整的计划，该计划的起因是 1965 年约翰逊总统的大社会理念。1965 年，美国开启了为贫困家庭 3 ～ 4 岁儿童提供教学、营养与卫生保健，为期 8 周的暑期计划，后来扩展为 Head Start 计划，其目的在对抗贫穷，是个强调以小区为本位的幼教方案，给予贫穷家庭及其幼儿综合性服务。——译者注

的，那么，这就是一个错误的推理。就目前来看，这样的结论不仅犯了逻辑上的错误，也是不符合事实的。由此可以得出，《钟形曲线》(*The bell curve*)[9]这本书中的主要论据是不科学的。黑种人和白种人的平均智商水平有所差异，但没有证据表明这种差异本身是可遗传的。事实上，跨种族收养儿童的事例表明，那些在白种人家里成长的黑人孩子，他们的平均智商水平与白种人是一样的。

如果一个人的智商有50%是遗传的，那么肯定会有基因对其产生影响。至于有多少这样的基因，目前还不得而知，但有一点是可以确定的，这些影响智商的基因不是一成不变的，也就是说，它们在不同人体内的表现形式不同。遗传可能影响智商和遗传决定智商是两个截然不同的概念，完全有可能在不同人的体内，那些对智商影响最大的基因是相同的，这样，遗传就不是导致个体间智商差异的原因。大部分人和我一样，每只手上都有着5个手指，这是因为大多数人的遗传基因规定每只手要有5个手指。如果在全世界范围内寻找4个手指的人，就会发现其中95%以上是在事故中失去了手指。因此，4个手指几乎都是环境因素造成的，由于遗传因素导致的概率极低。但这并不能说明手指的数量与基因无关。正如基因可以决定不同的人拥有不同的身体特征，一个基因也可以决定不同的人拥有相同的体征。罗伯特·普洛明寻找智商基因的实验只能发现在不同个体中不一样的基因，却无法关注那些在所有人体内都相同的基因，因此他们可能无法找到那些决定智商遗传特性的重要基因。

位于6号染色体长臂上的IGF$_2$R基因，是普洛明发现的第一个基因。第一眼看上去，它似乎不太可能是"智力基因"。在普洛明把它与智力联系起来之前，令它声名鹊起的是它与肝癌的关系，人们可以称其为"肝癌基因"，这也恰恰证明了通过所引起的疾病来给基因命名，实在不是明智之举。并且，有时我们还需要决定他的主要任务是抑制肿瘤，还是影响智力，抑或哪种功能属于次要功能。事实上，它们都有可能只是起到了次要作用，因为由这个基因编码的蛋白质的功能十分单一，只不过是将磷酸化的溶酶体酶从高尔基体和细胞表面运送到溶酶体中，人们怀疑它还有神秘之处尚未被发现。这样看来，这个基因只是一个分子送货车，它不能加快脑电波的速度，与提高人的智商毫不相关。

IGF$_2$R 基因十分庞大，总共包含 7 473 个字母，其中有意义的信息分布在一段包含 98 000 个字母的基因片段上，期间被一些无意义的序列（即内含子）打断了 48 次（就像杂志上的一篇文章中间被插入了 48 段广告一样）。这个基因中间有些重复的片段，其长度不是固定的，可能会对不同人智力的差异有所影响。由于它看起来似乎与胰岛素样蛋白和糖分分解有关，所以它可能与另一项研究的发现有关。后者发现：高智商的人对大脑中葡萄糖的利用效率更高。以玩电脑游戏俄罗斯方块（Tetris）为例，当玩熟练之后，同低智商的人相比，高智商的人大脑对于葡萄糖的消耗量下降得更快。这也许会给普洛明的理论带来一丝希望，但是即使他发现的这个基因被证明能够影响人的智力，也只不过是众多影响智力的基因中的一个。[10]

尽管人们可以批评研究双胞胎和被收养的孩子过于间接，不足以证明遗传对于智力的影响，但是，直接研究一个随着智商而变化的基因，他们是无法提出质疑的，这正是普洛明发现的主要价值所在。这个基因有一种形式，在艾奥瓦州那些天才儿童的体内往往是常人的两倍。但它对提高智商测试的作用并不大，平均只能增加 4 分，所以，它肯定不是"天才基因"。普洛明指出，通过对艾奥瓦州那些高智商儿童的研究，他在其体内发现的"智力基因"多达 10 余个。智商具有遗传性的观点重返科学界，它为研究者带来了荣耀，同时也引来了各种不满与质疑。它使人们回想起了泛滥于 20 世纪二三十年代的人种优化论，这种理论曾使科学蒙羞。斯蒂芬·杰伊·古尔德（Stephen Jay Gould）严厉地批评了智商的遗传决定论，他说道："如果一个人智商低，有一部分原因是遗传造成的，那么通过教育，这个人的智商可能大大提高，当然也可能不会，因此，仅仅凭遗传的作用是无法确定智商的。"事实的确如此，但这也正是症结所在。但这并不是说，人们在面对遗传证据时，就会成为宿命论者。已经发现读写困难症是基因突变导致的，但老师并没有因此放弃患病的学生，反而积极采用特殊的方法来教育他们。[11]

事实上，作为最著名的智力测试先驱，法国学者阿尔弗雷德·比奈（Alfred Binet）强调，测试不是为了奖赏有天赋的孩子，而是为了更好地关注那些没有天赋的孩子。普洛明认为自己就是其中的一个受益者。普洛明出生在芝加哥的一个大家族中，在 32 个兄弟姊妹里，他是唯一上过大学的，他将自己的运气归功于在智力测试中取得的好成绩，因此，他的父母送他去读一所更注重学业的学校。美国热衷于这种测试，与英国形成了鲜明的对比，英国对此唯恐避之不及。曾有一小段时间，英国 11 岁左右的儿童都要参加一个升中学甄别考试，考试题目依据西里尔·伯特（Cyril Burt）的研究数据形成，并且这些数据有可能是编造的。这个考试臭名昭著，它曾经错误地将很聪明的孩子分进"二流"学校。然而，在崇尚精英教育的美国，智商测试却是穷人获得学术成就的通行证。

也许智商的遗传性还有些其他不同的意味，高尔顿区分智商的先天因素与后天培养的尝试，在此面前宣告失败。想想看，下面的情形是多么的愚蠢：一般而论，智商高的人比智商低的人的耳朵更对称，体型更匀称，如脚、踝、手腕和肘的宽度，还有手指的长度，每一项身体指标都与智商相关。

20 世纪 90 年代早期，人们重新开始了人体对称性的研究，这是因为它可以反映出人体的早期发育状况。人体内有些器官不具有对称性，但都有规律可循，比如，大多数人的心脏位于胸腔左侧。但也有些不对称性不是那么明显，且无规律可循，比如，有些人的左耳比右耳大；另一些人则恰恰相反。这种波动性不对称的程度，反映出身体在发育过程中所承受的"压力"变化，这些"压力"可能来自病毒感染、体内毒素或营养不良等。智商高的人体型更匀称，这说明他们在子宫里或童年时期受到的发育压力极小，或者说他们有更强的抗压性。并且，这种抗压性也许是可遗传的。从这个层面来讲，智商的遗传性并非由"智力基因"直接引起的，而是由那些抗毒素或抗传染的基因间接决定的，换句话说，是由那些与环境相互作用的基因引起的。一个人遗传的不是智商，而是在特定环境下发展出高智商的能力。基于此，是绝对无法将影响智商的因素分为先天和后天的。[12]

弗林效应（Flynn effect）为这一观点提供了支持。詹姆斯·弗林（James Flynn）是一个生活在新西兰的政治学家。20 世纪 80 年代后期，他发现世界各国人们的智商是持续增长的，智商测试的平均成绩以每 10 年 3 分的速度增长，原因却不得而知。也许与平均身高增加的原因相同，是因为儿童的营养得以改善。危地马拉（Guatemalan）有两个村庄，数年来一直获得外来援助，蛋白质供给充分，10 年之后发现当地儿童的智商有了明显的提升——这是弗林效应的一个缩影。然而，西方国家营养良好，人们的智商仍在快速增长。这和学校教育的关系不大，因为中断学业对智商的影响是短暂的，而且，智商分数上升最快的题目，是测试抽象推理能力的，而这恰恰是学校所不教授的。科学家乌尔里克·奈瑟尔（Ulric Neisser）认为，产生弗林效应的原因在于，当今日常生活中充斥着视觉图像，如卡通、广告、电影、海报、图表和其他视觉内容，强度大、复杂性高，随之而来的是书面信息的减少。孩子们的视觉环境比以前更丰富，这有助于培养他们解决与视觉有关的智商测试题的技能，而这正是智商测试中最常见的题型。[13]

但乍一看上去，这种环境的影响很难与双胞胎研究所表明的高智商遗传性保持一致。正如弗林本人指出的那样，50 年来，人们智商测试的平均成绩提高了 15 分，要么 20 世纪 50 年代有很多傻瓜，要么就是今天有很多天才。由于当前我们没有经历文化复兴，所以他认为，智商测试并不能测出人的先天智商。但是，如果奈瑟尔是对的，那么当今世界的环境有利于促进一种智力的发展，即识别视觉符号的能力。这对于"G"来说是一个冲击，但它并未否定各种智力至少有部分是可遗传的。在过去200万年的文化中，我们的祖先留下的当地习俗要靠学习才能掌握，人类大脑（通过自然选择）已经学会从当地习俗或人群中发现所需的技能，并加以掌握。一个孩子所处的环境与自己的基因有关，也与外部因素有关，而孩子能够寻找并创造出自己喜欢的环境，如果爱好机械，就会练习机械方面的技能；如果是一个"书虫"，就会找书来读。基因可以创造出爱好，而不是才能。毕竟，近视的遗传性很强，但孩子遗传的不仅是眼球的形状，更是读写的习惯。由此可见，智力的遗传同时包括先天能力和后天能力。由高尔顿引发的关于智力遗传性的世纪之争，到此画上了一个圆满的句号。

本　能

> 人类自出生那一刻起就不是一张"白纸"。
>
> 威廉·唐纳·汉弥尔顿

所有人都相信，人体结构是由基因塑造的，却不太容易接受基因决定人体行为这一观点。然而，我希望你在阅读过本章内容后，能够相信，7号染色体上有这样一个基因，它与人类的一种本能有着密切的关系，这种本能太重要了，在人类的一切文化中都占有一席之地。

各种动物都拥有本能：鲑鱼长大后会寻找它出生时所在的河流；掘土蜂没有见过自己的父母，也会做它们做过的事情；燕子会迁移到南方去过冬——这些都是本能。人类的生存不需要依赖本能，人类懂得学习，有创造力，受到文化环境的影响，是一种有意识的生物。他们拥有自由意志，能够用大脑思考，接受父母的教导，并以此为基础去完成每一件事情。

在20世纪，这种传统的说法统治着心理学和其他一些社会科学。如果谁不这么认为，而是相信人类行为与生俱来，决定一个人的命运的是他的基因，并且早在出生之前就已经被无情地决定了，那么他就深陷基因决定论的泥沼之中。而事实上，同基因决定论相比，社会科学中有更多的决定论，可谓触目惊心：弗洛伊德的父母决定论、弗朗茨·博厄斯和玛格丽特·米德的同侪压力文化决定论、约翰·华生和斯金纳的刺激–反应决定论、爱德华·萨丕尔和本杰明·沃尔夫的语言决定论。在近100年间，社会学家说服持有不同观点的人：动物本能导致的行为属于决定论，而受环境影响产生的行为则属于自由意志；动物有本能，人类则没有——这是有史以来最严重的误导之一。

1950～1990年，环境决定论这座大厦轰然倒塌。使用精神分析法20年都未能治好的狂躁抑郁症，仅一次锂剂治疗便治愈了。那一刻起，弗洛伊德的理论也失去了市场。（1995年，一位妇女控告她的医生，因为这位医生采用心理疗法，3年都未能治好她的病，然而在她服用了3周百忧解之后，就痊愈了。）德里克·弗里曼（Derek Freeman）发现，玛格丽特·米德理论（青少年具有很强的可塑性，其行为可被文化任意塑造）的基础存在主观偏见，研究数据也不充分，而且她研究的那些青少年也是刻意安排的。就这样，文化决定论也破灭了。20 世纪 50 年代，在美国威斯康星州进行了一个著名的实验。把一只刚出生的小猴子放进一个隔离的笼子中进行养育，并用两只假猴子替代真正的母猴。这两只假母猴分别是用铁丝和绒布做成的，并且只有铁丝母猴可以给小猴子喂奶。即便如此，小猴子更多的时候是与绒布母猴待在一起，因为它天性喜欢母亲的柔软与温暖。这就违反了一个行为主义的理论：哺乳动物会与任何为它们提供食物的东西建立起感情。从此，行为主义也衰落了。[1]

诺姆·乔姆斯基（Noam Chomsky）出版《句法结构》（*Syntactic structures*）一书的时候，语言学的大厦出现了第一道裂缝。他在这本书里谈到，人类语言是人类最具文化性的一种行为，也是最具本能的一种行为。乔姆斯基使得一个关于语言的旧观点"重出江湖"，即语言就如同达尔文所说的，是"掌握一种艺术的本能倾向"。小说家亨利·詹姆斯（Henry James）有个哥哥，叫威廉·詹姆斯（William James），是美国第一位心理学家。他强烈支持这样一个观点：人类的行为表明，与动物相比，人类拥有更多的本能。遗憾的是，他的观点在 20 世纪的大部分时间里都被人们忽视了，是乔姆斯基使这些理论重见天日。

通过研究人类的说话方式，乔姆斯基发现，所有的语言之间都有内在的一致性，也就是说，人类语言存在着一种普遍语法。人们都知道怎样使用这种语法，却几乎意识不到它的存在。这意味着人类大脑拥有专门学习语言的能力，而这种能力是基因赋予的。说白了，词汇不可能是天生的，否则全世界都要说同一种语言。但是，也许当一个孩子出于需要，学习了某种词汇，之后便能够把它们套进一套天生就会的规则里去。乔姆斯基用一个语言学的例子作为证据：人们说话的时候会遵循一种规律，这种规律既不是父母教的，也不是轻易就能从日常对话中学会的。例如，在英文里，要把一个陈述句变成一个问句，就需要把这个句子中的主要动词移到句子的最前面去。但人们是怎么知道应该把哪个动词移到最前面呢？看下面这句话："A unicorn that is eating a flower is in the garden"。要把这句话变成一个问句，可以把第二个"is"移到最前面去，句子就变成了："Is a unicorn that is eating a flower in the garden?"但是如果把第一个"is"移到最前面的话，句子就讲不通了："Is a unicorn that eating a flower is in the garden?"区别在于，第一个"is"是名词词组的一部分，告诉人们这里所说的不是随意的一只独角兽，而是一只正在吃花的独角兽。一个 4 岁的孩子，根本没有学过什么是名词词组，也能够轻松地应用这个规则，就仿佛他们学过一样。即便没有听过或用过"a unicorn that is eating a flower"这个词组，他们也知道这个规则。这就是语言的美妙之处——我们所说的每一句话，几乎都是全新的语言组合。

之后几十年，来自许多领域的证据都有力地证明了乔姆斯基的推测。所有的证据，归结起来，就是心理语言学家史蒂文·平克（Steven Pinker）的一个结论：人类学习语言是出于一种本能。平克被誉为"第一位著作能被普通人读懂的语言学家"。他收集了许多令人信服的证据，证明语言能力是天生的。第一，语言具有普遍性。所有的人类成员都会说一种或几种语言，不同语言语法的复杂程度都差不多，即使是新几内亚高地上的居民，他们从石器时代起就与外界隔绝了，但其所使用的语言也是如此。所有人都认真地遵守着那些没有明文规定的语言规则，即使是那些没有受过教育或者只会说方言的人也是如此，无一例外。黑人区里通用的"黑人英语"，其语法规则一点都不亚于标准英语。因此，认为一种语言比另一种语言更好，就是偏见。例如，有人认为在法语中出现双重否定（"没有人不会对我这样做……"）就是合理的，英语中则不然，其实，说这两种语言的人都遵守同样的语法规则。

第二，如果学习这些语法规则要像学习词汇那样，是通过模仿习得的，那么，为什么 4 岁的孩子在正确使用"went"一两年后，却突然改为使用"goed"？

事实上，人类的本能中不包括读和写的能力，所以必须由家长教会孩子读和写，但他们在年纪很小的时候，不需要大人的帮助就能自己学会说话。没有父母会说"goed"，但几乎所有孩子在某一时刻都会这么说。也没有父母专门告诉孩子，"杯子"这个词可以用来表示所有杯状物体，而不仅是这一个特别的杯子，不是杯子的把手，不是制作杯子的材料，不是用手指杯子的动作，不是杯子的抽象概念，也不是杯子的大小和温度。但如果要使电脑学会一种语言，就必须编写一个程序，将这些错误含义排除掉。这个程序就可以视作一种"本能"，而孩子一生下来就带有这种"程序"，天生就知道哪些用法是对的。

在研究人类语言本能方面，曾有人针对儿童进行了一系列的自然实验，即让孩子们去接触一种没有语法规则的语言，结果是令人惊讶的，孩子们会给这种语言加上语法。这些试验中最著名的当属德里克·比克顿（Derek Bickerton）所做的一项研究。19 世纪，一些外国劳工被送到了夏威夷，他们将一些字词和短语混杂起来，形成了一种"洋泾浜语"，供内部交流时使用。与大多数洋泾浜语一样，这种语言没有系统的语法规则，表达方式极其复杂，但表达能力却很有限。但是，在他们的孩子小时候学习这种语言时，就完全不一样了。这种洋泾浜语出现了词形变化、字词顺序和语法规则，语言实用性和表达力有了很大的提升，形成了一种克里奥尔语。简而言之，正如比克顿总结的那样，洋泾浜语要经过一代孩子的学习，才能够变成一种新的方言，这是因为，孩子们具有促成这种改变的本能。

对于手语的研究极大地支持了比克顿的假说。有这样一个例子：在尼加拉瓜，聋儿学校是 20 世纪 80 年代才开始设立的，之后便形成一种新的自主语言（de novo）。这些学校教不会孩子们"读唇型"，然而，这些孩子们在操场上玩耍时，把自己在家里用的各种手势凑到一起，形成了一种简单粗糙的"洋泾浜语"。不过几年，当更小的学生也学了这种"洋泾浜语"之后，它就被改造成了一种真正的手势语言。它与标准语言一样，有语法规则，具有复杂性、实用性和高效性。在这个例子里，孩子们又一次创造了语言。这个事实好像在说，儿童进入成人期之后，语言的本能就消失了。这就能够解释为什么对于成年人而言，要学习一种新的语言，甚至培养新的口音都很困难。因成年人不再拥有语言的本能。（这解释了为什么即便是孩子，在课堂上学法语也比到法国旅游的时候学法语更难，这是因为，人类的语言本能只对于听到的语言起作用，对于需要记忆的语言规则是无用的。）对于很多动物的本能，都有一个明显的特征，即存在一个"敏感期"，有些东西必须在这个时期之内才能学会，超出就不行了。例如，苍头燕雀必须在特定的年龄段里听同类唱歌，才能够学会标准唱法。其实人类也是如此，发生在一个女孩身上的真实故事就揭示了这一点。这个故事的情节极其残酷，女孩名叫吉妮（Genie），13 岁时在洛杉矶的一个公寓里被发现。自出生起，她就被关在一间简陋的小房间里，几乎从来不与外人接触。她只会两个词："停下"和"不要了"。她被解救出来之后，很快就学会了大量的词汇，但始终没有学会语法，因为她已经过了语法学习敏感期，语言本能不再发挥作用了。

但是，一个理论再荒谬，要彻底消除它的影响也是需要花费很大力气的。有一个关于语言的错误理论就统治了很长时间，它认为语言是一种文化形式，是文化塑造了人类的大脑，而非大脑塑造了语言。历史上，曾有些经典的案例是支持这种说法的，但后来发现这些案例都是伪造的。比如，印第安霍皮人的语言里没有时间的概念，因此霍皮人也没有时间的概念。尽管如此，许多社会科学学科仍然认为，语言是人类大脑形成神经通路的原因，而非结果。很显然，这种说法是荒谬的。比如，"Schadenfreude"是一个德语所特有的词语，意思是将自己的欢乐建立在别人的痛苦之上，但这并不意味着如果其他国家的语言中没有这个词，那里的人们就无法理解这个概念了。[2]

支持语言本能的证据很多，还有更多来自其他方面的。其中有一个很重要的研究，是关于儿童出生后第二年是如何发展语言能力的。不管大人直接对孩子说了多少话，也不管是否有人教孩子如何使用词汇，儿童语言能力的发展都要遵循一定的阶段，以特定的方式进行。对双胞胎的研究也表明，语言能力发展的早晚，是有很强遗传性的。但是对于大多数人来说，关于语言本能最有说服力的证据，来源于神经病学和遗传学方面的研究。用中风患者和真实的基因作为证据，是无可辩驳的。人的大脑里有专门负责语言处理的区域（对大多数人而言位于左半脑）。即使聋人使用手语进行交谈（手语受右半脑控制），他们的左半脑中仍然存在着这样的语言区域。[3]

如果大脑中负责语言的一个区域被损坏了，人们就会患上"布罗卡氏失语症"。患者将丧失使用和理解语法（最简单的语法除外）的能力，但他们仍然能够理解语言的含义。例如，布罗卡氏失语症患者可以很容易地回答诸如"你能用锤子切东西吗"这样的问题。但是对于"狮子被老虎杀了，是谁死了"这样的问题，患者就很难答上来。因为要回答这个问题，必须懂得关于词语顺序方面的语法规则，而这些患者大脑中被破坏的区域恰恰是负责语法功能的。大脑中还有另外一个负责语言功能的区域，名为"韦尔尼克氏区"。如果这个区域被破坏，则会出现与"布罗卡氏失语症"完全相反的症状，患者说出的话语法结构复杂，却完全没有意义。由此看来，布罗卡氏区的功能是生成语言（语法结构），而韦尔尼克氏区的功能则是告诉布罗卡氏区应该生成怎样的语言（语言理解）。除了这两个区域外，大脑中还有一些其他区域也参与了语言的加工处理，比较典型的是脑岛（insula）（这个区域损伤可能导致阅读障碍）。[4]

有两种遗传情况可能影响语言能力。一种是威廉氏症候群（Williams Syndrome），它是 7 号染色体上的一个基因突变引起的。患这种病的儿童通常智力水平低下，但是他们的用词生动丰富，十分健谈。他们可以一直说个不停，而且说的话里用词复杂，句子冗长，句法结构考究。如果让他们描述一种动物，他们常常会选一个奇怪的动物，比如土豚，然后将其当作猫或狗进行描述。他们学习语言的能力很强，但是理解力低下，智力十分迟钝。有很多人曾认为，思考是一种不发声的语言，但威廉氏症候群的存在似乎证明这种想法是不对的。

另一种遗传病的症状与威廉氏症候群相反，患者语言能力下降，但智力不会受到明显的影响，至少，不会持续影响智力。这种疾病被称为特定型语言障碍（specific language impairment，SLI），是一场激烈的科学争论的核心议题。争论的双方分别为新兴的进化心理学与旧的社会科学，论题是应该用遗传来解释行为还是用环境来解释行为。争论中的基因，就位于 7 号染色体上。

争论的焦点不是关于这个基因是否存在的。对双胞胎的研究明确地指出，特定型语言障碍具有极强的遗传性。这种疾病与出生时的神经损伤无关，与成长过程中接触语言较少也无关，也不是由于智力迟钝造成的。对于这种疾病有着不同的定义，但经过一些检查，发现这种病的遗传性接近百分之百。也就是说，同卵双胞胎遗传这种疾病的概率是异卵双胞胎的两倍。[5]

毫无疑问，争论中的基因位于 7 号染色体上。1997 年，牛津大学的几位科学家在 7 号染色体长臂上发现了一个遗传标记，这个遗传标记总是与特定型语言障碍同时出现。虽然只是从英国的一个大家族里发现了这个遗传标记，但它有力地证明了特定型语言障碍确实是一种遗传疾病。[6]

既然如此，为何还要争论呢？争论的焦点是，到底什么是特定型语言障碍。对一些患者而言，它是一种大脑的整体病变，影响到语言产生的多个方面，主要包括口语表达和听力（"综合病变论"）。根据这个理论，患者在语言方面遇到的困难，是由听力问题造成的。但对另一些患者而言，这个理论纯属误导。当然，很多患者确实存在听力与发声方面的问题，但除此之外，还有一些问题更加值得关注，这些病人理解力低下，无法使用语法，而这两个问题是与听力或口语表达能力无关的（"语法病变论"）。争论双方都认为存在一个"语法基因"，而这个名字是由媒体为了炒作而起的，它过于简化，太煽情，真不是一个体面的名字。

调查围绕着一个英国大家庭展开，本章且称其为 K 家庭。这个家庭现有三代人，一个患有特定型语言障碍的女子与一个正常的男子结婚，并育有四女一男，除了一个女儿之外，其他所有孩子都患有特定型语言障碍。这些孩子结婚后，总共生了 24 个孩子，其中有 10 个也患有特定型语言障碍。有很多心理学家都认识这家人，其他科学家则为他们做了一系列的检查，希望了解他们。牛津的一个科学小组通过研究他们的血液，在 7 号染色体上发现了这个基因。这个科学小组与伦敦儿童健康研究院有合作关系，两者都支持"综合病变论"，认为 K 家庭成员的语法能力缺陷是由于听说问题造成的。和他们持相反意见的主要是加拿大语言学家默娜·高普尼克（Myrna Gopnik），她是"语法病变论"的主要倡导者。

1990 年，高普尼克第一次提出，K 家庭成员和其他有类似病症的患者，在理解英语基本语法方面有障碍，他们不是无法理解语法规则，而是必须专门专心去学，才能学会这些语法，但对于正常人而言，这种规则是天生存在的。有这样一个案例，高普尼克给一个人看一张图，上面画着一只卡通动物，并标明这是一个"Wug"，然后再给这个人看另一张图，上面画着两只同样的卡通动物，问"这是什么"，大多数人会不假思索地回答"Wugs"。但患有特定型语言障碍的人大多回答不出，即使够回答上来，也要经过长时间的考虑，他们好像不知道在英语中，大部分名词加上"s"变成复数这一语法规则。但是，特定型语言障碍患者可以记住大多数名词的复数形式，只是遇到以前没有见过的生词就会被难倒，此外，他们还会在常人不会加"s"的词后加"s"，比如"saes"。高普尼克推断提出了一个假设，这些患者将每个单词的复数形式都当作一个新的单词来记忆，但他们记不住相应的语法规则。[7]

当然，有问题的不仅仅是名词的复数。人们所熟知的过去时态、被动语态、各种词序规则、后缀、词汇组合规则和所有英语语法，都给特定型语言障碍患者造成了困难。高普尼克研究了那个英国家庭，并且公开了自己的发现，马上遭到了猛烈的攻击。有位批评家认为，将问题归咎于语言处理体系，而非基础语法规则，这是极不合理的。在说英语时，有语言障碍的人很容易用错复数和过去时态等语法规则。也有其他批评家指出，高普尼克在误导大家，她并未向公众说明，K家庭成员有着严重的语言障碍，而这种疾病削弱了他们的语言、音素、词汇、语义及句法的能力。他们很难理解一些其他形式的语法结构，如可逆被动句、定语后置、关系从句和插入成分等。

这些批评多少都有些片面。首先，K家族并不是高普尼克发现的，她不敢对他们的异常情况妄下定论。此外，批评声中也有一小部分和她的观点一致，那就是K家庭成员对所有的语法形式都有障碍。如果说，语法障碍一定是由于口语表达障碍引起的，其原因是语法障碍往往与口语表达障碍同时出现，这无疑陷入了循环论证的怪圈。

高普尼克并没有轻易放弃。她又将研究拓宽至希腊和日本，在那里，她进行了各种巧妙的实验，并且得到同样的结果。例如，在希腊语中，"likos"的意思是狼。"likanthropos"意思是狼人，狼的词根"lik"从来不会单独出现。然而大部分讲希腊语的人会理所当然地认为，如果要将"likos"与一个元音开始的词结合，就必须去掉"-os"，留下"lik-"这个词根；如果要将这个词与一个辅音开始的词结合，则只需去掉"s"，而留下"liko-"。这个规则听起来似乎很复杂，但即便是说英语的人也会很快熟悉它。正如高普尼克所言，英语词汇中一直在使用这样的规则，如"technophobia ⊖"。

⊖ "technophobia"是一个合成词，意为技术恐惧。该词由"technology"（技术）去掉后缀"logy"后和"phobia"（恐惧）合并而成。——译者注

患有特定型语言障碍的希腊人是无法掌握这个规则的。他们可以学会"likophobia"或"likanthropos"这样的词汇，但他们无法辨认这些词汇的复杂结构，不能掌握词根和词缀的用法。为了弥补这种不足，他们只有掌握比常人更多的词汇量。高普尼克指出"必须将这些人当作没有母语的人"，他们学习母语就像成年人学外语一样，方法生硬，靠死记硬背掌握一些语法规则和词汇。[9]

高普尼克承认，有些特定型语言障碍患者在非言语智商测试中得分很低，而有些患者的得分却高于平均水平。一对异卵双胞胎进行了非言语智商测试，患有特定型语言障碍的那个得分比不患病的那个得分更高。高普尼克也承认，大部分特定型语言障碍患者在听说方面也有一些问题，但她强调，并非所有患者都是如此，并且，语言障碍与听说困难之间的关系纯属巧合。例如，特定型语言障碍患者能够掌握"ball"和"bell"的区别，但在想要表达"fell"时却经常错误地使用"fall"——"fell"和"fall"是同一个词语，但有不同的语法结构。同样，他们也能够区分押韵的词，如"nose"和"rose"。高普尼克有一个反对者指出，外人很难听懂 K 家庭成员之间的谈话，她对此感到很气愤，因为她花了很多时间与 K 家庭成员谈话、一起吃比萨饼或者参加他们的家庭聚会，发现这些人的谈话是完全可以理解的。为了证明语言障碍与听说困难之间没有关系，她也曾设计过一个笔试。例如，有如下两个句子，"He was very happy last week when he was first"，"He was very happy last week when he is first"。大多数人能够一眼看出，第一个句子合乎语法规则，而第二个则不符合。但是，特定型语言障碍患者却认为两个句子都是语法正确的，很难想象这种表现是听说障碍引起的。[10]

尽管如此，研究听说能力的理论家也没有放弃研究。他们最近指出，特定型语言障碍患者存在"声音掩蔽"方面的问题，即如果一个纯音的前后有噪声掩蔽时，除非这个纯音比正常情况提高 45 分贝，否则患者就听不到这个纯音。换句话说，特定型语言障碍患者很难从一段较大的声音中，分辨出里边那些轻微的发音，例如，他们很可能听不到词末轻读的"-ed"。

但我们并不认为这阐述了特定型语言障碍的所有症状，包括使用语法规则的问题，这其实印证了一个更有趣的进化论观点：大脑中负责听说能力的区域和负责语法能力的区域是相邻的，在特定型语言障碍患者体内，两者都受到了损伤。人体 7 号染色体上有一个基因，如果它发生了异常，就会在妊娠晚期对胎儿大脑造成损伤，从而导致特定型语言障碍。通过磁共振成像，可以确认大脑的这种损伤及其大体位置。不出所料，这种损伤正发生在负责语言形成和表达的两个区域之一，即布罗卡氏区或韦尔尼克氏区。

在猴子的大脑中也有两个对应的区域，与人类布罗卡氏区对应的区域负责控制猴子的面部、喉、舌和口腔肌肉，与人类韦尔尼克氏区对应的区域负责辨别声音，识别其他猴子的叫声。这些正是许多特定型语言障碍患者所面临的语言方面以外的问题：控制面部肌肉和聆听声音。换言之，当人类祖先第一次进化出语言本能时，最先出现在大脑中控制发声的区域，该区域与面部肌肉和耳朵相连，但负责语言本能的模块在其之上，因此，很多物种使用声音产生词汇，并且能够将这个物种其他成员使用的语法规则附加在这些词汇上。所以，即便其他灵长类动物无法学会拥有语法意义的语言（这里要感谢那些黑猩猩和大猩猩的训练师们，他们勤奋工作，教猩猩学习语言，满怀希望，有时被动物们欺骗，却最终证明这是行不通的），语言也是与发音器官和声音处理密切相连的。（其实有时也不是那么密切，比如聋人是使用眼睛和手代替大脑中语言输入和输出模块。）因此，大脑中这一区域的遗传性损伤，会影响语法、听力和表达三个方面的能力。[11]

19 世纪，威廉·詹姆斯（William James）猜测，人类的各种复杂行为基于祖先的各种本能，而不是通过学习获得的，上述案例也许是对这一猜想最好的证明。20 世纪 80 年代末，有些科学家自诩为进化心理学家，他们重新拾起了詹姆斯的理论，其中最著名的是人类学家约翰·托比（John Tooby）、心理学家勒达·科斯米德斯（Leda Cosmides）和心理语言学家史蒂文·平克。他们的观点可以概括如下：20世纪，社会科学的主要目标是研究社会环境如何影响人类行为；现在，应该反过来思考这个问题，改为研究人类内在的社会本能如何造就了这样的社会环境。据此，当一个人感到幸福时会微笑，担忧时会皱眉，在所有文化背景下，男性都喜欢年轻漂亮的女性，这些可能都是出于人的本能，而非文化的表现。抑或说，人们之所以普遍追求浪漫爱情，并持有宗教信仰，是因为他们的本能使然。托比和科斯米德斯曾假设，文化是个体心理的产物，而不是文化造就了个体心理。此外，把先天本能与后天培养对立起来，一直是一个天大的错误，这是因为，人拥有内在的学习能力，才能够去学习，但是本能会限制要学的东西。例如，教猴子（或人）对花产生恐惧很困难，而教会它们害怕蛇则要容易得多，但是，还是必须要教它。对蛇的恐惧是一种需要去学习的本能。[12]

进化心理学中的"进化"并不一定是指血统的变迁，也不是指自然选择的过程本身——尽管这两方面都很有吸引力，但是它们进行得太慢了，目前还无法对人类大脑展开现代化研究。这里的"进化"是指达尔文进化论的第三点，即适应的观点。人们可以通过"逆向工程"，来识别复杂的生物器官的作用，这与研究复杂机械使用的是同一个方法。在解释"逆向工程"的原理时，史蒂文·平克是喜欢用一个去除橄榄核的小工具来打比方。而勒达·科斯米德斯则更喜欢用瑞士军刀来解释这一过程。对于这两种工具，只有当它们面对特定的对象时，才能发挥作用，否则就是毫无意义的。比如，一定要说明这种刀片是用来做什么的。如果要讲解照相机的工作原理，却不介绍其拍摄功能，这样的讲解就是没有意义的。同样，如果在描述人（或动物）的眼睛构造时，却不说明它的视觉作用，也是没有意义的。

平克和科斯米德斯都指出，这对人类大脑也同样适用。大脑拥有不同的模块，就像瑞士军刀有不同的刀片一样，每个模块都有着各自的特殊功能。还有一种观点认为：大脑的复杂性是随机的，而大脑不同的功能不过是大脑复杂物理机制的一些副产品，人类只是出于幸运，获得了这些功能。尽管没有任何证据支撑这种观点，乔姆斯基依然对此钟爱有加。没有证据能够证明这样一个假说：微处理器的网络越复杂，其实现的功能就越多。而事实上，人们认为大脑是一个由神经元和突触联结而成的多功能网络，这一理念在很大程度上具有误导性。据此，人们使用神经网络的"联结主义"方法去研究上述假说，却发现这个假说是不成立的。要想解决已有的问题，就需要预先设定好解决方案。

有一个史实颇具讽刺意味。"神意设计"（design in nature）的观念曾经是反对进化论最有力的论据之一。事实上，整个 19 世纪上半叶，关于"神意设计"的争论阻碍了进化论的发展。威廉·佩利（William Paley）是最著名的"神意设计"倡导者，他有一段名言：当走过荒原时，我踢到了一块石头，无法回答这块石头从何而来。但假设我在地上发现有块手表，则可以想到必然是在某时某地，有一位或一群工匠们出于某种目的制造了它。他们了解它的设计与构造，从手表里能找到的任何设计的迹象也都在自然中存在。不同的是，自然界的事物更为复杂。因此，生物体拥有精细完美的构造就成为上帝存在的证据。而达尔文却发挥了聪明才智，使用同样的论据得到了相反的结论，证明了佩利是错误的，从而捍卫了自己的观点。有一个"盲人钟表匠"[用理查德·道金斯（Richard Dawkins）的话来说]，名叫"自然选择"，他从生物体的自然差异出发，一步一步进行操作，历经成百上千万年、经手成百上千万个生物体，也可以像上帝一样，使生物变得复杂精致，适应环境。所以，这一证据很好地支持了达尔文的假说，从而，复杂适应性成为证明自然选择最有力的证据。[13]

每个人的语言本能都明显具有复杂适应性，这是一个精密却不乏美感的体系，有了它，人们才能进行复杂而清晰的交流。不难想象，它给我们的祖先带来了多少便利，它使得人们能够在非洲平原分享信息，准确而详细，但这对于其他物种而言，是不可能的。"在那个山谷中走上一小段，到达池塘前那棵树后向左转，你就会发现我们刚刚杀死的长颈鹿。树的右边是结满果实的灌木丛，不要去那里，因为我们看到一只狮子进去了。"听懂这两句话的人就可能生存下去，成为自然选择的幸运儿。当然，要听懂这些话，就需要许多语法知识。

有许多证据都有力地证明了人的语法能力是与生俱来的。有证据显示，在发育着的胚胎大脑中，7号染色体上有一个基因对语言本能的形成发挥着作用，但作用有多大，还不得而知。一些基因的主要作用是直接赋予人们语法能力，但大多数社会学家依然强烈地反对这样的观点。即使有许多证据证明7号染色体上的这个基因与形成语法能力相关，许多社会学家依然倾向于认为，这个基因的直接作用是构建了大脑理解语言的能力，而它对于语言本能的影响只是一个副作用而已。之后100年，社会普遍认为"本能"是动物所特有的，不包括人类在内，因此当时的人们拒绝接受"人类语言本能"的观点便不足为奇了。然而，如果将这种说法与詹姆斯的观点联系起来，即有些本能必须通过学习、接受外部刺激才能获得，它便不攻自破了。

本章紧跟进化心理学的论点，尝试利用人类行为"逆向工程"的观点，去了解它所要解决的问题。进化心理学是一门全新且非常成功的学科，它为许多领域带来了与人类行为研究相关的全新见解。行为遗传学，作为6号染色体这一章节的主题，旨在达到相同的目的。但这两个学科的研究方法大相径庭，甚至会产生冲突。两者的区别在于，行为遗传学寻求个体之间的差异，并将其与基因联系起来；而进化心理学则在寻求人类行为的普遍性，即每个人都拥有的人类共性与特征，并尝试解释这些行为中的一部分是如何成为人类本能的。因此，它假定不存在个体差异，至少一些重要的行为是这样。自然选择的作用就是消除个体差异，如果基因的一种形式要比另一种好很多，那么较好的基因形式就会迅速普及，而较差的则会马上被淘汰掉。所以，进化心理学的结论是，如果行为遗传学家发现某种基因拥有不同的形式，它就可能不是特别重要的基因，而仅仅起附属作用。

而行为遗传学家则反驳道，被研究过的每一个人类基因都有不同的形式，所以进化心理学的论据肯定有错误之处。

在实践中，我们会慢慢发现，这两个学科之间的分歧被夸大了。一个是研究共性、普遍性的人类特有属性的遗传学；另一个则是研究个体差异的遗传学。两者都有正确之处。所有的人都有语言本能，而所有的猴子则没有，但这项本能在人与人之间是存在差异的，但是，即使是特定型语言障碍患者，他们同华秀（Washoe）⊖、可可（Koko）⊜、尼姆（Nim）⊜或其他任何一只经过训练的黑猩猩或大猩猩相比，也有着更强的语言学习能力。

有许多非专业人士难以认同行为遗传学和进化心理学的结论，最让他们无法理解的是，一个基因，一串 DNA "字母"怎么可能产生一种行为？一种形成蛋白质的配方怎么可以同学习英语过去时态的能力联系在一起？这简直无法想象。我承认，第一眼看起来，这两者之间有着不可逾越的鸿沟，要理解它们，最需要的是坚信它们之间是有联系的，而不是理性的证据。但事实上没有这个必要，因为从根本上来说，行为遗传学与胚胎发育遗传学是相同的。发育中的胚胎大脑里存在一系列的化学梯度，形成了神经元的路线图，可以设想一下，大脑中的每个模块都是参照这个梯度发育成熟的。这些化学梯度本身就可能是遗传机制的产物。还处于胚胎阶段的时候，基因和蛋白质已经确定了它们在体内的位置，这虽然难以想象，但无疑是事实。在讨论 12 号染色体时，我将提到，这些基因正是现代基因研究中最激动人心的发现之一。同基因影响发育的观点相比，基因影响行为的观点已不再陌生，尽管两者都令人费解，但大自然觉不会因此而改变自己的行为方式。

⊖ 第一只会用手语的黑猩猩。——译者注
⊜ 一只懂得使用手语（美国手语）的雌性大猩猩，据悉，到现在为止，她已经学了超过 1 000 条手语单词了。——译者注
⊜ 一只被当作人类养大的黑猩猩。——译者注

冲　突

Xq28 ⊖——妈妈，感谢您的基因。

20 世纪 90 年代中期，同性恋书店所售 T 恤上的文字

⊖　同性恋者和有同性恋倾向的人在其 X 染色体长臂顶端区域有一个叫作 Xq28 的基因，是这
　　一基因决定了人们在性指向的同性恋。——译者注

本章开始之前,先谈一谈语言学中关于进化心理学的一些惊人理论。该理论曾指出,人类的语言和心理等方面能力由本能决定,而并非我们之前所认为的由自身意志决定。如果这个理论让你感到不安,那么看完这一章,你恐怕会感觉更糟糕。在整个遗传学历史上,本章所呈现的故事也许是人们最意想不到的部分之一。我们曾习惯性地认为基因仅在身体需要时进行转录,是身体的仆人。而在这里我们却遇到了另一个事实,那就是基因欺骗和玩弄了我们的身体,把我们的身体当作一块战场,并以身体为媒介实现自己的野心。

继 7 号染色体后,X 染色体是人体的第二大染色体。与其他染色体不同,X 染色体没有与它配对的染色体,和它序列同源性高的另一条染色体不是它自己,而是 Y 染色体——一条小且几乎完全惰性的染色体。在雄性哺乳动物、雄性果蝇、雌性蝴蝶和雌性鸟类中,该染色体的配对方式为 XY;在雌性哺乳动物和雄性鸟类体细胞中,染色体的配对方式为 XX,但是以 XX 方式配对的染色体,它的转录方式非常古怪:在体细胞中,一对染色体通常都等量表达,但这对 X 染色体在表达时,其中一条 X 染色体会随机将自己捆绑起来,形成惰性的巴氏小体(Barr Body),不再表达。

XY 染色体之所以被称为性染色体,是因为它们近乎完美地决定了人类的性别。每个人都从母亲这边得到一条 X 染色体。如果一个人从父亲那边得到的另一条染色体为 Y 染色体,他会成为男性;如果这个人从父亲那里得到的是 X 染色体,那么她则会成为女性。当然也存在极少数的例外,例如,有部分人虽然具有 XY 染色体,但他们看起来却是个女的。之所以出现这种情况,是因为他们丢失或者损坏了 Y 染色体上控制雄性性状的关键基因。这种特殊情况也证实了正常情况下 XY 染色体的应有性状。

只要学习过中学生物,大家一般都知道上面这些 XY 染色体的知识。很多人还知道色盲、血友病和其他由 X 染色体基因控制的遗传病,在男性中发病率更高。这是由于男性只有一条 X 染色体，不像女性还有一条备用的 X 染色体，因此他们更易得这些遗传病。某生物学家曾所说过："男性 X 染色体上基因在进行着一场没有副驾驶员的飞行。"然而，以上这些知识只是" XY 染色体"的冰山一角，不为大家所知的"秘密"还有很多。这些"秘密"足以让人大吃一惊，动摇整个生物学的基础。

我们很少在严谨的科学杂志中见到这样一些句子。《皇家学会哲学通信》(*Philosophical Transactions of the Royal Society*) 中曾写道："哺乳动物的 Y 染色体可能参与了某场战斗，但 Y 染色体寡不敌众而败。最终 Y 染色体弃甲而逃，把非必要的基因序列抛弃，然后躲了起来。"[1] "战斗"、"战败"、"对手"、"逃跑"？我们可不希望 DNA 分子做这些。然而在另一篇关于 Y 染色体的文章"内部的敌人：基因组间冲突、基因位点间竞争进化以及物种内部的红桃皇后"(The enemies within: intergenomic conflict, interlocus contest evolution (ICE), and the intraspecific Red Queen) 一文中，类似的句子再一次出现了。以下是文章的部分内容："其他染色体在 Y 染色体基因组上'搭便车'，这一行为给 Y 染色体带来许多有害的突变位点。Y 染色体的正常位点不得不和这些突变位点竞争，但这些突变位点仍在不断侵蚀着整个 Y 染色体基因组，使其质量变低。Y 染色体的衰退源于'遗传搭车'现象，但这种行为导致的基因位点间的竞争进化，却成了不断推动男女之间拮抗进化的催化剂。"[2] 这段文字对你而言，也许如"天书"般晦涩难懂，但有两个词一定会迅速抓住你的眼球，那就是"竞争"和"拮抗"。最近还有一本科普读物也是关于该题材的，书名就叫作《进化：一场 40 亿年的战争》(*Evolution: the four billion year war*)[3]。那这场战争究竟是怎么一回事呢？

众所周知，爬行动物孵化蛋时所处的温度不同，它们后代的性别就不同。在过去的某段时间内，我们的祖先曾像爬行动物一样通过环境决定性别，但随着千万年的演变，最终却进化出了遗传学的决定方式。为什么会发生这种改变？其中一个合理的解释是，人类采取这种方法后，从受孕之刻起便可以对不同性别的胎儿进行针对性的训练。对人类而言，得到染色体 Y，便成为男性，缺少它则成为女性（鸟类正好相反）。Y 染色体吸引了很多有利于男性发展的基因，比如使肌肉变得更为强大的基因，或是使人更加雄壮的基因。但是对于女性而言，她们更愿意把精力放在繁衍后代上，而非雄性性状上。因此这类基因便在男性中处于优势，而在女性中处于劣势，这便是我们所知的性别对抗基因（sexually antagonistic genes）。

当两个性染色体由于某个基因的突变，不再进行遗传物质的交叉互换时，性别对抗基因之间的对抗矛盾便解决了。从此两个性别对抗基因分道扬镳，各自行使不同的功能。当某基因位于 Y 染色体上时，它可以利用钙造成鹿角，而当其位于 X 染色体上时，该基因则利用钙形成乳汁。就这样，一对普通的基因载体，在性别分化过程中分别被"劫持"，各自吸引一套不同的基因，成为性染色体。在 Y 染色体上，对雄性有利的基因往往对雌性的生长不利，反之亦然。以在 X 染色体上发现的 DAX 基因为例，我们很少见到有人一生下来就具有一个 X 和一个 Y 染色体，而 X 染色体上却具有两份 DAX 基因⊖的人。这样的人从遗传学上性别应是男性，但他们却长得和女性一模一样。这是因为 SRY 基因是决定男性性别的关键基因，存在于 X 染色体上的 DAX 和存在于 Y 染色体上的 SRY 基因是一对恩怨不绝的对手。一份 DAX 基因会"礼让"一份 SRY 基因，但两个 DAX 基因则轻易地打败了一个 SPY 基因，所以这样的人具有 XY 染色体，本该成为男性的人却成了女性。[4]

性别对抗基因间若爆发战争，就会非常危险。大家想，如果两条性染色体连

⊖ Dax1 已被普遍认为是一个"抗睾丸"或卵巢决定基因，因为携带重复也就是"双剂量"Dax1 基因的病人有发生性逆转（sex reversal）的特点。性逆转是一种十分罕见的综合征，个体的染色体核型是男性，但身体特征表现为女性。该病发病率约为两万分之一。——译者注

对方的利益都不放在心上了，它们还会关心整个物种的利益吗？更准确点说，若X染色体将对其生存有利的基因大规模扩散，定会损害Y染色体，反之亦然。假设X染色体上某个基因的产物恰巧是一种特殊的"毒药"，该毒药专门用于杀死携带Y染色体的精子。那么拥有该基因的人的后代虽然不会减少，但是他所有的后代都会是女儿。如果他有儿子，那他们都不会携带该基因，但可惜他没有。而他所有女儿都有这个新基因，因此在下一代中，该基因的数量将会翻倍，从而迅速扩散。只有当大多数男性被"杀死"后，这种基因的传播才会停止，而此时由于该物种中男性过于稀少，其生存已处于危险之地。[5]

这种推测仅仅是异想天开？不，一点也不是！在一种环形蝶（acrea encedon）中，这个现象真的发生了，结果97%的蝴蝶都变成了雄性。这个例子只是由进化冲突导致的事件之一，被称为性染色体驱动（sex-chromosome drive）。至今为止，由于科学家对昆虫的研究更加细致，因此我们所知道的大多数冲突事件都发生在昆虫中，但这并不代表其他物种中没有出现这个现象。如此看来，上文中的那些和"冲突"相关的文章变得更加有意义了。由于女性两条X染色体，男性有一条X染色体、一条Y染色体，因此X染色体占所有性染色体数量的3/4，Y占1/4。换句话说，X染色体有2/3的时间在女性身上度过，而在男性身上花费的时间仅为1/3，因此X染色体的功能更倾向于女性。X染色体进化出攻击Y染色体的能力的可能性，是Y染色体进化出攻击X染色体的能力的3倍。Y染色体上的基因很容易被X染色体上出现的新基因攻击，为了应对此局面，Y染色体抛弃了身上的大多数基因，沉默了剩下的基因，从而逃跑或躲起来（引自威廉·阿莫斯，哥伦比亚大学）。

人类的Y染色体沉默了它大部分的基因，大量非编码DNA占据了它的全身，从而不给X染色体任何可以瞄准的目标。然而，最近在Y染色体上发现了一段从X染色体上"溜"过来的区域，即拟常染色体区域（pseudo-autosomal region）。

该区域上存在一个重要的基因，即上文中提到的 SRY 基因。这个基因通过控制一系列事件的发生，并最终决定了胚胎男性性别的分化。生物体中很少有单基因具有如此大的功能，该基因虽然只是一个控制性别的开关，但很多事情都随着该开关的开启而发生。比如阴部开始向阴茎和睾丸的形状发展；身体的形状和结构开始和女性不同（在这里除鸟和蝴蝶外，所有的生物体都默认为女性）；大脑中的各种激素开始起作用等。《科学》杂志几年前曾刊登过一幅关于 Y 染色体的漫画，该漫画作者声称找到了控制典型男性行为的基因，有的基因控制男人拿遥控器不停地换电视频道；有的基因帮助男人记忆并复述笑话；有的基因诱导男人对报纸运动板块兴趣；有的基因控制男人对死亡和毁灭题材电影的喜好；还有的基因让男人不能通过电话表达感情等。大家看到这幅漫画后都觉得很搞笑，因为漫画里画出的行为都是人们公认的男性经典行为。在搞笑的同时，人们更深刻地认识到基因在控制经典行为中的重要性。这则漫画有一个错误，即男人的典型行为并非由特异的某个基因控制，而是大脑中睾酮之类的激素导致了大脑雄性化，从而导致男性在现代化社会中表现出的典型行为。从某种意义上来说，许多男性特有的习惯都是 SRY 基因的产物，它在大脑中设计出一系列事件，使大脑和身体的男性化，从而发生典型的行为。

SRY 基因非常特殊。它的序列在男人中非常保守，没有改变过任何一个字母。这表明，从人类祖先出现到现在的 20 万年中，SRY 基因从未改变过。然而 SRY 基因在人类、黑猩猩以及大猩猩之间却相差甚远。在这 3 个物种之间，SRY 基因的差异要比一般基因高 10 倍左右，可以说 SRY 是进化最快的基因之一。

在同物种中非常保守，在物种间差异极大，这是一个悖论吗？若不是，又该如何解释？威廉·阿莫斯（William Amos）和约翰·哈伍德（John Harwood）的研究给出了答案。他们提出了选择性清除（selective sweeps）模型，认为这是 Y 染色体在丢掉和隐藏其自身基因时产生的结果。X 染色体上的驱动基因时常攻击 Y

染色体的 SRY 蛋白，然而有些 SRY 蛋白发生了突变，结构和以前大不相同。X 染色体的驱动基因无法识别这些突变蛋白，不再对其进行攻击。这些突变的 SRY 蛋白具有选择上的优势，从而被保留下来，在男性中大规模传播。虽然 X 染色体上的驱动基因企图扭曲性别平衡，让该平衡更趋向于女性，但新的 SRY 突变体的传播结束了这种扭曲，恢复了性别平衡。从此，同一物种中所有的男性成员中共享一个全新的 SRY 蛋白，X 染色体上的驱动基因不再对其进行攻击，SRY 基因序列不再改变。物种间的 SRY 位点由于突变位点不同，差异很大。这一场进化发生速度极快，没有留下任何遗传证据，但它最终产生了种间差异极大、种内差异极小的 SRY 蛋白。如果阿莫斯和哈伍德的推测是正确的，那么这个"大清扫"过程发生的时间应该在人类祖先和大猩猩分离时间之后（500 万～ 1 000 万年前），现代人最后一个共同祖先出现（约 20 万年前）之前。[6]

看到这儿，你是不是觉得有些失望？说好的暴力和战争呢？为何看起来更像是一场温和的分子进化史？别担心，接着往下看，分子和人类之间真正的战争就要来了！

美国加利福尼亚大学圣克鲁兹分校的威廉·赖斯（William Rice）教授是性别对抗学说的领头人。多年来，他通过一系列实验证明了自己的观点。他假设人类的祖先刚获得了一个新的 Y 染色体，为了躲避 X 染色体驱动基因的攻击，它正在丢掉或沉没掉自身的大部分基因。赖斯认为，"此时的 Y 染色体正是男性优势基因的聚集地。由于这个 Y 染色体从未在女性中出现过，因此它不会考虑任何女性的利益。只要是对男性有利的基因，无论再小，无论是否对女性有害，它都不会放过。"看到这里，你是否还认为进化是为了让整个物种得益呢？如果是的话，那你就大错特错了。众所周知，精液是果蝇和人类精子的载体，含有大量的蛋白。虽然人们并不知道这些精液蛋白的功能，但赖斯做出了大胆的推测。他认为，果蝇在交配过程中，精液蛋白随雌果蝇的血液循环到达大脑。在那里，这些蛋白降低了雌果蝇的性欲，并刺激其排卵。30 年前，美国国家地理节目曾给出这样的解释："雌果蝇进行完交配后，应停止寻找性伴侣，开始筑巢，雄果蝇的精液蛋白提高了雌果蝇的排卵率，这有益于整个物种发展。"但是现在，该现象却被冠以了"阴谋论"的帽子。赖斯认为，雄果蝇企图通过这个方式使雌果蝇不再和其他雄蝇交配，从而为他产下更多子嗣。这种行为由"性别对抗基因"指使，它们位于 Y 染色体上，或由 Y 染色体上的基因启动。雌果蝇想通过自然选择挣脱这种操纵，但效果甚微。

为了证明这个观点，赖斯设计了一个巧妙的实验。他通过某种方法抑制了雌果蝇对雄果蝇性别基因的对抗，并对其独立培养了 29 代，最终得到了一支没有进化的雌果蝇株系。同时，他让雄果蝇和抵抗力越来越强的雌果蝇交配，以得到"杀伤力"越来越强的精液。最后，他让这两种"特殊"的雌雄果蝇进行交配。结果一目了然，雄果蝇精液在操纵雌果蝇行为上的能力非常强，它甚至杀死了雌果蝇。[7]

赖斯认为，这种性别对抗存在于各种环境中，飞速进化的基因就是捕捉它们的线索。以鲍鱼为例，其卵细胞上具有一层糖蛋白组成的网，精子需要细胞溶素蛋白在网上"打洞"进入从而与卵子结合。编码细胞溶素的基因进化得非常快，这可能是由细胞溶素和糖蛋白网之间的竞争所致：糖蛋白网渗透性的提高有利于精子的进入，但同时增加了寄生虫或第二个精子进入卵细胞的概率。因此细胞溶素必须飞速进化，以对抗不断增强的糖蛋白网。在人类中也可能存在这样的竞争：大卫·黑格（David Haig）的现代进化理论认为，婴儿的胎盘受父方快速进化的基因控制，如同一个寄生在母亲身上"傀儡"。不顾母体的反对，胎儿通过胎盘控制母体的血糖和血压，来保证自己健康成长，[8] 这方面内容我们会在关于 15 号染色体的章节再次提到。

那么动物在求偶时所表现出的行为是否也和性别对抗相关呢？传统理论认为，雄孔雀长出五彩斑斓的尾屏图案，以吸引雌孔雀。然而赖斯的同事布雷特·霍兰（Brett Holland）却不这么认为。他解释道，雄孔雀不再强迫雌孔雀与其发交配，而是通过"炫美"的方式文明求爱。为了控制自己交配的频率和时间，雌孔雀在挑选"如意郎君"时变得越来越挑剔。由于雌孔雀对雄孔雀尾屏的美越来越"挑剔"，雄孔雀不得不为了"讨好"它们不停地进化。该理论同时也解释了在狼蛛中的惊人发现。狼蛛具有两个亚种：一种前肢有刚毛，另一种则没有。在日常生活中，有刚毛的雄蛛常常利用这些刚毛向雌蛛求爱。研究人员给雌蛛播放雄蛛的求爱视频，并通过雌蛛的行为判断其是否接受求爱。结果表明，在有刚毛的狼蛛亚种中，有无刚毛对雌蛛接受雄蛛求爱的影响不大。而在另一个亚种中，有刚毛的雄蛛更能获得雌蛛的好感。换句话说，在进化过程中，雄蛛的"刚毛求爱法"对雌蛛吸引力变得越来越小。因此，在求偶过程中也出现了雄性"吸引基因"和雌性"挑剔基因"的对抗。[9]

根据赖斯和霍兰的研究，我们得到了一个令人不安的结论：社会化程度越高，男女之间的性交流越频繁，性别对抗基因对该物种的影响越大。人类是世界上社会化程度最高的物种，因此其受到性别对抗基因的影响也就最大。这样一来有些问题，例如"为什么两性关系是人类生活中的'雷区'"，"为什么男性在解释什么是来自女人'性骚扰'这个问题时答案千奇百怪"，就很好理解了。从进化学上讲，驱动两性关系的不是男女个体的利益，而是他们细胞中染色体的利益。在进化过程中，Y 染色体所追求的利益是"吸引异性"，而 X 染色体所追求的利益则是"拒绝诱惑"。

基因之间的竞争并不仅仅存于"性"中，更存在于人类生活的方方面面。我们做一个大胆的假设，若有一种控制撒谎的基因，拥有这种基因的人会成为一个大骗子；而在另一条染色体上又有一种能够检测谎言的基因，其拥有者可以避免上当，那么这两种基因就成了对抗基因。一个人若同时拥有了这两种基因，这两种基因会进化得很快，因为这两个基因在竞争中成长。这就是赖斯和霍兰所谓的基因位点间的竞争进化（interlocus contest evolution）理论。事实上，在过去的300万年中，人类的智商就是这样在竞争中提高，在对抗中变得越来越强。以前人们往往认为，发达的大脑是为了人类能更好地使用工具或是在草原上生火。现在这一观点早已过时，取而代之的是马基雅维利主义的"权谋理论"（Machiavellian theory），即人类都有"操纵别人"和"不让别人操纵"的欲望，在这个二者的对抗过程中，人类的大脑变得越来越发达。正如赖斯和霍兰所言："人类的基因用语言做武器，不断进行着进攻和防守，我们所谓的智力，可能只是这个战争的副产品。"[10]

刚才有些跑题了，现在让我们再回到"性"这个问题上。1993年，迪恩·哈默（Dean Harmer）在X染色体上发现了"同性恋"基因[11]，这一震惊的发现引起了人们的热议。人们往往认为同性恋是由文化和心理因素造成的，但事实并非如此。许多研究都指向同一个结果，那就是同性恋是由基因决定的。该发现一经报道，包括西蒙·勒威在内的许多同性恋者都展开了相关研究，他们希望能通过自己的研究，让所有人都知道同性恋不是后天产生的性格缺陷，而是一种与生俱来的生活方式。若父母知道同性恋是由基因因素造成的，即除非自己的孩子生来就有同性恋倾向，否则他的性取向不会受到其他同性恋者的影响，那么他们的担心就会小一些，同时对同性恋的印象也会变得更加正面一些。这样一来，人们对同性恋的偏见也许就会少一些。但即便如此，仍有些保守人士在攻击这一学说。1998年7月29日《每日电讯》（The Daily Telegraph）就发表了这样一篇文章，它指出"人们要理性对待'同性恋是与生俱来'这一说法，不是说这个观点是错的，而是说不要让它成为同性恋组织维权的借口。"

即便许多人不愿意相信，但"同性恋高度遗传"这一结论的确毋庸置疑。在一项针对双胞胎的同性恋研究中发现，54 个同性恋的异卵双胞胎中，有 12 个是同性恋；而在 56 个同性恋的同卵双胞胎中，29 个是同性恋。由于生活环境相似，该研究排除了环境因素对他们的影响，因此无论是异卵还是同卵双胞胎，同性恋至少有一半的原因都可以追溯至基因。这一结论在许多类似的实验中都得到了证实，[12] 那么究竟是什么基因影响了人们的性取向呢？

出于好奇，哈默开始了寻找"同性恋基因"之旅。他和同事采访了 110 个同性恋家庭，一些不同寻常的现象引起了他们的关注：若一位男性是同性恋，那么他上一代中最可能是同性恋的人不是他爸爸，而是他舅舅。由此看来，同性恋似乎是由女性遗传下来的。由于 X 染色体是唯一一条男性从母方获得的染色体，哈默立刻推测"同性恋基因"位于 X 染色体上。通过将"同性恋"男性和"正常"男性的基因组进行比对，他发现位于染色体长臂上的 Xq28 基因在二者中有差异：男性同性恋中，有 75% 拥有该基因，而在正常男性中仅为 25%。哈默等人进行了严格的统计学分析，从而保证该结果严谨可信。随后他们又进行了一些实验，这些实验不但验证了之前的观点，而且排除了 Xq28 与女同性恋之间的关系。[13]

然而，当罗伯特·特里弗斯（Robert Trivers）等进生物学家了解到"同性恋基因"可能位于 X 染色体上后，他们认为该观点有些矛盾之处："若性取向是通过性基因遗传，由于很少有男同性恋者会繁殖下一代，因此拥有同性恋基因的人会越来越少，从而导致该基因的灭绝。"然而事实并非如此，数据表明，同性恋在现代人群中占有相当可观的比例，大约 4% 的人为男同性恋或双性恋。那么这又是为什么呢？特里弗斯认为，由于 X 染色体在女性体内度过的时间是男性的两倍，根据"性别基因对抗理论"，X 染色体上的基因会更加倾向保护女人的利益，它有利于女性的生殖能力，即使对男性的生殖能力产生了两倍的损害，依然也能保留下来。假设 Xq28 基因能够决定女性青春期开始的年龄，甚至乳房的大小，这两者恰好和女人的生育有关（在中世纪，胸大的女人更受到富豪的青睐，因为这意味着奶水更加充足，故其后代成活率更高），那么 Xq28 作为一个对女性有利的基因，虽然它不利于男性，但也会保留下来。

尽管不少人认为 Xq28 的发现揭开了同性恋和性别对抗之间的神秘面纱，但这仍可能是个错误的结论。事实上，迈克尔·贝利（Michael Bailey's）最近的一项研究结果表明，同性恋并非都通过母系遗传，其他科学家也没有发现同性恋和 Xq28 基因之间的关系。目前看来，好像只有在哈默研究的家庭中，Xq28 基因和同性恋之间存在联系。[14]

但是，除 Xq28 基因外，人们还发现了另外一个同性恋的诱因——人类的出生顺序。也就是说，一个人，如果他有哥哥，那么他成为同性恋的概率要比独生子女或是有弟弟姐妹的人要高得多。研究表明，多一个哥哥，弟弟成为同性恋的概率增加 30%。这个现象普遍发生在许多研究对象中，并在英国、荷兰、美国和加拿大都有报道。[15]

"旧弗洛伊德理论"认为：由于母亲对儿子的保护过度，以及儿子和父亲之间隔膜的出现，从而造成了同性恋的产生。然而这个理论颠倒了"父母角色"和"同性恋产生"的因和果。事情的真相是，一个男孩的柔弱气质让他和父亲产生了隔膜，而母亲为了补偿儿子，就给予他过度的保护。大多数人可能会受到"旧弗洛伊德理论"的影响，认为因为从小的生活环境中有哥哥，所以弟弟的性取向受到了影响，这种想法当然也是错的。那么真相又是什么呢？这个问题的答案可能又是性别对抗理论。

在该现象的探索过程中，人们发现了一个重要的线索："女同性恋不受出生顺序的影响，且姐姐的数量不影响弟弟的性取向；也就是说，只有孕育过儿子的子宫，才能影响下一个儿子的性取向"。根据这个线索，科学家在 Y 染色体上发现了"H-Y 次要组织相容性抗原"基因。这三个活性基因解开了男同性恋和出生顺序之间的谜题。在讲 H-Y 次要组织相容性抗原之前，我们先来认识男性性器官的发育过程：人类在胚胎早期，雌、雄两性都有两套原始生殖管道，即一对中肾管和一对苗勒氏管。中肾管后来演变为雄性生殖管道，而本应发育成子宫和输卵管的苗勒氏管，由于抗穆勒氏激素和睾酮的分泌，逐渐退化。H-Y 次要组织相容性抗原是抗穆勒氏激素的相似蛋白，它们就在这个过程中，对男性的性取向产生了影响。

雷·布兰查尔德（Ray Blanchard）是一名研究出生顺序和同性恋关系方面的科学家。他发现老鼠中 H-Y 抗原的作用主要是激活大脑里的一些基因。在人类中，H-Y 抗原激活了母亲体内的免疫反应，该免疫反应抑制了男胎儿大脑的男性化。在她孕育下一个男孩的时候，这个免疫反被二次激活，从而变得更强，其对男胎儿大脑男性化的抑制也变得更强。虽然胎儿的男性生殖器官正常发育了，但是大脑的男性化却大大受到了抑制。从而导致这些男孩会更容易被其他男性吸引，或者至少对女性不感兴趣。人们在小鼠大脑中激活了 H-Y 免疫反应，虽然具体机制不详，但是结果表明，大部分小鼠在长大后不能成功地进行交配。同样，在雄果蝇发育的关键时期，如果激活了"转化器基因"，那么雄果蝇只会表现出雌果蝇的性行为，并且不可逆转。[16]

当然，人不是老鼠，也不是果蝇，性别分化并不仅仅发生在胚胎时期。足够的证据表明，人类出生之后，大脑性别的分化仍在进行。除了个别例子外，男同性恋也并不完全只是一个披着"男人"外套的"女人"。由于雄激素的影响，他们的大脑或多或少都有些男性化。但在他们发育的某个关键时期，可能由于某些激素分泌的减少，从而永久性地影响了他们的性取向。

比尔·汉密尔顿（Bill Hamilton）是最早提出"性别对抗理论"的人，他认为该理论颠覆了人类对基因的固有认识。他写道："基因并不像人类想象的那样，仅为了机体的'生存和生育'而存在；它们像公司里派系斗争那样，拉帮结派，争权夺利。"对基因的新看法也颠覆了汉密尔顿对人类大脑的认识：[17]

我曾经认为自己是一个有独立意识的人，然而事实并非如此。由此一来，我也不用为优柔寡断的性格而感到羞愧，因为我仅仅只是一个四分五裂的帝国派出的代表而已。那些统治者，恐怕他们在下达命令时就没达成统一……为了写下这些内容，我假装自己是一个统一体，而在我内心的深处，我知道，这样的统一体是不存在的——其实，我是一个混合体——男性与女性的染色体、父辈与子辈的染色体，在这个混合体内争斗不休。早在几百万年以前，它们之间的战争就开始了。

父与子基因的冲突、男与女的基因冲突，是遗传学中永恒不断的故事。也许这些故事鲜为人知，但它们足以撼动整个生物学的基础。

8号染色体
Genome

自身利益

人只是延续生命的机器，就像由计算机程序盲目控制的机器人载体，只为永久保存基因这种禀性自私的分子。对于这一事实，我至今依然难以置信。

《自私的基因》理查德·道金斯

人们在阅读一款新设备的使用手册时，总是感到很抓狂，里面似乎永远缺少最需要的那条信息，让人看得晕头转向。并且，在翻译过程中总会丢掉些什么。但是，好在它不会添加内容，不会在你读到关键部分的时候突然出现 5 段席勒的《欢乐颂》，或跳出一段关于套马鞍的指南。通常情况下，它也不会将一份机器的安装指南从头到尾印刷 5 遍，或者将使用手册分成 27 段，每两段之间用几页毫不相关的文字隔开。如果这样的话，人们根本无法辨认哪些是手册的内容。然而，人的视网膜母细胞瘤基因就是以这样的形式分布的，并且，据我们所知，这是一个典型的人类基因，它包含 27 个有意义的段落，却被 26 "页" 其他东西分隔开来。

大自然在人类基因组里藏了一个不光彩的小秘密。每个基因本来没有必要这么复杂，但却分成了许多不同的 "段落"（即 "外显子"），在这些 "段落" 之间是一些长长的、随机的、无意义的片段（即 "内含子"），或者是一些不断重复出现的、与这个基因无关却有意义的片段，抑或是一些其他完全不同的（或是有害的）基因。

因为 "基因组" 是一本自传，作者就是基因组它自己，在过去 40 亿年间，它对自传的内容不断进行增加、删减和修改，导致段落内容显得很混乱。自传性的文本有着一些不同寻常的特性，最为突出的就是会有一些其他内容 "寄生" 其中。打个不太恰当的比方，一位使用手册的作者，每天早晨打开计算机，却发现一个个段落都活了过来，纷纷吵着要求增加自己的分量，以吸引读者的注意。声音最大的那些段落逼着他把自己复制 5 遍，放到下一页。最后，使用手册写完了，机器也能够据此组装了，但是由于作者的妥协，手册中充斥着那些被要求复制的段落，如同寄生虫一般。

这个例子听上去有些牵强，但是，随着电子邮件的发展，现在已经很容易理解了。假设我给你发送了一封电子邮件，内容如下："请注意，出现了一个很严重的电脑病毒。如果你打开了主题包含"果酱"的邮件，它就会删除你的硬盘里的所有内容！请将这封警告邮件转发给所有你能想到的人。"其实这个病毒是我编造的，根本没有主题为"果酱"的电子邮件。但是，我却成功地占用了你整整一个早晨，让你为我发送警告，也就是说我发给你的那封电子邮件就是病毒。

在这本书里，将基因设定为基因组上最重要的物质，每一个章节都集中讲述了一个或一组基因。基因是 DNA 片段，是构成蛋白质的成分，但是人类基因组里有 97% 的物质根本不是基因，而是一系列怪异的东西：伪基因、反转录假基因、卫星序列、小卫星序列、微卫星序列、转座子、反转录转座子——所有这些都被称为"无用 DNA"，有时候为了表达得更精确一些，称为"自在 DNA"。其中有些是特殊类型的基因，但大部分是一些 DNA 片段，并且永远不会被转录为蛋白质的语言。前一章讨论的是性别冲突，本章将重点讲述这些无用 DNA。

使用 8 号染色体来讨论无用 DNA 最合适不过了，因为除此之外，这对染色体并无特别之处。但这并不意味着 8 号染色体没有什么值得讨论的，也不意味着 8 号染色体上没几个基因，只不过 8 号染色体上没有特别值得注意的基因。（8 号染色体和其他的相比太小了，并且在基因图谱中最不详细。）每条染色体内都有自在 DNA，有趣的是，自在 DNA 是在人类基因组中最早发现的、真正有实际用途的东西，人们在日常生活中就能够用到：DNA 指纹识别就是从它开始的。

基因是构成蛋白质的成分，但并非所有构成蛋白质的成分都是人体必需的。在人类基因组中，构成蛋白质最常见的成分是反转录酶，反转录酶就是一种对于人体毫无意义的基因。如果在受精卵刚形成时，将基因组中的所有反转录酶统统移除，那么这个人不但不会受到损伤，反而会更加健康、更加长寿、更加快乐。反转录酶对于某些寄生现象却是至关重要的。对于艾滋病病毒的基因组而言，反转录酶虽然不是必不可少的，但它对于增强病毒的感染性和杀伤力起着至关重要的作用。反转录酶，对于人类而言却恰恰相反，它威胁着人类的健康。然而，它却是整个基因组中最常见的基因之一，它有成百上千个副本，分散在基因组各处。如果人们发现汽车最常见的功能是用来逃离犯罪现场时，一定会感到震惊。关于反转录酶的事实同样令人吃惊，为什么会存在这样一个基因呢？

从反转录酶的功能中能够找到蛛丝马迹。它获取一个基因的 RNA 副本，再把这个基因"缝"回基因组，就像一个基因副本的往返车票。艾滋病病毒利用这种方法，将自己基因组里的一部分整合到人类基因中，从而更好地将自己保留并隐蔽起来，并更加有效地进行复制。人类基因组里之所以有很多反转录酶基因的副本，是因为在很久以前，甚至在不远的过去，人体能够识别的"反转录酶病毒"就像中介一样，将其放在那里。人类基因组里包含了几千种病毒的基因组，而且这些病毒的基因组几乎是完整的。它们中的大多数现在已不再活跃，或者缺失了关键的基因。这些"人体与生俱来的反转录病毒"占整个人类基因组的 1.3%。这听起来似乎不多，但那些"真正"的基因也不过才占 3%。如果出于自尊，你无法接受人类的祖先是猿猴这一事实，也许可以尝试着考虑人类是病毒的后代这种说法。

但是为什么必须要由反转录酶发挥中介作用呢？一个病毒的基因组完全可以丢弃大部分的基因，而只留下反转录酶基因。这样，病毒"精简装备"，轻装上阵，不必再通过唾液或性行为进行传播，只需进入人类的基因组，就可以世世代代传下去，这就是一个真正的遗传寄生。这种"反转录转座子"比反转录病毒要常见得多，其中最常见的是一个"字母"序列，名为 LINE-1。这是 DNA 上的一个"段落"，长度在 1 000 ~ 6 000 个"字母"，在靠近中间的位置是一份完成的反转录酶编码。LINE-1 不仅非常常见——在每一个人类基因组里大约有 10 万个副本，而且喜欢聚集在一起，所以在一条染色体里，往往会有几段 LINE-1 连在一起出现。LINE-1 占到了整个基因组的 14.6%，将近 5 倍于那些"真正"的基因，数量之大，令人难以置信。它的后果也是惊人的。LINE-1 拥有自己的返程票，每个 LINE-1 能够进行自我转录，生成自己的反转录酶，并使用这些反转录酶形成自己的 DNA 副本，并将其插入基因的任何位置。这也解释了基因组里为何有那么多 LINE-1 副本。换句话说，这些"文本段落"重复出现只有一个原因，就是它们擅长进行自我复制。[2]

"一只跳蚤身上有比它更小的跳蚤在打它的主意，小跳蚤身上还有更小的跳蚤，依此类推，无穷无尽。"同理，LINE-1 也会被其他序列寄生，这些序列丢弃自己的反转录酶，使用 LINE-1 的。比 LINE-1 更常见的是一种更短一些的"段落"，名为 Alu 序列。每个 Alu 序列的长度在 180～280 个字母，善于利用别人的反转录酶完成自我复制。在人类基因组中，Alu 序列中的文本也许被复制了上百万次，加起来约占整个基因组的 10%。

典型的 Alu 序列与一个"真正"的基因序列很像，至于两者为何相似，原因尚不明确。这个基因构成了核糖体的一部分（核糖体的作用是形成蛋白质）。这个基因非常特殊：它的启动子不是在序列外面，而是在序列里面，即存在一个自身启动子。因此它在需要转录时，不用依赖外界启动子，只要打开自己的转录信号就可以了，从而大大提高了增殖效率。这样的结果就是：每个 Alu 基因都有可能是一个"伪基因"。打个通俗的比方，基因就像船一样，因为某个很严重的事故（突变）沉入了水中，它那些生锈的残骸就是"伪基因"。它们沉没在基因的海洋里，锈越生越多（即突变越来越多），直到有一天完全看不出原来的样子了。例如，9 号染色体上有个难以名状的基因，如果取出一个它的副本，在基因库中进行基因序列比对，就会发现有 14 个序列和它相似，分布在 11 条不同的染色体上，就像 14 条沉船的残骸一样。这些副本是多余的，一个接一个地发生变异，不再发挥作用。对于大多数基因而言，可能都是如此——每个正常工作的基因，都在基因组的其他地方有一批损坏了的副本。有趣的是，人们不但在人类基因组里发现了这 14 个伪基因副本，还在猴子的基因组里找到了它们，而且，其中有 3 个是在旧世界猴和新世界猴⊖分成为两个分支之后才出现的。科学家激动地说："这意味着，它们大约在 3 500 万年以前才失去了基因编码功能。"[3]

Alu 的增殖速度非常快，但也是到了比较近些的时代才开始变成这样的。人们只在灵长类动物里发现过 Alu，并将其分为 5 种类型，其中有些类型是在黑猩猩和人类成为两个不同的物种之后才出现的（也就是在过去的 500 万年之内）。其他动物体内也有另外一些重复出现的短"段落"，比如在老鼠体内的被称为"B1"。

将所有关于 LINE-1 和 Alu 的信息汇总到一起，会得到一个意料之外的重大发现。基因组到处都是"垃圾"，甚至可以说各种各样自私的寄生片段像电脑病毒一样，塞满了基因组，而这些片段存在的原因只不过是它们善于进行自我复制。人体内满是这些数字序列组成的连环信，就像前文中举出的"果酱"病毒警告邮件一样。这些自在 DNA 形式各异，大约占到人体 DNA 的 35%，这就意味着，人体需要多花费 35% 的能量，才能完成全部基因的复制。因此，人类的基因组急需清理"垃圾"。

所有人对此都深信不疑。人们在破译生命密码的时候，没有人会想到，基因组竟然被自在 DNA 肆无惮忌地"剥削"着。但我们其实应该能够预见到这一点，因为其他所有生命，无论层次高低，都充斥着寄生现象。动物的肠道里有寄生虫，血液里有细菌，细胞里有病毒，为什么基因里就不能有反转录转座子呢？除此之外，20 世纪 70 年代中期，有许多演化生物学家，尤其是那些对演化行为感兴趣的，已经逐渐意识到：自然选择带来的进化大体上并不关乎物种间的竞争，

⊖ 新世界猴与旧世界猴的主要区别在于鼻部。新世界猴的鼻部软骨间隔很宽，鼻孔开向侧方，鼻孔间距较宽，旧世界猴的鼻间距则很窄；此外，新世界猴有 12 个前臼齿，而旧世界猴与猿类一样只有 8 个。——译者注

也不关乎群体间的竞争，甚至也不关乎个体间的竞争，而是关于基因间的竞争。这些基因利用动物的个体（有时是动物的群体）作为它们临时的载体，展开竞争。例如，有两种生活方式可以选择，一种是安全、舒适、长寿地过一辈子，另一种是冒着危险、艰辛地繁衍养育后代，似乎所有的动物（事实上植物也是如此）都选择了后者。它们为繁衍后代，宁可缩短自己寿命。事实上，它们的身体在有计划地衰退，人们将这个过程称为衰老。于是，动物在达到了生育年龄之后，身体机能要么开始衰退，要么像乌贼或太平洋鲑鱼那样，产卵之后马上死去。除非把动物的身体看作基因的载体，看作基因生存竞争中的工具，否则这些现象是无法解释的。与繁衍下一代相比，动物个体的存活反而是次要的。如果基因的目的就是"自私"地自我复制，而身体是可以抛弃的"载体"（这个措辞来自理查德·道金斯，争议颇多），那么当我们发现有些基因不用建立自己的身体就可以完成自我复制时，就不会那么惊讶了；当我们发现基因组也像身体一样，充满独特的生存竞争与合作，也就不必惊讶了。到了20世纪70年代，进化第一次成了遗传学的概念。

为了证明基因组里有大块区域是不包含基因的，20世纪80年代，两个科学家小组提出，这些区域里充斥着一些"自私的序列"，它们的唯一目的就是在基因组里生存下去。他们认为："寻找其他解释，不仅在学术上没有创意，最终也会证明是无意义的。"这个预言在当时看来太大胆了，因此遭受了很多嘲笑。那个时候，遗传学家都接受这样一种理论，人类基因组里存在的物质一定是为人体服务的，而不是为了它们自己某些自私的目的。基因只不过是构成蛋白质的成分而已，把它们想象成有目标与梦想的东西是无法理喻的。但是，真的被两组科学家说中了，基因的行为的确像是为了实现自己自私的目标，但也许它们并非有意这样做的，因为回顾基因的行为，我们发现有些基因照着自己的目标繁衍下去，有些则不是这样的。[4]

自在 DNA 并不仅仅是附着在基因组上，它增加了基因组的尺寸，从而复制基因组时就需要更多的能量。这样的一段 DNA 威胁着基因的完整性，因为自在 DNA 经常从一个位置跳到另一个位置，或者把自己副本放置到一个新的位置，所以它很有可能跳到一个正常工作的基因中间，打乱这个基因的序列，造成基因突变，然后又跳到一个新的位置，先前的突变也就随之消失了。遗传学家芭芭拉·麦克林托克（Barbara McClintock）注意到了自在 DNA 的这种特性，于 20 世纪 40 年代后期发现了转座子。（芭芭拉·麦克林托克是一位有远见的遗传学家，但是一直被忽视，她最终于 1983 年获得诺贝尔奖。）她发现，玉米种子的颜色会发生变化，原因只有一种，有些物质在种子的色素基因中跳进跳出，导致了突变。[5]

　　在人体内，LINE-1 和 Alu 序列也会跳到各种基因中去，从而引起突变。例如，它们跳到凝血因子基因中，就会导致血友病。但是，和其他物种相比，人类受寄生 DNA 的影响并不大，其原因尚不明确。大约每 700 个人类基因突变里，就有一个是跳跃基因引起的，而在老鼠体内，大约有 10% 的突变是由基因造成的。20世纪 50 年代，科学家通过果蝇进行了一系列自然实验，揭示出跳跃基因的潜在危害，结果颇具戏剧性。遗传学家喜欢用果蝇做实验，他们研究的是黑腹果蝇。他们把黑腹果蝇运往世界各地，在实验室里进行繁殖。这些果蝇常常从实验室里逃出来，遇到当地的果蝇。其中有一种名为南美热带果蝇，它体内携带着一种跳跃基因——P 因子。1950 年左右，在南美某地，南美热带果蝇的 P 因子通过某种方式（可能是通过一种吸血尘螨）进入了黑腹果蝇的体内。（人们对于"异种器官移植"的一大担心，就是在将猪或狒狒的器官移植给人的时候，也会把新的跳跃基因带入人体，就像果蝇中的 P 因子一样。）结果就是，P 因子从那时起开始迅速传播。除了 1950 年之前从自然界中捕捉的，并且之后一直与其他果蝇分开的那些，现在大多数果蝇都带有 P 因子。P 因子是一种自在 DNA，能够跳进其他基因影响其正常功能。渐渐地，果蝇基因组里的其他基因开始反抗，它们发明了抑制

P 因子到处乱跳的方法。至此，P 因子开始在果蝇体内安稳下来。

到目前为止，人体内还没有像 P 因子这样邪恶的物质，但是，人们在鲑鱼体内发现了一个类似的因子，称其为"睡美人"。在实验室里将其引入人类细胞后，它充满活力，充分表现出剪贴基因的能力。人体内有 9 种 Alu 序列，也许曾经也是像果蝇的 P 因子那样传播的。各个 Alu 序列传遍整个物种，破坏其他基因，之后其他基因开始为了共同的利益而合力抑制这个跳跃因子，最终，这个跳跃因子变得安稳，处于现在相对沉寂的状态。我们在人类基因组里看到的不是迅猛发展的寄生 DNA 感染，而是许多处于休眠状态的过去的寄生 DNA。它们都曾在人类中迅速传播，最终基因组抑制住了它们，未能将其清出体外。

从这个角度来看（还有其他角度），人类比果蝇幸运。一种有争议的新理论认为：人体内有一种机能，可以用来抑制自在 DNA，这种抑制机能被称为胞嘧啶甲基化。胞嘧啶就是密码里面的那个字母 C，将其甲基化（为其添加一个由碳原子和氢原子组成的甲基）可以避免其被转录。基因组的大部分区域在大部分时间里都处于甲基化受阻的状态，更准确地说，大部分基因启动子（就是位于基因开端，转录从此处开始）的甲基化受阻。通常认为，甲基化的作用是使人体组织里无用的基因停止表达，从而形成形态各异的各种器官，比如大脑与肝脏不同，肝脏与皮肤不同，如此等等。但是，另外一个与之不同的观点越来越为人们所接受：甲基化也许与器官形态没有任何关系，其主要作用是抑制转座子和基因组内部的寄生 DNA，因为大多数甲基化出现在 Alu 序列和 LINE-1 这样的转座子中。这种新的理论称，在胚胎发育早期，所有的基因都是表达的，那时并没有甲基的保护。之后，一些分子会仔细检查整个基因组，这些分子的职责就是发现那些高度重复的序列，并通过甲基化使其不再发挥作用。而癌症的第一步就是将基因去甲基化，从而那些自在 DNA 被释放出来，在肿瘤里大量表达。自在 DNA 本来就善于破坏正常的基因，因此这些转座子就使得癌症更加严重。根据这个理论，甲基化的作用就是抑制自在 DNA 的不良影响。[6]

通常情况下，LINE-1 的长度为 1 400 个"字母"，而 Alu 则至少有 180 个"字母"。但是，有些序列比 Alu 还要短，它们也大量地累积起来，不断重复出现。称这些较短的序列为寄生，也许太夸张了，但它们增殖的方法和寄生很类似。也就是说，它们自己携带着的一段序列，能够很好地进行自我复制，并存在下去。这些短序列中有一种，在法医学和其他科学领域中发挥了实际的作用，这就是"高变小卫星序列"。在所有的染色体上都能找到这个小小的序列，在整个基因组里出现在 1 000 多个不同的位置。它的序列只有一个"短语"构成，约包含 20 个字母，多次重复出现。这个序列在不同的位置上会有不同的变化，在不同的人体内也各不相同，但是它们通常包含下列核心字母：GGGCAGGAXG（X 可以是任何字母）。这个序列之所以很重要，是因为细菌使用类似的一段序列与同一物种的其他细菌交换基因，并且它在人体中似乎也促进了染色体之间的基因交换。就好像这种序列上面写着"我是用来交换"的一样。

以下是一个多次重复出现的小卫星序列：

hxckswapmeaboutlopl-hxckswapmeaboutlopl-

hxckswapmeaboutlopl-hxckswapmeaboutlopl-

hxckswapmeaboutlopl-hxckswapmeaboutiopl-

hxckswapmeaboutlopl-hxckswapmeaboutlopl-

hxckswapmeaboutlopl-hxckswapmeaboutlopl

在这个例子中，重复出现了 10 次。在每个出现小卫星序列的地方，它的序列都会重复，可能是 50 次，也可能是 5 次。根据序列里的指令，细胞将这些短语与另一条相同染色体上对应位置的短语进行交换。但在这个过程中，细胞经常出错，导致序列重复次数的增加或减少。这样，每一个重复序列的长度都会逐渐发生变化，这种变化可以很快，故而它在每个人体内的长度都不一样；这种变化也可以很慢，从而一个人体内这些重复序列的长度与父母体内的相比，变化不大。因为人体内有上千个这样的重复序列，所以每个人都有一套独特的"数字系统"。

1984 年，亚历克·杰弗里斯（Alec Jeffreys）与他的技术员维姬·威尔逊（Vicky Wilson）无意间发现了小卫星序列。他们当时正在比较人体内和海豹体内与肌红蛋白相关的基因，希望以此研究基因的进化，却发现该基因中又有一段重复出现的 DNA 序列。每个小卫星序列都包含相同的 12 个"核心字母"，但重复的次数却相差很多，因此找出这些小卫星序列，并比较它们在不同个体里的长度，是相对容易的。结果，它们在每个个体内重复的次数有着巨大的差别，可以说每个人都有自己独特的基因指纹：就像条形码一样，人与人之间各不相同。杰弗里斯马上意识到了他这个发现的重要意义。他将正在研究的肌红蛋白放在一边，转而研究独特的基因指纹都有哪些用途。因为没有血缘关系的人之间的基因指纹差别非常大，这引起了移民局的兴趣，有些申请移民的人声称自己和国内某些人是亲戚，移民局便通过基因指纹分析来确定真假。通过基因指纹分析，发现大多数申请者说的都是真话，这大大降低了人们对于移民安全隐患的担忧。但是，有时基因指纹分析的应用则显得颇具戏剧性。[7]

1986 年 8 月 2 日，人们在英国莱斯特郡纳伯勒村（Narborough）附近的灌木丛中发现了一个女学生的尸体。死者是 15 岁的唐·艾希渥斯（Dawn Ashworth），是被人强暴后勒死的。一周之后，警方逮捕了一名医院的搬运工，这个年轻人名叫理查德·巴克兰（Richard Buckland），他对犯罪行为供认不讳。事情本该到此告一段落，巴克兰应当被判谋杀罪，然后去坐牢。但是，当时还有另一桩悬案让警察忙得焦头烂额。将近 3 年前，一个名叫琳达·曼恩（Lynda Mann）的女孩被谋杀，案件也发生在纳伯勒村附近。曼恩被谋杀时也是 15 岁，并且也是遭强暴后被掐死，抛尸野外的。这两起谋杀是如此相似，很难想象它们不是同一个人干的，但是，巴克兰却坚决否认曼恩也是他杀的。

警方通过报纸获知，亚历克·杰弗里斯在基因指纹分析方面取得了重大突破。亚历克就在莱斯特郡工作，距离纳伯勒村不到 10 英里，于是当地警方与他取得联系，询问他是否能够证明巴克兰也是琳达谋杀案中的元凶。他同意一试。警方向他提供了两个少女身体留下的精液和巴克兰的血样。

杰弗里斯很快提取了三份样品里的小卫星序列。基因指纹分析在一个多星期后完成了，两个少女体内的精液完全一样，肯定来自同一个男人。似乎可以结案了。但是杰弗里斯在巴克兰血样里的发现让他十分震惊，巴克兰血样的基因指纹与那两份精液的完全不同，也就是说，巴克兰不是杀人犯。

莱斯特郡警方对此提出了强烈的抗议，他们认为肯定是杰弗里斯出错了，才得出这么荒谬的结论。杰弗里斯重新进行了检测，英国内政部法医实验室也对样品进行了分析，得出了和先前完全相同的结论。警察们都很困惑，但不得不撤销对巴克兰的指控。这是历史上第一次使用 DNA 序列作为证据，证明一个人的无辜。

但是，毕竟巴克兰交代了自己的犯罪行径，因此仍然有些疑点让人感到很困惑。如果基因指纹分析既能够为无辜者昭雪，又能抓住真凶，警方才会真正信服。在艾希渥斯死后 5 个月，警方鉴定了纳伯勒村一带 5 500 名男子的血液，希望能够从中找到与谋杀强奸犯的精液基因指纹一致的那个人，却没有一例吻合的。

莱斯特郡一家面包房里有个员工叫伊恩·凯利（Ian Kelly），有一天他和同事提到，尽管他住得离纳伯勒村很远，却也参加了这次血液鉴定。他听科林·皮奇福克（Colin Pitchfork）说，警察想诬陷自己，于是才去做的鉴定。科林·皮奇福克是另一个面包房的同事，就住在纳伯勒村。凯利的同事把这件事讲给警察听，警察逮捕了皮奇福克。很快，皮奇福克供认，是他杀了那两个少女，这次的供词是真的，他的血液 DNA"指纹"与两具尸体上找到的精液吻合。1988 年 1 月 23 日，他被判无期徒刑。

基因指纹分析立刻成为法医学最可靠也是最有力的武器之一。皮奇福克案中，基因指纹技术大放异彩，此后数年，这项技术逐渐普及。即使面对各种有力的犯罪证据，使用基因指纹分析依然能够为无辜者洗清罪名。有时仅仅告知罪犯即将使用基因指纹分析，就可以使罪犯招供。如果方法得当，它的准确性度和可靠性都是无可匹敌的——仅仅使用少量的身体组织，甚至鼻涕、唾液、毛发或死去很久的尸骨，就可以完成检测。

皮奇福克案之后 10 年间，基因指纹分析立下了汗马功劳。截至 1998 年年中，仅在英国，法庭科学服务部就收集了 32 万个 DNA 样本，通过将其与犯罪现场留下的 DNA 进行比对，确定了 2.8 万名犯罪嫌疑人，证明了 5 万余人的清白。现在，这项技术得到了简化，不再需要检测多个小卫星序列，只需要一个就够了。并且，检测的范围也扩大了，除了小卫星序列以外，更小的微卫星序列也可以用来进行基因指纹分析。技术也更加成熟了，不仅能够检测小卫星序列的长度，还能检测出具体的序列。然而，这样的 DNA 指纹分析技术也曾在法庭上被误用，也曾遭遇过不信任，由于律师等人为因素的介入，这点并不难理解。（大多数时候，对 DNA 指纹分析技术的误用是由于公众对于统计学的不了解造成的，而非对 DNA 做了手脚。如果告诉陪审团，一个人的 DNA 与犯罪现场吻合的概率是 0.1％，而不是告诉他们每千人里就会有一个人的 DNA 与犯罪现场的吻合，那么他们判被告有罪的可能性就会提高 3 倍，而其实这两种说法是一回事。[8]）

DNA 指纹分析并不仅给法医学带来了革命，在其他领域也做出了卓著贡献。它在 1990 年时被用来鉴定从墓中挖出的是不是约瑟夫·门格勒的尸体；它被用来鉴定莫尼卡·莱温斯基（Monica Lewinsky）裙子上的精液是不是克林顿总统的；

它被用来鉴定那些自称是托马斯·杰斐逊（Thomas Jefferson）私生子后代的人是否属实。它也在亲子鉴定领域开花结果，无论是官方的还是父母私下要求的，使用极频繁。1998 年，一个名为"基因识别"（Identigene）的公司在全美高速公路旁树起广告牌，写道："想知道孩子的真正父亲是谁吗？请拨打 1-800-DNA-TYPE。"他们每天接到 300 个电话，要求进行亲子鉴定，费用为每次 600 美元。打电话咨询的人要么是单身母亲希望确认孩子的亲生父亲，以获得抚养费；要么就有些父亲怀疑孩子不是自己亲生的。在 2/3 以上的案例里，DNA 证据显示母亲是诚实的；有的父亲通过亲子鉴定发现妻子不忠，受到了伤害；而有的父亲也确定了自己的怀疑是毫无根据的，从而松了口气：亲子鉴定的利弊孰大孰小，是一个争论的焦点。不难想象，英国第一家从事 DNA 鉴定的私人公司开始营业时，在媒体上引起了轩然大波，他们认为：在英国，这样的医学技术应当由国家掌控，而非个人。[9]

基因指纹分析应用于亲子鉴定后，人们更好地了解了鸟类的歌唱，这真是件浪漫的事情。不知你有没有注意过，春天的时候，画眉、知更鸟等鸣禽与配偶配对后要持续地唱很久？传统观点认为，鸟类唱歌主要是为了吸引配偶，但生物学家的发现推翻了这种说法。20 世纪 80 年代末，生物学家开始对鸟类进行 DNA 鉴定，以确定雄鸟与幼鸟的父子关系。令人惊讶的是，他们发现在那些"一夫一妻"制的鸟类里，虽然一雄一雌共同哺育后代，雌鸟却常常瞒着自己的"结发丈夫"，与邻居家的雄鸟交配，鸟类之间的不忠行为比任何人想象的都多（因为这些都是秘密进行的）。DNA 指纹分析引发了一场研究热潮，诞生了一个颇有意义的理论：精子竞争。使用这个理论可以解释一些有趣的现象，例如：黑猩猩的身体只有大猩猩的 1/4 大，但睾丸却是大猩猩的 4 倍。这是因为，雄性大猩猩对它们的配偶是完全占有的，所以它们的精子没有竞争对手。而雄性黑猩猩是与其他雄性"共享"配偶的，所以它们需要产生大量的精子、频繁地交配，以增加自己做父亲的机会。这也能够解释为什么雄性的鸟在"结婚"之后还要"歌唱"，它们是在寻找"一夜情"。[10]

9 号染色体
Genome

疾　病

恶疾需用猛药医。

盖伊·福克斯

9 号染色体上有个基因非常有名，它可以决定人体的 ABO 血型。在 DNA 指纹分析技术出现很久以前，法庭就使用血型作为证据。有时，警察会发现犯罪嫌疑人的血液和犯罪现场的血迹一致，通过血型鉴定可以判定他是否清白。也就是说，如果两者血型不一致，则证明这个嫌疑人肯定不是杀人犯；如果两者一致，则说明这个人有可能是杀人犯。

但过去在加利福尼亚高级法院，这种逻辑并没有发挥作用。1946 年，尽管查理·卓别林与一个孩子的血型不一致，法院还是判定他们就是亲生父子。但无论如何，在确定生父的案件和谋杀案件中，血型鉴定、基因指纹分析和手指指纹鉴定都能证明当事人的清白。DNA 指纹识别技术出现之后，向法庭提供血型鉴定结果就显得不那么必要了。但在输血的时候，血型极其重要，如果血型错了，会导致病人死亡。通过血型可以了解人类迁移的历史，但在这方面的作用也几乎全部被基因替代了。所以，你可能觉得血型没有什么用了，如果这样想的话，那就大错特错了。1990 年，人们发现了血型的一个全新用途：通过血型有望了解为何人类有多种形式的基因，以及种类繁多的人类基因是如何产生的。它是解开人类多样性之谜的钥匙。

ABO 血型系统是人们最先了解，也是了解最多的血型系统。该血型系统发现于 1900 年，最早有三套不同的名称，经常发生混淆，摩斯血型命名法中的 I 型血与扬斯基血型命名法中的 IV 型血是同一种血型。人们发现这个问题后，逐渐冷静下来，统一使用卡尔·兰德斯坦纳（O. Karl Landsteiner）（维也纳医学家，1900年发现了 A、B、O 三种血型）的血型命名法：A、B、AB 和 O。卡尔·兰德斯坦纳形象地描述了输错血型导致的灾难性后果："红细胞都黏在一起了。"但血型之间的关系并非如此简单。A 型血的人可以给 A 型或 AB 型的人献血；B 型血的人可以给 B 型和 AB 型的人献血；AB 型血的人只能给 AB 型的人献血；O 型血的人可以给任何人献血，所以 O 型血的人被称为万能供血者。人类拥有不同的血型，也没有明显的地理或种族原因。在欧洲人中，大约有 40% 是 O 型血，40%

是 A 型血，15% 是 B 型血，还有 5% 是 AB 型血。除美洲以外，这个比例在其他大陆上都差不多。居住在美洲的印第安人几乎都是 O 型血，一些加拿大部落里的居民大多是 A 型血，因纽特人通常是 AB 型血。

直到 1920 年，ABO 血型的遗传机制才被搞清楚。到了 1990 年，人们才发现与这些血型有关的基因。血型 A 和 B 是同一个基因"共显性"的两种形式，O 是这个基因的隐性形式。这个基因位于 9 号染色体长臂的顶端，包含 1 062 个字母，被分成了 6 个短的外显子和一个长的外显子（可以理解为段落）。如果把 9 号染色体看作书中的一个章节，则这个章节共包含 18 000 个字母，而这个基因就分布在其中几页里，中等大小，被 5 个较长的内含子打断。这个基因用于形成半乳糖转移酶，[1] 那是一种能够催化化学反应的蛋白质。

在这个基因的 1 062 个字母里，有 7 个字母决定了 A 血型基因和 B 血型基因之间的差别。而在这 7 个字母里，还有 3 个意义相同或者不表达，即它们对于蛋白质链上的氨基酸不产生任何作用。余下的 4 个发挥作用的字母分别位于第 523、第 700、第 793 和第 800 的位置上。在 A 型血的人体内，这 4 个字母分别为是 C、G、C、G；在 B 型血的人体内为 G、A、A、C。除此之外，还有些区别并不常见，有的人同时拥有几个 A 型血基因的字母和几个 B 型血基因的字母；还有人拥有一种罕见的 A 型血，它的基因尾部丢掉了一个字母。实际上，仅这 4 个字母的不同就能给蛋白质带来很大的差别，输血时如果血型不对，就会引起免疫反应。[2]

O 型血的基因与 A 型血只有一个字母的差别，这种差别不是改变了一个字母，而是删掉了一个。在 O 型血的人体内，血型基因的第 258 个字母不见了，那里本该是一个字母 G。它的影响却很深远，因为它所造成的所谓的"移码突变"，会引起严重的后果。（前边章节曾介绍过弗朗西斯·克里克关于"没有逗号的密码"的理论。如果他的理论是正确的，就不会存在移码突变了。）遗传密码是根据

3 个字母为一个组合的规律读出的，中间没有标点符号。下面是一句由三字词语组成的英文句子: the fat cat sat top mat and big dog ran bit cat(这只肥猫坐在垫子上，大狗跑过去咬了猫)。尽管这句话缺乏美感，但人们能够理解它的意思。如果换一个字母，变成: the fat xat sat top mat and big dog ran bit cat，它的意思仍然是可以理解的。但是如果删掉同一个字母，之后将剩下部分仍然按照三个字母一组地念出来，这句话就完全没有任何意义了: the fat ats att opm ata ndb igd ogr anb itc at。在 O 型血的人体内，他们的 ABO 基因就发生了这种情况。因为在他们血型基因比较靠近开头的位置缺失了一个字母，从那之后的信息就与其他人完全不同了。结果就制造出了一个性质完全不同的蛋白质，因此也就无法催化正常的化学反应了。

这听上去很严重，但实际上对人体并没有任何影响，也没有发现 O 型血的人在哪个方面有明显的缺陷。他们不会更容易得癌症，不会在体育方面很弱，也不会缺少音乐才能，等等。在人种优化理论最为盛行的时候，政治界也没有呼吁给 O 型血的人做绝育手术。实际上，血型的独特之处就在于，它是人们无法用肉眼看到的，因此与人类社会中的事务没有任何关系，能够在政治上保持"中立"，并且很有用。

但是，这也是血型的有趣之处。如果血型既是看不见的又是"中立"的，那么它们是如何进化到现在这种状态的呢？美洲的印第安人都是 O 型血，这纯属巧合吗？乍一看，血型好像是进化中性学说 [由木村资生（Motoo Kimura）于 1968 年提出] 中的一个例子。这个学说认为：大多数遗传多样性的出现，不是因为在自然选择中出于某种目的被选中，而是因为它们的存在是中立的，对其他事物既没有好处，也没有坏处。根据木村的理论，突变就像水流一样源源不断地被注入基因库之中，然后又逐渐被基因漂移（随机变化）去掉。也就是说，变化是永恒的，没有必要去适应环境。100 万年之后如果回到地球上来看看，人类基因组的大部分都会与现在的不同了，而且纯粹是由于中性的原因。

有一段时期，"中立主义学派"与"自然选择论者"都在为自己的理论而担忧。尘埃落定之后，木村的理论得到了一大批追随者。很多基因的变化在发挥作用的时候是"中立"的。随着科学家观察蛋白质变化的程度不断加深，他们发现大多数蛋白质的变化都不会影响"活性部位"，也就是蛋白质发生化学作用的地方。有一种蛋白质，在两种生物体里面从寒武纪到现在积累了250个不同之处，但是只有6个对其功能有影响。[3]

但我们知道血型并不像它们看上去那样"中立"，这背后是有原因的。从20世纪60年代早期到现在，血型与腹泻之间存在的联系逐渐变得明朗起来。A型血的孩子在其婴儿期时，经常会得某些类型的腹泻，而其他孩子却不会；B型血的孩子则会得一些其他类型的腹泻……到了20世纪80年代后期，人们发现O型血的人更容易感染霍乱。在完成了十几项研究之后，血型与疾病之间的关系变得更加清晰了。人们发现，除了O型血的人更易感染霍乱外，A、B和AB型血的人在霍乱易感性上有所不同。抵抗力最强的是AB型血的人，其次是A型血的人，再次是B型血的人。但是所有这些人都比O型血的人抵抗力强得多。AB型血的人对霍乱的抵抗力很强，几乎可以说是有免疫力的。但如果说AB型血的人即使喝了加尔各答下水道里的水也不会得病，那是过度夸张，他们还可能会得其他病。但是，即便霍乱弧菌进入这些人的体内，并在肠道里安顿下来，它们也不会患上腹泻。

目前，还没有人知道AB基因型是怎样保护人体远离这种最致命的病菌的，但是它给自然选择提出了一个既直接又迷人的问题。前边的章节曾介绍过，每一条染色体在人类的细胞里都是成对出现的。所以，A型血的人实际上是AA，即他们有两条9号染色体，每条各有一个A基因，而B型血的人实际上是BB。想象一下，有一群人，只有这三种血型：AA、AB和BB。在抵抗霍乱方面，A基因比B基因强。那么，面对霍乱，两个AA基因的人的孩子比两个BB基因的人的孩子存活下来的可能性更大。但是，根据自然选择的原理，B基因就应该消失了。但事实却并非如此，这是因为 AB 型血的人存活下来的可能性最高。所以，最健康的是 AA 基因的人和 BB 基因的人的孩子。他们所有的孩子都是最能抵御霍乱的 AB 型血。但是如果一个 AB 型血的人与另一个 AB 型血的人生育后代，他们的后代里只有一半机会是 AB 型，其他的要么是 AA，要么是 BB，而最后一种是最容易染上霍乱的。正所谓风水轮流转，如果这代人有着最好抵御霍乱的基因组合，那么下一代一定容易染上霍乱。

试想一下，如果一个镇上所有的人都是 AA 基因，这时从外地来了一个拥有 BB 基因的女人，会发生什么呢？假设这个女人能够抵挡住霍乱，活到了生育年龄，那么她的孩子就是 AB 型血，对霍乱有免疫力。换句话说，大自然总是偏向基因型较少的那边，所以，A 和 B 都不会消失，因为它们中的任何一个如果少了，它就会变成"时髦"的东西，就又会"流行"起来。在生物学上，这种现象被称为"依赖频率选择"，也是人类出现遗传多样性的主要原因之一。

上述现象解释了 A 型血与 B 型血之间的平衡。但是，如果 O 型血让人更容易感染霍乱，那么为什么自然选择没有让 O 型血消失呢？答案也许要从另外一种疾病上去寻找，这就是疟疾。与其他血型的人相比，O 型血的人似乎对疟疾的抵抗力要高一些，也更不容易得某些类型的癌症。尽管 O 型血容易感染霍乱，但也许这些优势就足以使其免遭灭绝。这样，在三种血型之间就大致平衡了。

肯尼亚的安东尼·阿利森（Anthony Allison）曾经是牛津大学的研究生，他在 20 世纪 40 年代后期，首先注意到疾病与基因突变之间有联系。镰形细胞贫血症在非洲是一种常见疾病，他怀疑这种疾病和当地疟疾肆虐有关。镰形细胞贫血症的突变导致血红细胞在无氧环境下变成扁镰刀形，这对于那些两条染色体上都发生这种突变的人是致命的，对于只有一条染色体上带有这种变异的人危害较小。但是，只有一条染色体发生突变的人，对疟疾有很强的抵抗力。阿利森检测了疟疾高发区中非洲居民的血样，发现那些带有镰形细胞贫血症突变的人与其他人相比，携带疟原虫的概率要小得多。镰形细胞贫血症突变在西非一些疟疾肆虐的地方尤为常见；在非洲裔美国人里也很普遍，这些非洲裔美国人的祖先中，有的是被作为奴隶，从西非贩卖到美国的。可以说，人类在过去为了抗击疟疾，不惜患上镰形细胞贫血症，可谓代价惨重。其他形式的贫血，例如在地中海与东南亚一些地区比较普遍的地中海贫血症，似乎对疟疾也有同样的抵抗作用，这也解释了过去这些贫血症在疟疾高发区比较常见的原因。

导致镰形细胞贫血症的，仅仅是血红蛋白基因上一个字母发生了改变，并没有什么与众不同的。有一位科学家说，它只是能够抗击疟疾基因中的一个而已，可以防御疟疾的基因可能多达 12 个，不同的基因对疟疾有不同的抵抗作用。对于疟疾以外的其他疾病，也是这样的。至少有两个基因对于肺结核有不同的抵抗力；而形成维生素 D 受体的基因，则与人们对于骨质疏松症的不同抵抗力有关。牛津大学的艾德里安·希尔（Adrian Hill）[4]写道："不得不说，不久之前，自然选择让人类增强了对肺结核的抵抗力，但同时人们也更加容易患上骨质疏松症了。"

与此同时，人们又发现，遗传疾病囊肿性纤维化与传染病伤寒之间也存在着类似的关系。7 号染色体上 CFTR 基因的一种形式会引起囊肿性纤维化，这是一种很危险的肺部与消化系统疾病，但这种 CFTR 基因形式又能够保护人体免受伤寒。伤寒是一种由沙门氏菌引起的肠道疾病。携带这种 CFTR 基因形式的人会患上囊肿性纤维化，但是他们对伤寒引起的痢疾和高烧具有免疫力。伤寒需要依赖 CFTR 基因的正常形式，才能入侵人体细胞，而在上述的 CFTR 基因形式中，有三个 DNA 字母缺失了，于是伤寒就无法感染人体了。伤寒杀死了带有正常 CFTR 基因形式的人，迫使 CFTR 基因发生变化，以生存下去。但是，因为两条染色体上都携带这种 CFTR 基因形式的人存活下来的可能性很小，所以这种变体并不会太普遍。就这样，由于疾病的原因，一个少见且异常的基因形式，就被保留了下来。[5]

大约每 5 个人里就有一个由于遗传因素，无法将 ABO 血型蛋白的水溶形式释放到唾液和其他体液中去。这些"不分泌者"（指具有 A、B 或 AB 血型而其唾液或其他分泌液中不含有 ABO 血型物质的人）更容易得一些疾病，包括脑膜炎、宫颈感染和复发性尿路感染。但与此同时，他们感染流感病毒或呼吸道合胞体病毒的概率又比普通人低。从各个方面看来，人类的遗传变异性似乎都与传染病有关。[6]

对于这个问题，我们只是了解了一些皮毛而已。在过去，瘟疫、麻疹、天花、斑疹伤寒、流感、梅毒、伤寒、水痘等大规模的传染病给我们的先人带来了巨大的灾难，也在我们的基因里留下了它们的印记。促使基因产生突变，以增强抗病能力。但同时也付出了一定的代价，有些代价是很高昂的（比如镰形细胞贫血症），有些则只在理论上存在（比如输血时血型不能错）。

实际上，过去医生们往往低估传染病的重要性，直到最近才有所改观。过去，有很多疾病被普遍认为是由于环境、职业、饮食及偶然因素造成的，现在人们开始认为这些疾病是由于一些不太了解的病毒和细菌长期感染造成的。胃溃疡就是一个很好的例子。有几个医药公司因为发明了治疗溃疡症状的药物而发了大财，但其实只需要抗生素就能治好它们。胃溃疡是由幽门螺旋杆菌引起的，这是一种在儿童时期就进入人体的细菌，而不是因为吃了油腻的食物、心理压力过大或者运气不好造成的。同样，现在有数据明确显示，心脏病与衣原体或疱疹病毒感染有关，各种类型的关节炎与多种病毒有关，甚至抑郁症或精神分裂症与波尔纳病病毒有关，这是一种罕见的脑病毒，主要感染马和猫。在这些联系里，有些或许会被发现是错误的，有些可能是得病后才产生的病毒与细菌，而不是病毒与细菌导致了疾病。但是，有一点已经得到了证实，不同人的基因在对心脏病等疾病的抵抗能力上，有着巨大的差异。基因上的不同，也可能与对于细菌和病毒感染的抵抗力有关。[7]

从某种意义上说，基因组就是一份记录人类病史的病理报告，是每个民族和种族的医学宝典。美洲印第安人多为 O 型血，也许反映出：霍乱与其他形式的腹泻通常出现在人口密集和卫生状况不好的地方，而在西半球是新大陆，直到近代人口才多起来，之前根本没有这些疾病。不过，霍乱曾经是一种罕见的疾病，1830 年以前也许只在恒河三角洲地区发作。直到 1830 年前后，才突然扩展到欧洲、美洲和非洲。但是，对于美洲印第安人多为 O 型血这个令人迷惑的现象，我们需要一种更好的解释，因为通过研究印第安人的干尸，人们发现在哥伦布发现美洲大陆以前，印第安人里有很多是 A 型或 B 型血的。仿佛之后西半球出现了一种特殊的进化选择压力，导致 A 型和 B 型血很快地从当地消失了。有些迹象表明，可能是梅毒导致的。梅毒这种疾病在美洲一直存在（这种说法在医学界一直有争议。实际情况是，已发现 1492 年前的北美人骨骼里有梅毒损伤，而 1492 年以前的欧洲人的骨骼里则没有）。拥有 O 型血的人与其他血型的人相比，似乎对梅毒的抵抗力更强。[8]

在发现血型与霍乱易感性之间的关系之前，人们往往会觉得以下的发现有些匪夷所思。假如你是一位教授，进行如下的实验：要求四位男士和两位女士都穿棉质的 T 恤衫，并且不允许他们使用除臭剂和香水，两晚过后要把 T 恤衫脱下来，交还给你（可能会有人嘲笑这个举动有点变态）。之后，你邀请 121 位男士和女士来闻这些脏 T 恤衫的腋窝处，并根据自己对其气味的喜欢程度进行排序（可能会有人说这么做太奇怪了）。但是，真正的科学家是不会感到尴尬的。克劳斯·韦德尔金德（Claus Wederkind）和桑德拉·福日（Sandra Furi）就进行了这样一个实验。结果他们发现，男人和女人都最喜欢（或最不讨厌）与自己基因差别最大的那个异性的体味。韦德尔金德和福日研究了 6 号染色体上的 MHC 基因群，它们是免疫系统用来定义和识别自身成分和外来入侵者的。这些基因的可变性非常大。在同样的条件下，一只母鼠会通过闻公鼠的尿液，来寻找 MHC 基因与自己区别最大的公鼠，以进行交配。韦德尔金德和福日从老鼠身上的这个发现得到启发，认为人类也许也有这样的能力，能够根据对方的基因来选择配偶。在参加实验的 121 个人里，只有正在服用避孕药的妇女，没有表现出对与拥有不同 MHC 基因男人的 T 恤衫的兴趣。但后来人们得知，避孕药片能够影响人的嗅觉。正如韦德尔金德和福日所言 [9]："没有一个人能让所有的人都觉得好闻，关键在于是谁在闻谁。"

人们曾一直使用远系繁殖的理论来解释上述对老鼠进行的实验：母鼠尝试找到一只与其基因不同的公鼠，从而保证后代拥有不同的基因，并避免由于近亲繁殖带来的疾病。直到发现血型的原理后，人们才开始理解这只母鼠还有那些闻 T 恤衫的人的行为。前面曾讨论过，在霍乱爆发期间，AA 基因型的人的理想伴侣是 BB 基因型的人，这样他们的所有孩子都是 AB 型血，对于霍乱具有抵抗力。如果同样的机制对于其他基因以及和这个基因有关系的疾病也起作用（并且，抗病基因主要在 MHC 基因群里），那么，被基因组成与自己正相反的异性所吸引，其优势就不言而喻了。

人类基因组计划的建立，基于一个谬误——根本就没有所谓的人类基因组，因为无论在时间还是空间上，都无法对它进行定义。基因分布在 23 对染色体的几百个位点上，每个人之间都各不相同。没有人可以说 A 型血是"正常"的，而 O 型、B 型和 AB 型是"不正常"的。所以，当人类基因组计划公布出"典型"的人类基因序列时，位于 9 号染色体上的 ABO 血型基因会是什么样子的呢？据称，这个计划将公布 200 个人的、具有共性的基因序列。但是这应该不包括 ABO 血型基因，因为这种基因的一个重要功能就是保证血型在每个人体内是不同的。多样性是人类基因组内在的不可分割的一部分，事实上，这对于任何其他物种的基因组也是一样的。

据此，如果在 1999 年的某一时刻，给基因组拍一张照片，并且相信它就是基因组的一幅稳定永久的图像，这也是不对的。基因组不是一成不变的，它在人体内的形式也随着疾病的变化而变化。遗憾的是，人类倾向于追求稳定，渴求平衡。实际上，基因组展现给人们的画面是动态的，不断发生着变化。曾经有一段时间，生态学家相信存在"顶极植被"（指达到顶级的稳定植物群落），比如英国的橡树和挪威的冷杉。现在，他们已经意识到错误了。生态学与遗传学一样，不是关于平衡态的学科，而是关于变化的学科。一切都在变化着，没有永远的一成不变。

约翰·伯顿·桑德森·霍尔丹（J. B. S. Haldane）应该是最先明白这个道理的人，他曾试图找出人类基因如此多变的原因。早在 1949 年，他就推测到基因的变化也许和寄生物带来的压力有很大的关系。但是，直到 1970 年，霍尔丹的印度同事苏雷什·贾亚卡尔（Suresh Jayakar）才提出一个颠覆性的观点，他认为稳定性完全是没有必要的，因为那些寄生物会导致基因频率周而复始、不断变化。到了 20 世纪 80 年代，澳大利亚的罗伯特·梅（Robert May）发现，即使在一个最简单的寄生物与宿主系统里，也不存在平衡状态：即使在一个确定性系统中，也会永远有混沌的潮流在涌动。就这样，梅成了混沌学说的奠基人之一。此后，英国的威廉·汉密尔顿（William Hamilton）开发了一些数学模型，以解释有性生殖的进化。这些模型基于寄生物与宿主之间的遗传军备竞赛，这种竞赛最终会导致汉密尔顿所说的"很多基因永不安宁"。[10]

20 世纪 70 年代的某一个时候，就像半个世纪前发生在物理学上的事情那样，生物学里那个充斥着确定性、稳定性和决定论的旧世界崩塌了。我们需要建立一个起伏不定的、变幻莫测的、不可预测的世界。我们这一代人破解的基因组密码，只不过是一份不断更新的文件中的一张照片而已，这个文件的版本变化是永不停息的。

压　力

　　人们最爱用这样一种糊涂思想来欺骗自己：往往当我们因为自己行为不慎而遭逢不幸的时候，我们就会把我们的灾祸归怨于日月星辰，好像我们做恶人也是命运注定，做傻瓜也是出于上天的旨意……却把好色的天性归咎到一颗星的身上，真是绝妙的推诿！

《李尔王》威廉·莎士比亚

从基因组里可以看到过去发生的瘟疫。人类基因中的一些变异显示，我们的祖先曾与疟疾和痢疾进行了艰苦卓绝的长期抗争。疟疾是致命的，一个人的基因和疟原虫的基因共同决定了他存活下来的可能性。这好比一场比赛，一个人和疟原虫分别派出自己的基因队员，如果疟原虫的队员攻势猛烈，而这个人的队员防守不力，疟原虫就赢了。只能怪这个人运气差，并且，在这场比赛里，是没有替补队员的。

事实不应该是这样的。基因对疾病的抵抗能力是人类的最后一道防线。除了基因防线以外，人类有许多抵御疾病的方法，都简单得多。比如使用蚊帐、抽干污水、合理用药、在村子里喷洒除虫剂、加强营养、保证睡眠、避免压力、使免疫系统处于健康状态，并保持愉悦的心情。可见，能抵御疾病的绝不仅仅是基因组，上述所有这些因素都与一个人是否会染上疾病有关。在前面几章里，我尽可能用简单的方式来讲述基因的故事，为了达到这个目的，我会把生物体分解，将基因分离出来，逐一讲解。但是，基因不像孤岛，它们不是独立存在的。人体是一个整体，每个基因都是这个巨大整体的一个组成部分。在本章里，生物体将被重新作为一个整体来看待，我们将去寻访一个"善于社交"的基因。这个基因只有一个功能，就是把人体体内不同的功能整合到一起。它的存在揭示了身心二元论的谎言，身心二元论影响着我们对人类的正确认识。大脑、身体和基因组就像三个翩翩起舞的舞伴，缺一不可。基因组与另外两者相互制约，这在一定程度上说明了为什么基因决定论很神秘。人类基因的表达能够为有意识或无意识的外界活动所影响。

胆固醇是一个让人望而生畏的词语，它能引发心脏病，是坏东西；它存在于红肉里，人吃了会致命——这种将胆固醇等同于毒药的想法简直是大错特错。人体是一个复杂的生化和遗传系统，胆固醇在这个系统里发挥着重要的作用，是人体不可或缺的一个基本组成部分。胆固醇是一种很小的有机物，不溶于水，但能溶解在脂肪里。人体摄取食物中的糖类，合成大部分的胆固醇，没有它，人就无法存活。至少有5种关键激素是由胆固醇生产的，每一种都有独特的功能，它们分别是：黄体酮、醛固酮、皮质醇、睾酮和雌二醇，这五种激素统称为类固醇。这些激素与人体基因有着密切的关系，人们对此很感兴趣，也会为此感到不安。

生命体在很久以前就开始使用类固醇，也许比分化出植物、动物和真菌的时间还早。导致动物蜕皮的激素就是一种类固醇。维生素 D 在人类医学中是一种神秘的化学物质，其实也是一种类固醇。有些人工合成的（合成代谢类）类固醇可以调控人体免疫系统，从而抑制炎症；有些则可以用来强化运动员的肌肉；还有一些类固醇，虽然是从植物中提取出来的，却与人类激素很相似，可作为口服避孕药使用；另有一些类固醇是化学合成的，会污染水源，导致雄鱼雌化和男性精子数量下降。

10 号染色体上有个名为 CYP_{17} 的基因，它制造一种酶，可以将胆固醇转换为皮质醇、睾酮和雌二醇。如果没有这种酶，人体就无法实现这个转换，如果是这样的话，胆固醇只能产生黄体酮和皮质酮。换句话说，如果这个基因无法正常工作，人们就无法分泌其他性激素，青春期时就无法正常发育。这样，即使在基因上是男性，外部特征也会像女性。

且不谈激素，来讨论一下 CYP_{17} 基因制造的另一种激素——皮质醇。几乎人体的各个系统都要用到皮质醇，它通过影响大脑结构，使人的身体和精神成为一个整体。皮质醇能够干预免疫系统，改变耳朵、鼻子和眼睛的灵敏度，改变各种身体机能。皮质醇就是压力的代名词，可以这样定义压力：当一个人的血管里有很多皮质醇的时候，他就处于压力之下。

压力来自外部世界，将要来临的考试、不久前亲人的去世、报纸上吓人的消息或者因为照顾老年痴呆症患者带来过度劳累等，都会造成压力。短期压力会导致肾上腺素和去甲肾上腺素骤升，从而使人心跳加快，两脚冰凉。这两种激素让身体在紧急情况时在处于应激状态，或者应战，或者逃跑。与短期压力不同，长期压力会导致皮质醇缓慢而持续地增加。皮质醇能够抑制免疫系统的工作，这点很是让人惊讶。举一个最明显的例子，有些人在准备一个重要的考试时压力很大，就更容易患感冒或染上其他疾病，原因就是压力导致皮质醇上升，降低了体内淋巴细胞（白细胞）的活性、数量和寿命，人体免疫力随之下降。

皮质醇发挥作用靠的是控制其他基因的表达，它只激活带有皮质醇受体的细胞里的基因，这些受体则受到其他因素的控制。皮质醇激活的那些基因，大多数又会继续激活其他基因，如此等等。由此，皮质醇可以间接影响到几十甚至几百个基因。但是，皮质醇只是这个过程的开端，它激活了肾上腺皮质里的一系列基因，这些被激活的基因又产生了形成皮质醇所需的酶，CYP_{17} 就是其中之一。这个系统极其复杂：即使只是列出其中最基本的流程，也会让人无聊到死。可以这么说，一个人要产生和调节皮质醇并对其做出反应，需要几百个基因的参与，而几乎所有这些基因之间都是互相调控着的。人类基因组里的大部分基因就是这样的，它们的主要功能就是调节其他基因的表达。

我不希望让这本书变得枯燥无味，所以让我们来快速了解一下皮质醇的作用。在白细胞里，有一个名为 TCF 的基因，几乎可以肯定，只有皮质醇的参与，它才能正常表达。这个基因也位于 10 号染色体上，这样，TCF 就能够制造自己的蛋白质，用它去抑制另一种蛋白质——白细胞介素 -2 的表达。白细胞介素 -2 是一种化学物质，其作用是提高白细胞的警惕性，以抵御细菌对人体的侵犯。所以，皮质醇会降低免疫白细胞的警惕性，使人更容易得病。

现在有一个问题：谁在这里起了主导作用？最开始由谁来决定各种基因的表

达形式？又是谁决定何时释放皮质醇？有人说是基因，因为身体分化成了不同类型的细胞，每种细胞的基因表达都是不同的，归根结底是一个遗传过程。但这种说法并不准确，因为基因并不是压力的来源，基金并不能直接知道亲人去世了，或者考试即将来临了，这些信息都要经过大脑的处理。

那么，是不是由大脑主导呢？大脑里的下丘脑会释放一个信号，让脑垂体分泌出一种激素，命令肾上腺去制造和分泌皮质醇。下丘脑的作用是从大脑里产生意识的区域接受指令，而这些区域又是从外部世界中得到的信息。

这也不能算作答案，因为大脑也是身体的一部分。下丘脑刺激脑垂体，脑垂体又刺激肾上腺皮质，这并不受大脑的控制。大脑里并没有这样一种系统，会让一个人在准备考试时容易得感冒，这是自然选择的结果（原因稍后解释）。无论如何，这一切的发生都是不自主、无意识的。也就是说，其实是考试主导了这件事情，而非大脑。如果考试才是罪魁祸首，那么就应该怪罪社会了。然而，社会又是什么呢？是很多个体的集合。就这样，问题又回到人体自身了。另外，抗压能力因人而异。有人非常害怕即将来临的考试，有人却能轻松面对，为什么会有这样的区别呢？有些人容易产生压力，这些人的基因和不容易产生压力的人相比，一定有着细微的差别。这种差别应该体现在制造和控制皮质醇上，以及人体对皮质醇做出反应的一系列环节上。但是，又是谁或者是什么控制着这些基因上的差别呢？

实际情况是，没有谁起着主导作用。这个世界是由错综复杂的系统构成的，它们设计精巧，各部分之间联系紧密，但是却没有一个控制中心，这让人们很难接受。经济就是这样的。有一种幻觉是，如果有人控制经济，决定应该在何时何地生产何种产品，那么它就发展得更好。但这种想法给全世界人民的健康和财富都带来了巨大的灾难。从罗马帝国到欧盟的高清电视计划，中央做出的投资决策带来的效果，往往比分散市场调控的差很多。所以，经济系统不应该由中央统一控制，而应该由分散的市场来主导。

人体亦是如此。人不只是一个大脑，通过释放激素来控制身体的大脑；人不只是一个身体，通过激活激素受体来控制基因组；人也不只是一个基因组，通过激活调节激素分泌的基因来控制大脑。人同时具备上述所有功能。

心理学里很多最古老的理论，都犯了这样的错误。那些支持与反对"遗传决定论"的理论，都假定基因组位于身体之上。但是我们看到的是，为了响应大脑或意识对外部事件的反应，身体可以控制基因的表达。一个人仅仅通过想象那些给人压力的场景，就可以提高体内的皮质醇水平，甚至面对虚构的场景也是如此。同样，争论一种疾病的病因是纯精神上的还是纯生理上的 [例如肌痛性脑脊髓炎（ME），也叫慢性疲乏综合征] 也是完全没有意义的。大脑与身体是同一个系统的两个组成部分。如果大脑在回应心理压力时，刺激了皮质醇的释放，而皮质醇抑制了免疫系统的活性，从而导致了潜在的病毒感染发作，或新病毒进入身体，那么它的症状虽然是生理上的，原因却是心理上的。如果一种疾病影响到大脑，破坏了人的心情，那么它的症状虽然是心理上的，但原因却是生理上的。

这就是所谓的心理神经免疫学，它正越来越多地受到人们的关注。抵制它的多是医生，而各种各样的信仰治疗（一种心理疗法）师则把它吹得神乎其神。然而，证据是鲜明的。护士们同样都携带病毒，但心情长期不好的护士更容易得"口疮"。焦虑型人格的人比起阳光乐观的人，更容易患生殖器疱疹。在西点军校，那些由于课业压力而焦虑不安的学生，最容易患上单核细胞增多症（腺热），并且得病之后症状也最严重。那些照顾阿尔茨海默氏症患者的人（这项工作压力很大）体内的抗病 T 淋巴细胞要少于正常指标。三哩岛核电厂发生事故 3 年之后，附近居民中罹患癌症的人数要比开始时估计的多，这并不是因为他们受到了核辐射的伤害（根本没有放射性物质泄漏），而是因为他们由于思想焦虑，皮质醇大量增加，降低了免疫系统对癌细胞的抵抗力。那些丧偶的人，在配偶去世之后的几个星期之内免疫力都比较低。父母如果在前一周吵过架，他们的孩子就更容易被病毒感染。在过去的生活中心理压力大的人，比那些一直生活愉快的人更容易患感冒。也许有人觉得这些研究结果有些难以置信，但是，在老鼠身上进行同样的实验，得到的大多数结果也是类似的[1]。

人们常常怪罪勒内·笛卡儿（Rene Descartes）提出的二元论，说他的二元论统治了西方思想界，因此人们不得不接受"肉体和精神可以互相影响"这样一个观点。把这点归咎于他是不公平的，因为我们都会犯这样的错误。不管怎样，这也不能全怪二元论（这个理论把人的"精神世界"与"实体大脑"一分为二），我们都会不知不觉地犯下一个更加严重的错误。我们凭直觉做出假设，人类的外在行为是身体里的生化反应引起的，并以这种因果关系为依据，断定人类的生活受到基因的影响，这是非常荒谬的。如果基因对行为有影响，那么基因就是"因"，也就意味着基因是不可变的。不仅遗传决定论者会犯这样的错误，那些持异见的反对者也会犯。这些反对者认为影响人类行为的因素"不在基因里"，他们反对行为遗传学所暗示的宿命论。但是，他们对遗传决定论者的反对太不彻底了，同意其"基因引起行为"的假设，甚至他们自己也做出了同样的假设：如果基因与行为有关，那么它一定是最高的"指挥官"。但是他们忘记了，基因是需要被激活的，而外界事件（或者说，由自由意志控制的行为）是可以激活基因的。我们不但不受那"无所不能"的基因的控制，反而我们的基因经常受到我们的"摆布"。如果一个人去蹦极，或者从事一份压力很大的工作，或者持续想象一件可怕的事情，他体内的皮质醇水平就会增高，皮质醇就会在身体里跑来跑去，激活各种基因。（还有一个不容置疑的事实，就像人愉快时会微笑，人们可以通过刻意的微笑，来激活大脑里的"愉快中心"。人的行为可以引起生理变化，微笑真的会让人觉得更愉快)。

通过对猴子的研究,人们更好地了解了行为是怎样改变基因表达的。相信进化论的人是幸运的,自然选择就像一位慵懒而节俭的设计师,一旦设计出了用于显示和对抗压力的基因与激素系统,她就懒得再修改了。(2 号染色体那一章曾讨论过,人类的基因有 98% 和黑猩猩是相同的,94% 和狒狒是相同的。)所以,在猴子体内和人类体内一样,有同样的激素用同样的方式激活同样的基因。人们曾仔细研究过一群东非狒狒血液中的皮质醇水平。雄狒狒长到一定年龄后都会加入一个狒狒群,当一只年轻的雄狒狒刚刚加入一个狒狒群的时候,它变得极具攻击性,因为它要通过打斗来赢得自己在这个群体里的地位。结果就是,它血液里的皮质醇浓度大幅上升,这个群体原有成员血液里的皮质醇浓度也上升了。随着皮质醇(以及睾酮)浓度的上升,它体内淋巴细胞的数量减少了,直接影响了免疫系统的功能。与此同时,它的血液里与高密度脂蛋白(HDL)结合在一起的胆固醇也越来越少,这种现象是冠状动脉堵塞的一个典型前兆。这只雄狒狒通过自由意志改变了自身的激素水平,也就改变了自己体内的基因表达,同时也增加了病毒感染与罹患冠状动脉疾病的风险[2]。

生活在动物园里的那些猴子中,得冠状动脉疾病的都是群体里等级最低的。它们被等级高的猴子欺负,压力一直很大,血液里皮质醇浓度高,大脑里的血清素含量低,免疫系统长期被抑制,因此冠状动脉壁伤痕累累。为什么会这样,仍是一个谜。现在有很多科学家相信冠状动脉疾病至少部分是由于传染性病原体引起的,比如衣原体细菌和疱疹病毒。压力导致免疫系统机能降低,疏于对这些潜伏感染的监视,这些细菌和病毒便乘虚而入。从这个意义出发,对于猴子而言,心脏病可能是一种传染病,压力在传染过程中起到了一定作用。

人类和猴子很像。在发现等级低的猴子容易得心脏病之前不久,人们已经惊奇地发现：英国公务员患心脏病的可能性与他们的职位高低成正比。一项针对英国政府 1.7 万名公务员的大型长期研究显示：根据一个人在工作中的地位可以预测他是否患有心脏病，而且预测结果比看他是否肥胖、是否吸烟和是否血压高更准确。这一结果十分令人难以置信。一个做低级工作的人，比如门卫，比起一个公司顶层的秘书，得心脏病的可能性要高几乎 3 倍。实际上，即使这个秘书很胖、有高血压，或者吸烟，在特定年龄段里得心脏病的可能性仍然小于一个很瘦、血压正常且不吸烟的清洁工。20 世纪 60 年代曾对 100 万名贝尔电话公司的员工做过一个类似的调查，结果如出一辙[3]。

仔细考虑一下这个结论，就会发现以前关于心脏病的常识都没有什么价值了。它把胆固醇挤到了一个不重要的角落里（胆固醇高是一个导致心脏病的危险因素，但只限于那些因为遗传原因而容易有高胆固醇的人，因为这些人即使只摄入少量脂肪，也会有高胆固醇）。医学界通常认为饮食、吸烟和血压是与心脏病有关的三大生理因，根据上述结论，它们变成了间接致病因素。传统上认为，职务高、工作繁忙、生活节奏快的人压力大，更容易得心脏病，这个说法有一定的正确性，但关系不大。而上述结论则让这个传统说法显得不再那么重要了。于是，科学研究降低了对这些因素的关注度，而更加重视一些与生理状况无关的环境因素：一个人在工作中所处的地位。可以这么说，一个人心脏是否健康要看他拿怎样的薪水。这到底是怎么回事呢？

人们从猴子那里得到了一些线索。它们在群体里的地位越低，就越难以主宰自己的生活。公务员也是如此，皮质醇含量与他面对的工作多少无关，而是取决于接受他人命令的多寡。实际上，可以通过一个实验来演示这个效果：给两组人同样的工作，但是为其中一组指定工作方法和工作进度。受外界控制的这组人和另一组相比，压力更大，因而体内的应激激素水平更高，从而导致血压升高，心率加快。

对英国政府公务员的研究结束 20 年之后，人们在一个开始私营化的行政部门里进行了同样的实验。研究刚开始时，公务员都不知道失业意味着什么。在进行问卷调查时，被调查者对其中一道题目感到不解，这道题目问他们是否害怕失去自己的工作。他们解释说，对于公务员而言，这个问题根本没有意义，因为他们根本不会失业，最多会被调到其他部门去。到了 1995 年，他们就清楚地知道失去工作意味着什么了，因为有 1/3 以上的人已经尝过失业的滋味了。私营化带来的结果就是，他们感觉生活受到了外部因素的控制。随之而来的，就是心理压力增加，身体素质下降。健康状况恶化的人数之多，根本无法用饮食、吸烟、喝酒等原因进行解释。

心脏病往往是在一个人无法支配自己生活的时候出现的，这就解释了它为什么零星散发出现的。这解释了为什么有许多高管退休"享受悠闲生活"之后不久就会得心脏病。因为他们以前给办公室里的其他员工下命令，而退休之后就要受老伴的指挥，干一些"低级"的家务活（洗碗、遛狗等）。这解释了为什么人们往往在一个家庭成员的婚礼或是一个重大庆典之后才患上某些疾病，甚至是心脏病，因为之前他们一直忙于这些仪式或其他事情，实际上起着主导作用。（而学生也更容易在紧张的考试之后生病，而不是在考试期间。）这也解释了为什么人们失业后，在靠救济金生活的时候容易得病，因为他们要受到政府社会福利部门的严格管理，这种管理比猴群中猴王对低级别猴子的管理要严苛得多。它甚至还解释了为什么人们居住在窗户不能打开的现代化大楼里更容易生病，因为人们住在老式楼房里的时候，能够更好地支配自己的生活环境。

有一点我需要再次强调：不是人类的生物特性控制了人类行为，而是人类行为常常影响其生物特性。

其他类固醇激素也具有皮质醇这样的特点。睾酮在体内的水平与攻击性成正比，但究竟是这种激素的增加导致了进攻性的增强，还是因为进攻性的增强激发了这种激素的释放？根据唯物主义的观点，第一种说法更可信。但对于狒狒的研究却表明，第二种说法更接近于实际情况。心理变化先于生理变化，换句话说，精神驱动着身体，身体又驱动着基因组 [4]。

睾酮和皮质醇一样，都对免疫系统具有抑制作用。这就解释了为什么在很多物种里，雄性比雌性容易染病，染病之后的死亡率也比雌性高。免疫机制受到抑制之后，会降低身体对微生物和大型寄生体的抵抗力。皮蝇在鹿和牛的皮肤上产卵，孵化成蛆虫要先钻进这些动物的肉里，然后回到皮肤上，建一个"巢"，在里面变成蝇。挪威北部的驯鹿就深受其扰，而且雄鹿比雌鹿更严重。一般情况下，到了两岁的时候，雄鹿身上牛蝇的"巢"要比雌鹿多两倍。但是，被阉割了的雄鹿身上牛蝇的"巢"则与雌鹿差不多。在研究传染性寄生虫时，就发现了许多类似的现象。例如，达尔文在智利旅行的时候，曾被传播南美洲锥虫病的虫子叮咬，导致他身体长期不适。引起南美洲锥虫病的原虫就更"青睐"男性，如果达尔文是个女人，也许就不会被叮咬，不必受到南美洲锥虫病的折磨了 [5]。

我们从达尔文那里可以得到一些启发。自然选择有个"表弟"，叫作性别选择，它就抓住并充分利用了睾酮抑制免疫系统的这一功能。在达尔文进化论的第二部著作《人类的由来》（*The descent of man*）里，他提出一个观点：就像鸽子饲养员能够培养良种鸽一样，女人也可以"培养"男人。如果雌性动物在连续多代，根据固定的标准（比如身体形状、大小、颜色或声音等）来选择配偶，就可以改变这种动物里雄性的相应身体特征。在关于 X 与 Y 染色体的那一章里曾讲到，达尔文指出孔雀里就发生了这样的变化。一个世纪之后，到了 20 世纪七八十年代，一系列的理论研究与实验都证明了达尔文的观点是正确的。雄性动物的尾巴、羽毛、角枝、声音和体型大小，都是根据雌性动物的择偶条件，经过一代又一代逐渐形成的。

但是为什么会这样呢？一只雌性动物选了一只长尾巴或是叫声大的雄性动物，能得到哪些好处呢？人们对此进行了争论，产生了两种主要观点。一种观点认为，雌性动物需要跟随"时尚潮流"，否则她们生的儿子可能无法吸引那些"追求时尚"的雌性动物；第二种观点认为（这里希望读者能够认真考虑一下这种观点），雄性的那些"装饰性"特征反映出它们基因的质量，尤其是抵抗流行性传染病的能力。通过这些体征，它们向雌性传达了这样的信息：我能够长一条长长的尾巴，能够唱出动听的歌曲，是因为我很健康，没有感染寄生虫。因此，睾酮虽然能够抑制免疫系统功能，但它实际上帮助了雄性，使它们显示出这些特征。它们体内的睾酮水平决定了这些"装饰性"特征的质量：睾酮水平越高，它的外表就越五彩斑斓，体型就越大，叫声就越动听，也越有攻击性。如果一只雄性动物能够在免疫机能被降低的情况下，不仅没有生病，还能长出一条大尾巴，那么它的基因一定是很优秀的。也就是说，免疫系统掩盖了基因的"真相"，睾酮则揭开了雄性基因的"真实面目"，让雌性一目了然[6]。

这个理论被称为免疫活性缺陷，如果某种物种的个体无法避免睾酮对免疫系统的抑制作用，它就会产生这种缺陷。一只雄性动物无法同时既提高睾酮水平，又使免疫系统不受影响。如果存在这样的雄性动物，既有一条长尾巴又有很强的免疫力，那它无疑会特别受欢迎，会留下许多后代。因此，这个理论暗示着类固醇与免疫抑制之间的联系同生物界里的其他联系一样，是固有的，不可避免的，也是非常重要的。

更让人不解的是，没有人能够解释为什么这个联系最初是怎么形成的，更不用提它为什么是不可避免的。为什么体内的免疫系统要受到类固醇激素的抑制？这意味着一个人如果因为生活中的事情感到了压力，他就容易被感染，罹患癌症和心脏病，这无异于雪上加霜，趁火打劫。这也意味着，一只动物提升自己的睾酮水平，来争夺配偶或向异性展示自己的时候，它也更容易被病菌感染，罹患癌症和心脏病。这是为什么呢？

许多科学家尝试回答这个问题，但收获甚小。保罗·马丁（Paul Martin）的著作《病态心理》（*The sickening mind*）是关于心理神经免疫学的，他在书中提出了两种观点，但都否决了。第一种观点认为，这一切只是一个错误，免疫系统与对应的应激反应之间的联系只是其他系统的一个偶然副产品。马丁认为，人体免疫系统充斥着复杂的神经与化学联系，这样的解释无法令人满意。人体内几乎没有哪个部分是偶然形成的、多余的或是无用的，复杂的系统更是如此。如果体内的一种联系不但毫无用途，还会抑制免疫系统，那么自然选择就会无情地剔除它。

第二种观点认为，现代生活方式带来的压力会持续很久，这是不自然的；而在以往的环境里，这样的压力通常都是短暂的。这个解释同样令人失望。狒狒和孔雀生活在大自然里，但是它们（以及地球上几乎所有的鸟类和哺乳动物）的免疫系统依然会受到类固醇的抑制。

马丁承认自己被打败了，他无法解释压力必然会抑制免疫系统这一事实。我也不能。也许，正如迈克尔·戴维斯（Michael Davies）所说的，古时候，人体处于半饥饿状态时，免疫系统会受到抑制，以降低能量消耗；而在现代社会，人体面对压力也采取了同样的措施来保存能量。又或许，对皮质醇的反应是对睾酮反应的副产品（这是两者非常相似的化学物质），而免疫系统对睾酮的反应，则可能是雌性动物的基因有意安排在雄性动物体内的一个机制，用来把那些对疾病的抵抗力更强的雄性与其他的区别开来。换句话说，就像在 X 和 Y 染色体那一章里讨论过的一样，类固醇与免疫系统的联系也许是在两性对抗的过程中产生的。我不太相信这种解释，等待大家去解答。

个　性

性格决定命运。

赫拉克利特[一]

㊀　古希腊哲学家（约公元前 530 ～前 470 年）。——译者注

基因组的全部意义体现在人类共性与个性之间的冲突上。不知不觉中，基因组不仅形成了我们与他人之间的共性，也形成了我们自己所特有的个性。当我们受到外界事件的影响时，体内的基因或开始表达，或停止表达。比如，每个人在经受压力时，体内的皮质醇水平都会升高，随之而来的是免疫功能受到抑制，这就是共性。但我们每个人又都是独特的。有些人性格平和，有些人却喜怒无常；有些人在面对压力时很焦虑，有些人却敢于冒险；有些人很自信，有些人很害羞；有些人很安静，有些人很健谈——这些差异就是个性。个性并不仅仅是指性格，它指的是性格里那些天生的、与众不同的特点。

要找到那些影响个性的基因，就要谈谈大脑里的化学物质。事实上，大脑里的化学物质和先前章节中讨论过的身体激素之间，并没有明显的界线。在第 11 号染色体的短臂上有一个名为 D_4DR 的基因，它可以形成多巴胺受体蛋白。D_4DR 在大脑里的某些区域会表达，在其他区域却是沉寂的。多巴胺受体在一些神经突触（两个神经元的连接处）的位置伸出到细胞膜以外，其任务是"抓住"一种小小的化学物质——多巴胺。多巴胺是一种神经递质，在得到一个电子信号之后就会从其他神经细胞的顶端释放出来。当多巴胺受体与多巴胺接触的时候，前者就会命令它所在的神经细胞发出一个电子信号。这就是大脑的工作原理：电子信号引起化学信号，化学信号又引发电子信号。大脑使用 50 种以上的化学信号，从而同时进行多种不同的"对话"：每一种神经递质会刺激一组不同的细胞，或者改变这些细胞对不同化学信号的敏感程度。人们喜欢把大脑比作一台计算机，这是不准确的，两者最明显的区别之一就在于，计算机里的开关可以直接开启或关闭计算机，而大脑里的突触要完成开关的过程，则需要一系列精密的化学反应。

神经元里活跃的 D_4DR 基因能够迅速将该神经元识别为大脑里的多巴胺介导通路。多巴胺通路的功能众多，包括控制血液在大脑里的流动。大脑里如果缺少多巴胺，就会使人表现出犹豫不决、待人冷漠的个性，甚至会使自身行动迟缓，最极端的情况就是患上帕金森氏病。如果敲除老鼠体内制造多巴胺的基因，这些老鼠就会无法动弹，直至饿死。如果将一种酷似多巴胺的化学物质（即多巴胺激动剂）注射到这些老鼠的大脑中，它们就又恢复到了正常状态。相反地，如果大脑里多巴胺过多，老鼠就会变得非常活跃，喜欢探索与冒险。如果人类大脑中有过多的多巴胺，就可能直接导致精神分裂症。有些毒品就是通过刺激多巴胺系统，从而使人产生幻觉。有些老鼠对可卡因极为上瘾，它们宁可要毒品而不要食物，就是因为可卡因能够刺激它们大脑里的依伏神经核（nucleus accumbens）区域，从而释放大量的多巴胺。依伏神经核区域是老鼠的"快乐中心"，如果老鼠每按压一次控制杆，它的"快乐中心"就会受到刺激，那么它就会反复按压这个控制杆。但是，如果向老鼠的大脑里注入抑制多巴胺的化学物质，它很快就会对这个控制杆失去兴趣。

简单来讲，多巴胺可能是大脑里控制"动机"的化学物质。对一个人而言，如果多巴胺过少，就会丧失做事的主动性；多巴胺过多，就会很快厌倦正在做的事情，并且频繁地去尝试其他新鲜事物——这也许正是造成不同个性的根源。这也正是迪安·哈默（Dean Harmer）的研究结果，他于20世纪90年代中期开始寻找造成冒险个性的基因，研究分析了托马斯·爱德华·劳伦斯⊖与维多利亚女王之间的基因差别。然而，由于多巴胺的制造、调控、释放和接收过程需要众多基因的参与，而大脑中包含了无数的基因，所以没有人认为能够找到这样一个专门控制冒险个性的基因，尤其是哈默。同时，他也认为，人在冒险精神方面的个性不完全由基因决定，很多因素都能影响一个人是否具有冒险精神，遗传只是其中的一个方面。

⊖ 托马斯·爱德华·劳伦斯（Thomas Edward Lawrence，也称"阿拉伯的劳伦斯"，Lawrence of Arabia，1888—1935）因在1916～1918年的阿拉伯大起义中作为英国联络官的角色而出名。许多阿拉伯人将他看成民间英雄，推动了他们从奥斯曼帝国和欧洲的统治中获得自由的理想。——译者注

11 号染色体上的 D4DR 基因就是第一个被发现的遗传因素，它是在位于耶路撒冷的理查德·埃布斯坦实验室（Richard Ebstein's laboratory）里被发现的。D4DR 基因中间有一段富有变化的重复序列，那是一个小卫星序列，包含 48 个字母，在不同人的体内重复次数为 2 ～ 11 次不等，大多数人重复 4 次或 7 次，但也有人可能是 2，3，5，6，8，9，10 或 11 次不等。重复的次数越多，多巴胺受体接收多巴胺的能力就越弱。D4DR 基因长度长，意味着大脑里某些区域对多巴胺不敏感，而 D4DR 基因长度短，则意味着对多巴胺更敏感。

哈默和他的同事们想知道 D4DR 基因长度的不同是否会导致性格上的差异。他们采用的方法与罗伯特·普洛明（Robert Plomin）研究 6 号染色体时所用的方法正好相反。普洛明在未知的基因和已知的智商差异之间建立联系，而哈默则是在已知的基因和未知的个性特征之间建立联系。一个是通过行为研究基因，一个是通过基因研究行为。哈默对 124 个人进行了测试，以了解他们在追求新奇事物方面的个性特征，同时他还检测了这些人的基因。

果不其然，接受哈默测试的那些人中（不得不承认，样本数量很小），拥有一份或两份"长" D4DR 的人（前文中曾经讲过，成年人每个细胞中的染色体是成对的，分别来自父亲和母亲），与拥有两份"短" D4DR 的人相比，更乐意去追求新奇的事物。所谓的"长"，是指 D4DR 基因中间的小卫星序列重复了 6 次及以上。开始的时候，哈默怀疑自己发现了一种新的基因，并将其命名为"筷子基因"。他发现，那些不善于用筷子的人，体内普遍存在着蓝眼睛基因，但是没有人会据此认为：决定眼睛颜色的基因能够决定使用筷子的能力。这只不过是一个巧合，如果一个人没有东方人的血统，他往往有一双蓝眼睛，并且不会使用筷子。蓝眼睛与基因有关，但不会使用筷子就与基因无关了，而是受到文化的影响，这再明显不过了。理查德·列万廷（Richard Lewontin）举过一个类似的例子：擅长编织工作的大多数是女人，而女人是没有 Y 染色体的，但并不能据此推理出，缺少 Y

染色体能够使人学会编织技术。

因此，为了避免此类基因与行为之间的偶然关联，哈默选择了一个美国大家庭，重新进行了他的实验。这一次的实验结果和上次的一样，追求新奇的人大多带有一份或两份"长" D_4DR 基因。由于实验是在同一个家庭中进行的，不存在文化上的差异，因此关于"筷子基因"的论断就站不住脚了。由此可见，基因上的差异很可能会对人的个性产生影响。

哈默这样解释他的理论：拥有长 D_4DR 基因的人对多巴胺不敏感，所以，他们就需要通过冒险等方法，以获得更多多巴胺的刺激；而对拥有短 D_4DR 基因的人而言，他们只需要通过很简单的事情，就能获得同等的多巴胺刺激。于是，前者在寻找这些刺激的过程中，就形成了勇于冒险和追求新奇的个性。紧接着。哈默展示了一个令人震惊的案例，以解释追求新奇意味着什么。在异性恋的男人当中，拥有长 D_4DR 基因的人（前者）与拥有短 D_4DR 基因的人（后者）相比，他们与同性发生性关系的比例要高出 5 倍；而在同性恋男人当中，前者与异性发生性关系的比例比后者要高 4 倍。并且在这两组人中，前者比后者拥有更多的性伴侣。[1]

我们认识的人当中，有些乐于进行各种尝试，有些则循规蹈矩，不愿意尝试新事物。或许是前者拥有长 D_4DR 基因，而后者拥有短 D_4DR 基因。可是，事情没有那么简单。哈默宣称，这个基因只能解释追求新奇个性的 4%。他估计，追求新奇的个性有 40% 来自遗传，而人体内约有 10 个基因都与这一个性有关，每个基因负责该个性的一种表现特征。除追求新奇之外，每个人还有其他个性，也许多达十几种。我们不妨做一个大胆的假设：每种个性都受到基因的影响，且影响每种个性的基因的数量相当，那么，大约有 500 个可变基因与人的个性有关，除此之外，还有大量的不变基因也与个性有关，它们一旦发生变化，就会影响人的个性。

基因就是这样影响人类行为的。现在你一定知道，谈论基因对行为的影响并不是一件可怕的事情，人体内有500多个控制个性的基因，如果只需其中一个就能使人失去理智，也未免太荒谬了。设想一下，即使是在未来"美丽新世界"[⊖]里，如果有人因为胎儿有一个不理想的"个性基因"就去堕胎，也会让人觉得很荒唐。因为她在下次怀孕时将面临更大的风险，也许下一个胎儿会有更多的基因不符合她的要求。由此可见，即使真正实行了人种优化的政策，想要人工控制那些受遗传影响的个性也是徒劳的。因为这需要一个一个地检查完500个"个性基因"，并杀死携带"不合格"基因的胎儿。事实上，每个人都是一个突变体，因此，即使在开始选的时候，可选的胎儿多达百万，最后的结果也可能是一个不剩。要反对"设计婴儿"[⊖]，最好的办法就是发现更多的基因，向世人普及这方面的知识。

与此同时，个性在很大程度上受遗传影响这一发现，能够被运用在一些与基因无关的疗法中。有些小猴子一出生就很害羞，但被自信的猴妈妈收养之后，很快便不再害羞了。人类亦是如此，父母正确的抚养方法能够改变孩子天生的个性。说来奇怪，如果我们了解到自己的某种个性是天生的，就能更好地去改变它。曾有3名心理医生，他们在研读了相关的遗传学成果后，不再直接治疗患者的害羞，而是试图让他们接受自己的先天性格。他们发现这个方法很有效，患者在了解到害羞只是自己的一种内在性格，而不是后天形成的坏习惯之后，会感到很轻松。"奇怪的是，如果不把人们的某些性格当成一种病，而是允许他们展示真实的自我，似乎能够有效地提升他们的自信和人际交往能力。"简言之，告诉

⊖ 《美丽新世界》为英国作家阿道司·赫胥黎所著，是20世纪最经典的反乌托邦文学之一。主要刻画的是机械文明下的未来社会中，人的"人性"被机械剥夺殆尽，处于"幸福"状态的人产生于工业化的育婴房，接受种种安于现状的教育，热爱机械化的工作与生活方式。——译者注

⊖ "设计婴儿"又称"治疗性试管婴儿"或"设计试管婴儿"，是指为确保小孩具有某些长处或者避免某些缺陷，在出生以前就对他（她）的基因构成进行了选择的那一类孩子。——译者注

害羞的人，他们天生就是害羞的，就能够帮助他们克服害羞。婚姻咨询师也提出同样的观点：如果让咨询者认识到，自己无法改变配偶的某些不良习惯（因为这些习惯可能是天生的），而应当想办法去适应那些坏习惯，则往往收到良好的效果。通常情况下，如果一个同性恋者的父母知道同性恋是天生的，无法改变，而不是他们的抚养方式导致的问题，他们就更容易接受同性恋。在很多情况下，意识到某些个性是天生的，不但不会给我们带来烦恼，反而是一种解脱。[2]

假设要繁殖一个种系的狐狸或老鼠，使它们更温顺、更敢于和人类亲近。达到这个目的的方法之一，就是从幼崽里挑选出颜色最黑的⊖，来繁殖下一代。几年之后，就会得到更温顺也更黑的动物。从事动物繁殖工作的人都知道这个有趣的现象，但是在19世纪80年代，它有了新的意义，人们发现另外一个存在于神经化学和个性之间的联系与之很相似。杰罗姆·卡根（Jerome Kagan）是哈佛大学的一位心理学家，他在带领一组科研人员研究儿童害羞或自信的时候，发现能够在只有4个月大的婴儿中鉴别出那些性格极其"怯懦"的人，并且根据他14岁时的表现，预测出他成人之后会有多害羞或多有自信。家庭教育对一个人成长的影响很大，但天生的个性同样重要。

这没什么了不起的！除了那些顽固的社会决定论者，没有人会觉得害羞与天生因素有关是件令人惊讶的事情。令人意想不到的是，人们又发现害羞与其他人体特征存在联系。比如，与不害羞的人相比，害羞的孩子大多长着一双蓝眼睛（所有的研究对象均为欧洲裔），他们具有过敏性体质，又高又瘦，面庞较窄，右侧前额温度更高，心跳更快。所有这些特征都受到胚胎里的一条特殊细胞带的控制，这条细胞带被称为神经嵴。杏仁核就源自神经嵴。它们都使用同一种神经递质——去甲肾上腺素，那是一种与多巴胺非常类似的物质。上述的这些特征也是

⊖ 后文提到，老鼠或狐狸的颜色越深，胆量越大；颜色越浅，性格越内敛。——译者注

北欧人的特征，以北欧日耳曼民族为主。卡根认为，在这些地区，更耐寒的人成功度过了冰河时期，活了下来。这些人有一个特征：他们的新陈代谢率更高。而高新陈代谢率是由杏仁核中活跃的去甲肾上腺素系统造成的，但与此同时，它也带来了各种各样的副产品：性格内敛、容易害羞、外表苍白。狐狸和老鼠也是这样，胆子大的毛色更深，害羞多疑的毛色更浅。[3]

如果卡根的结论是正确的，那么在面对挑战时，拥有高瘦身材和蓝眼睛的人就更容易比其他人变得焦虑。一个求职顾问如果了解这方面的最新研究成果，就能在他的猎头生涯中加以运用。毕竟，用人单位会根据个性来区分不同的求职者。大多数招聘广告都要求应聘者具有良好的人际交往能力（而这种能力也许部分是天生的）。但是，如果根据眼睛的颜色来决定求职者是否能够得到这份工作，那么这个世界将变得令人厌烦。这是因为：与心理上的歧视相比，人们更难接受生理上的歧视。而从本质上讲，心理上的歧视就是对体内化学物质的歧视，因此，心理歧视与生理歧视一样，也是以物质为依据的。

多巴胺与去甲肾上腺素就是所谓的一元胺。大脑里还居住着它们的一个近亲——血清素。血清素也是一种一元胺，也是一种影响个性的化学物质。并且，血清素比多巴胺与去甲肾上腺素复杂得多，很难弄清其化学属性。如果一个人大脑中的血清素水平过高，那么，他往往有强迫症的倾向，有洁癖，对事情异常小心，甚至有些神经质，严重的会患有强迫性神经官能症。通常情况下，可以通过降低他们的血清素水平来缓解症状。与之相反，如果一个人大脑中的血清素水平过低，那么，他极易冲动。因情绪失控而实施暴力犯罪或自杀的人，往往缺乏血清素。

百忧解（Prozac，一种治疗精神抑郁的药物）就是通过调节血清素系统来发挥药效的，然而，人们对其药物作用机理尚存在争议。美国礼来制药（Eli Lilly，发明百忧解的公司）的科学家指出，百忧解可以通过抑制神经细胞对血清素的再吸收，从而增加血清素在大脑中的含量。增加血清素含量可以减轻人的焦虑感和抑郁感，甚至能把很普通的人变成乐观的人。但是，不排除一种可能性，即百忧解的作用可能是完全相反的：它会干扰神经元对血清素的反应。17 号染色体上有一个基因，名为血清素载体基因。这种基因可以产生变化，但其变化不发生在基因内部，而是发生在该基因上游的"激活序列"部分。"激活序列"类似于变光开关，位于该基因的起始处，换言之，其作用是减缓基因自身的表达。就像许多其他突变一样，一段相同序列的重复次数的变化会引起基因长度的变化。"激活序列"长度为 22 个字母，重复 14 次（短序列）或 16 次（长序列）。大约有 1/3 的人带有两份长序列，抑制血清素载体基因表达的能力略弱，因此，这些人的体内有更多的血清素载体基因，也就意味着他们体内能够有更多的血清素。在这种情况下，不管这些人的性别、种族、受教育情况以及收入如何，他们都会比一般人冷静一些，也更好相处。

据此，迪安·哈默得出结论，血清素能够加剧焦虑和抑郁，而不是缓解，并称其为"惩罚"大脑的化学物质。但是，所有的证据都指向相反的方向，即，更多的血清素会让人感到更舒服，而更少的血清素则带来相反的感觉。比如，"冬天"、"想吃零食"和"想睡觉"三者之间存在一种奇怪的联系。对于某些人而言，冬天黑暗的夜晚让他们想在傍晚时分吃一些富含碳水化合物的零食。（尽管还没发现任何基因与这种情况有关，但他们也许属于"基因上的"另一个"少数民族"。）对于这个现象，人们做出了如下解释，在冬天，黑夜提前降临，为了适应这种情况，大脑提前释放出引起睡意的激素——褪黑激素。褪黑激素是由血清素产生的，所以，当血清素被用去制造褪黑激素时，它的水平就降低了。恢复血清素水平最快的方法是向大脑输送更多的色氨酸，因为血清素是由色氨酸合成的。而要向大脑里输送更多的色氨酸，最快的方法就是促使胰腺分泌更多的胰岛素，使身体吸收类似色氨酸的化学物质，从而为运输色氨酸让出通道。而最快促使胰腺分泌胰岛素的方法，就是吃富含碳水化合物的零食。[4]

现在你应该明白了，在冬天的夜晚，吃饼干可以提高大脑里血清素的含量，从而使人心情愉悦。了解到这点，就可以在实际生活中加以运用，你可以通过改变饮食习惯来改变自己的血清素水平。实际上，有些药物和饮食方式旨在降低血液里胆固醇含量，它们同时也可以降低血清素的水平。有一个奇怪的现象：几乎所有的对比研究都显示，使用降低胆固醇的药物和食疗的人中，死于心脏病的比例下降了，但死于暴力的比例却上升了。整合所有的实验结果，人们发现，在治疗高胆固醇的同时，心脏病患者的死亡率降低了14%，而暴力致死的比例却明显增加了78%。由于心脏病致死比暴力致死更常见，这样一来，这两组数字的效果也就相互抵消了。但是，暴力行为有时会波及无辜的旁人，所以，治疗高胆固醇患者可能带来一定的风险。在过去的20年里，人们渐渐了解到，行为冲动、不爱交际、性格抑郁的人（包括囚犯、暴力犯罪和自杀未遂者）与一般人相比，其胆固醇水平更低。难怪尤利乌斯·凯撒（Julius Caesar，罗马共和国末期杰出的军事统帅、政治家）不信任卡西乌斯（Cassius，罗马共和国末期的将领）那副瘦削的面孔，一看就好像饱受饥饿摧残的样子。

这些研究结果是令人不安的，却常常不受医学专家的重视，反而被说成是统计学的错误。但是它们在不同的研究中反复出现，其频繁程度已经不能用统计错误来解释了。一些研究者曾实施过一项多重危险因素干预（Multiple Risk Factor Intervention Trial，MRFIT）测试，受试人员多达35.1万，涉及7个国家，跟踪时间长达7年。结果显示，胆固醇水平过低与过高者的死亡率，是同年龄段胆固醇水平适中者的两倍。对于胆固醇水平过低者而言，意外事故、自杀或凶杀是他们非正常死亡的主要原因。胆固醇水平最低的那1/4男性，其自杀的可能性是胆固醇水平最高的那1/4男性的4倍，但这个趋势在女性中却不是那么明显。这并不意味着我们都应该多吃煎蛋，以提高胆固醇水平。胆固醇水平过低或者胆固醇降低过多，对于一小部分人来说是极度危险的，就如同胆固醇水平过高的人食用胆固醇含量高的食物一样危险。所以，低胆固醇的饮食建议并不适用于所有人，而仅适合于那些受遗传因素影响而胆固醇过高的人群。

低胆固醇与暴力之间的联系与血清素有关，这几乎是可以肯定的。用低胆固醇的食物喂养的猴子，猴子会变得更具攻击性，脾气也更暴躁（即使它们的体重未减轻），而原因似乎是血清素水平降低了。在北卡罗来纳州鲍曼格雷医学院的杰卡普兰实验室里，用低胆固醇（但是高脂肪）的食物喂养的 8 只猴子，其大脑里血清素水平很快就降到了另外 9 只吃高胆固醇食物的猴子的一半。这 8 只猴子攻击其他猴子或不合群的概率上升了 40%，并且雄性和雌性猴子都是如此。事实上，通过低血清素水平可以很准确地预测猴子的攻击性，正如它能准确地预测人类的激情杀人、自杀、斗殴和纵火行为。那么，这是否意味着，如果法律要求每个人都要时刻把自己的血清素水平显示在脑门上，我们就能够由此得知应该避开谁，应该把谁关进监狱，或者应该保护谁使其免受自残？ [5]

好在这种政策实施的可能性不大，因为它侵犯了公民的人身自由。血清素的水平并不是先天的，也不是一成不变的。人体内的血清素水平与其社会地位有关，一个人的自尊心越强，社会地位越高，他的血清素水平就越高。在猴子身上进行的实验显示出，社会行为才是血清素水平波动的主要原因。在等级较高的猴子体内，血清素水平也较高，而在那些等级相对较低的猴子体内，血清素水平也相对较低。社会地位和血清素水平，孰因孰果？几乎所有人都曾认为，血清素作为一种化学物质，其水平最起码是因的一部分，因为大脑内的化学物质可以支配行为，而不是行为支配化学物质的产生。然而，事实却证明，它们的关系恰恰相反：血清素水平取决于猴子对自己在猴群中等级的认知。 [6]

与大多数人的想法相反，地位高其实意味着攻击性较低，甚至长尾黑颚猴（产于东南非洲的一种小猴）也是如此。等级高的猴子未必个头很大，也未必特别凶猛或残暴。它们擅长与其他猴子达成和解并形成同盟。其明显的特点就是举止冷静，很少有冲动的行为，也不会轻易地把其他猴子开玩笑的动作误解为攻击。当然，猴子毕竟不是人类，但是加利福尼亚大学洛杉矶分校的迈克尔·马圭尔（Michael McGuire）却发现，任何一群人，即使是小孩，也能够立刻判断出他们所观察的猴群里谁是猴王。因为猴王的行为举止和社会等级高的人很像，雪莱（Shelley）称其为"冷酷发令者的讥笑"，所以人们对猴王的行为感到很熟悉。毋庸置疑，猴子的情绪会受到血清素水平的影响。如果人工逆转猴群里的尊卑次序，使猴王处于从属地位，不仅它的血清素水平会降低，其行为也会发生变化。不仅如此，人类中也会出现这种现象。在大学的兄弟会中，领导人物的血清素水平往往比较高，而他们一旦下台，血清素水平就会随之下降。告诉人们他们血清素水平的高低，可能会成为自我实现预言[⊖]。

　　此时，相信在大多数人的头脑里，有关生物学的卡通图解发生了一个有趣的逆转。整个血清素系统都关乎生物决定论。一个人成为罪犯的概率受到大脑里化学物质的影响，但这并不意味着，这个人的行为不受社会环境的影响（人们却往往做出这种假设）。事实正好相反，一个人大脑里的化学物质，正是由他接收到的来自社会环境中的信号所决定的。生物结构决定其行为，而社会环境又决定了生物的结构。在讨论人体内皮质醇系统的时候，我曾讲述过同样的现象，其实大脑里的血清素系统也是如此。社会环境确实决定着一个人的情绪、思维、个性和行为，但这并不意味着生物结构就毫无用途可言了。社会环境通过激活或抑制基因的表达，从而来影响人的行为方式。

　　⊖　在现实生活中，如果一个人对另外一个人怀有某种期望值，这种期望值将会不自觉地引导着这个人对另外一个人的行为，这一系列的行为将最终导致另外一个人也朝着这个原先的期待值前进，最后这个预言得以实现。——译者注

无论如何，很明显，人有很多个性都是天生的，而且，社会环境给人的刺激会通过神经递质传递，人们对此做出的反应也是不同的。有些基因能够改变产生血清素的速度，有些基因可以改变血清素受体的敏感度，有些基因使大脑中某些区域对血清素更为敏感，有些基因则使人在冬天里感到抑郁（因为他们的褪黑激素系统过于敏感，消耗了大量的血清素）……有一个荷兰家庭，三代男性都是罪犯，究其根源，正是基因的问题。这些罪犯 X 染色体上的单胺氧化酶 A 基因呈现出一种与众不同的形式。单胺氧化酶的功能是分解血清素及其他化学物质。很有可能，正是这些不正常的血清素神经化学反应使这些荷兰男子更容易走上罪犯的道路。尽管如此，从专业角度讲，这个基因不能被称为"犯罪基因"。这是因为，该突变非常稀少，并且只存在于极少数罪犯的体内，所以人们称其为"孤儿"突变。事实上，单胺氧化酶 A 基因只能用来解释极少的犯罪现象。

但是，它再次强调了这样一个事实——人类的个性在很大程度上受到大脑里化学物质的影响。血清素这种化学物质，通过各种不同的方式，与天生的个性差异联系起来。通过这些方式，血清素系统又对外界环境（如社会环境中的信号）做出种种反应。有些人对某些外界信号要比其他人敏感。基因和环境相互作用，而非一个方面决定另一个方面，这就是基因与环境关系的实质。社会行为并不是一系列的外在事件，让我们的思想和身体都措手不及，而是构成我们性格的不可或缺的一部分。基因使人体产生社会行为，也对社会行为做出反应。

12 号染色体
Genome

自 装 配

> 自然赋予鸡蛋的命运就是孵出一只小鸡。
>
> 《炼金术士》作者　本·琼森（Ben Jonson）

大自然用它的鬼斧神工创造了很多奇迹，人类也将它们运用到日常生活中。因此人们常常把身边的事物和大自然联系起来，虽然有些不恰当，但是它们的确非常形象地描述了一些复杂的事物。比如人们说蝙蝠使用声呐；把心脏比作水泵；把眼睛比作相机；等等。或者换个角度，把自然选择比作一个实验；把基因比作一份食谱；把大脑的轴突和突触比作导线和开关。再比如，内分泌系统的反馈机制和炼油厂很相似；免疫系统本身就像是一个反间谍系统；身体的发育与经济增长很像，等等。

但是现在，让我们抛开这些熟悉的比喻，步入未知的领域。纵使大自然再鬼斧神工，却没有一件事物能与之比拟，那就是受精卵的发育过程。试着想一想，我们要花费多大的精力，才能让一个硬件模拟出这种过程。五角大楼也许试过："早上好，曼德拉克，我给你一间位于新墨西哥州的实验室，1 000 个最聪明的助手，经费不限。你的工作只有一个，就是用炸药和铁造一个能自己繁殖的炸弹。这个过程很简单，一只兔子一个月就可以繁殖 10 次。所以，8 月份之前交给我一个炸弹原形。有什么问题吗？"

如果没有比喻，我们很难理解大自然的一些壮举。除非我们扯上"神创论"，否则这种过程肯定从受精卵的内部开始的。在受精卵发育之前，其内部就制订好了一个计划，规定好在什么时间在什么位置添加什么细节。但是，第一个发育的受精卵又是按照什么制订的计划呢？人们很难解释。因此，在过去的几个世纪里，神创论占了主流，人们认为一定是神早就制作好了模板，以供受精卵参考。即使是亚里士多德，都声称自己在受精卵里看到了一个小矮人的缩影。但这种"模板"理论只是一个敷衍的借口，如果我们问"那个小矮人又是哪来的呢"，恐怕他们又哑口无言了。但是，我们的老朋友威廉·贝特森（William Bateson）给出了一个答案，他推测，所有生物起源都是由一系列有序的部件构成，并提出了同源异形的概念。除此之外，20 世纪 70 年代还流行用复杂的数学模型来解释胚胎的发育过程。但是很遗憾，即使威廉的理论有些接近了，但以上这些答案都不对。胚胎发育的细节很繁琐，但是其过程却简单易懂。胚胎的发育离不开基因，在 12 号染色体中部，基因用碱基编写了一份受精卵发育计划书。这份计划书的发现是现代遗传学在破解 DNA 密码之后，取得的最大成就。而这份计划书的发现过程，则是令人惊喜的两个意外。[1]

在受精卵发育成胚胎的过程中，开始是一团未分化的细胞，随后逐渐分化出两个不对称的轴——头尾轴和前后轴。对于果蝇和蟾蜍而言，这两个轴由母体建立，母体细胞决定胚胎的哪一端发育成头部，哪一端发育成尾部。对于老鼠和人类而言，这个不对称出现时间的更晚一些，我们现在还不知道其出现的机制，但似乎受精卵进入子宫的时刻很关键。

对果蝇和蟾蜍，这种不对称很好解释，可以理解为：在不同的母体中，其基因产物的化学梯度不同。其实在哺乳动物中也是一样，不对称性肯定是化学反应的产物。每个细胞都能感知它周围的味道，并把信息反馈到 GPS 定位系统，GPS定位显示："你位于身体的后半部分，离腹部很近。"这样细胞就知道自己所在的位置了。

知道自己的位置只是个开始，细胞马上面临的第二个问题就是：下一步该干什么？我们把控制这个过程的基因叫作同源异形基因。打个比方，细胞定位后，同源异形基因就像一份带说明的地图，细胞据此查找到自己所在的位置后，发现地图上说"发育成翅膀"，细胞就发育成翅膀；地图上说"发育成肾细胞"，细胞就发育成肾细胞。人体当然不存在 GPS 或者地图什么的，它们拥有的是一系列自发性的步骤，A 基因触发 B 基因，B 基因再触发 C 基因……由于人体每个细胞都带有自己的一份计划书，因此无须一个专门的控制中心进行指导，它们都可以按照自己的计划，根据相邻细胞传递来的信号完成发育活动。这和我们组织社会的方式有很大的不同，我们常常依赖政府完成各种活动，而细胞不然。这也正是胚胎发育的完美之处，完美到人类很难找到根源，从而掌控这个过程。

由于果蝇繁殖方式简单迅速，因此20世纪最初几年，果蝇成了遗传学家最心仪的模式动物。在此，我们必须向果蝇表示感谢，正是有了它们，许多遗传学原理才得到揭示，比如基因位于染色体上，穆勒发现了X射线诱发基因突变等。科学家发现，突变果蝇出现了一些奇怪的表型，比如在该是触角的地方长成了腿；该是平衡杆的地方长成了翅膀，等等。换句话说，果蝇身体的某些部位做了它不该做的事，这就是因为同源异形基因出错了。

20世纪70年代末，德国科学家亚尼·纽斯林-沃尔哈德（Jani Nusslein-Volhard）和埃里克·威绍斯（Eric Wieschaus）开始寻找这样的突变果蝇，并进行记录描述。他们给果蝇服用化学药物使之变异，然后再将肢脚、翅膀或其他身体部位长错位置的个体筛选出来。渐渐地，他们发现了一些规律：首先，一些"缝隙基因"对应的是身体的几个部分，将细胞区分成几个大的区域；其次，"对控基因"将大的区域细化，并对其进行定义；最后，"体节极性基因"将这些区域再细化。换句话说，细胞内的基因分层次地将胚胎分为越来越小的部分，从而对每一个细节进行掌控。[3]

在这个规律发现之前，人们一直否定"遗传计划论"，认为身体通过感知相邻部分的信号，随机决定发育的方向。这个规律的发现，对遗传学的研究带来了巨大的转变。果蝇体内的突变基因给人类带来了两个惊喜。虽然这两个惊喜让人难以置信，但无疑是20世纪科学界最精彩的一幕。科学家在同一染色体上发现一簇含有8个同源异形框的基因，即同源基因，这看似很平常，真相却没有那么简单。研究表明，这8个基因分别影响果蝇身体的一部分，并且其排列顺序和受影响器官的顺序一致：第一个基因对嘴产生作用，第二个是脸，第三个是头顶，第四个是颈部，第五个是胸部，第六个是腹部的前半部分，第七个是腹部的后半部分，第八个是腹部不同的其他部分。这太令人惊讶了，不仅第一个基因决定了果蝇的头部，最后一个基因决定了果蝇的尾部，而且它们毫无例外地都沿着染色体有序分布。

要想理解这样的有序是多么不可思议，你必须知道基因的排序有多么随机。这本书中，我为了以一种逻辑顺序介绍基因组的故事，每一章有目的地选择了几个基因。但是我这样做的时候其实稍微"欺骗"了你一下：有时我会根据需要，让它靠近某些基因。基因的位置并没有那么多的规律或者原因，但是在安排同源异形框基因的排序上，大自然的确做得一丝不苟。

很快我们迎来了第二个惊喜。1983 年，巴塞尔沃尔特·格林（Walter Gehring）实验室的科学家发现，这些同源异形的基因具有一些共同特征——同源异形盒。这个隐藏在基因内部的 180 个"字母"长的序列，起初并没有引起人们的重视。由于这段序列都是一样的，人们很难知道这个序列代表的是腿还是触角，就像插头一样，面包机和灯的插头是一样的，当这两台机器都开始工作的时候，仅凭插头就很难分辨出哪个是面包机、哪个是灯。用插头来比喻同源异形框非常贴切：同源异形框是一种小分子量的蛋白，像插头会连着灯或者面包机一样，它连着另一个基因，其表达或不表达，就可以激活或沉默另一个基因。同源异形盒的作用就是对其他基因进行调控。

同源异形盒的发现激起了遗传学家的兴趣，他们就像修理工在废品里寻找带插头的东西一样，在物种里寻找着同源异形框。格林的同事艾迪·德·罗博提丝（Eddie de Robertis）凭着自己的直觉，在青蛙里成功地找到了同源异形盒，后来，他又在老鼠体内找到了这段保守序列。除此之外，他还发现，老鼠体内的同源基因簇不止一组，而是四组，其排列布局也和果蝇很像，头在前，尾在后。

老鼠和果蝇之间的同源异形框的排列顺序是一样的！太奇怪了。这表明胚胎发育时，基因的次序和身体部位发育的顺序得保持一致。更奇怪的是，不仅顺序相同，他们连结构也是一样的。比如果蝇的同源基因簇的第一个基因叫作 1ab，小鼠与之对应的三个基因簇的第一个基因为 a1、b1 和 d1，那么 a1、b1、d1 和 1ab 的结构都是一样的，基因簇中的其他基因也是如此。[4]

当然，小鼠和果蝇的同源异形也不是一模一样的。小鼠共有 39 个同源异形基因，分布在 4 个簇中，在每一簇的末端，有多达 5 个同源异形框在果蝇中是不存在的。尽管有些不同，但是仅仅同源异形基因在顺序和结构上的相似性，就足以让人十分振奋了。这种现象太特别了，以至于许多胚胎学家起初都不太敢相信，以为这只是对某些巧合的夸大。一位科学家回忆道："一听到这个消息，我以为这又是沃尔特·格林一个疯狂的想法。起初我对这个想法是不屑一顾的，但后来我发现，他是认真的。"《自然》杂志的主编约翰·马多克斯（John Maddox）也将该发现称为"目前为止，本年度最重要的发现"。从胚胎学的角度来看，人类在某种意义上也是一种美化的果蝇，人类和老鼠、果蝇有着相同的同源基因簇，而 C 簇就存在于 12 号染色体上。

同源异形基因的发现具有进化学和实用性的双重含义。在进化层面上，我们的祖先可能在 5.3 亿年前就创造了这样的胚胎模式，不光人类和果蝇是这样，其他以这个生物为祖先的后代都是这样。除了人、果蝇和小鼠外，我们还在其他亲缘关系很远的生物里发现了这样的基因簇。比如说海胆。果蝇可能觉得海胆是从火星来的，但它却和果蝇拥有相同的基因簇，他们的胚胎发育过程也非常相似，因此胚胎发育在进化学上的保守性的确让人震惊。在实用层面上，由于果蝇的特殊性，人们数十年以来以果蝇为对象，进行了许多与其基因相关的研究。相比人类基因而言，科学家对果蝇的基因了解得更多。果蝇和人类在同源异形基因的相关性，使得我们在果蝇基因上的辛勤耕耘终于和人类建立起关系。这双重的重要性就像一束光,照射在人类基因组中,使它发出万丈光芒。

　　除了同源异形基因外,其他与发育相关的基因也能带给我们别样的灵感。人们曾有些自大地认为,"智慧的脑袋"是脊椎动物独有的特征——天才的脊椎动物发明了一套新的基因,长处了位于身体前部、"有大脑"的脑袋。但事实并非如此,研究发现,老鼠中两对与大脑发育相关的基因:Otx(1 和 2)和 Emx(1 和 2),它们和果蝇头部发育相关的两个基因相似。除此之外,果蝇体内控制眼睛发育的"无眼"(eyeless)基因,也能在老鼠体内找到同源基因 pax-6。如果果蝇和小鼠之间基因的对应关系可以类推,那么也可以把果蝇的基因类推到人类身上。我们胚胎发育的基本结构来源于寒武纪的蠕虫类生物,人类和果蝇不过是对这种结构的继承和演化。当然,人类和果蝇之间也存在一些不同,否则,人就长成果蝇那样了。

　　不同之处往往比相同之处更具说服力。例如,在果蝇体内有两个基因,直接影响着其身体背部与腹部的状况。其中一个被称为生物皮肤生长因子(decapententaplegic),该基因用于确定背部结构模式;另一个被称为短原肠胚形成基因(short gastrulation),该基因用于确定腹部结构模式。在蟾蜍、老鼠甚至人的体内,也有两个非常相似的基因。其中一个是 BMP4(bone morphogenetic protein,骨形态发生蛋白 4),其序列与生物皮肤生长因子很相似;另一个是脊索蛋白(chordin),其序列与短原肠胚形成基因类似。但令人惊讶的是,这两种基因在老鼠体内的作用和在果蝇体内的恰恰相反:BMP4 形成腹部结构,脊索蛋白形成背部结构。这意味着,节肢动物与脊椎动物的腹部与背部是相反的。在远古时期,节肢动物与脊椎动物曾有过共同的祖先,它后代中的一种选择了用腹部走路,另一种则选择用背部走路。我们也许永远无法得知腹部与背部究竟哪面朝上才是"正确"的,但确实有一面是正确的,因为在这两种后代分化为两个物种之前,负责腹部和背部结构的基因就已经出现了。在此,让我们向一位伟大的法国人致敬，他就是胚胎学家乔弗莱·圣提雷尔（Etienne Geoffroy St Hilaire）。1822 年，他通过观察不同动物胚胎发育的方式，发现昆虫的中枢神经系统位于腹部，而人类的则位于背部，据此，他第一个做出了上述猜想。在随后的 175 年里，他大胆的猜想受到了很多嘲讽，因为传统学说支持的是另一种假说，即这两种动物的神经系统是独立进化而来的。但他的猜想完全是正确的。[5]

事实上，面对如此相近的基因，遗传学家现在所能做的只有进行一些令人难以置信的实验，但这几乎成了一种惯例。他们人为地使果蝇体内的某个基因发生突变，使其失去原有的功能，之后通过基因工程，将其替换成一个功能相同的人类基因，从使果蝇恢复到原有的正常状态。这项技术被称为"遗传拯救"。人类的同源基因可以用于补救果蝇体内对等的那个基因，Otx 基因和 Emx 基因也有同样的作用。事实上，经过遗传拯救的果蝇一切正常，很难分辨出哪些是替换过人类的基因。[6]

这就很好地证明了本书开始时提到的关于基因的数码假说。基因知识就像一段一段的计算机程序，它们使用同样的编程代码，可以在各种系统里运行。即使在物种发生分化 5.3 亿年之后，人类和果蝇依然能够互相识别对方的"代码"。可见，计算机的比喻是很贴切的。距今 5.4 亿～ 5.2 亿年的寒武纪大爆发时期，生物体进行了各种实验，产生了各种形态，这点与 20 世纪 80 年代中期人们设计计算机软件的情形很相似。也许就是在那个时候，有一种动物很幸运地发明了第一个同源异形基因，而我们都是它的后代。几乎可以肯定，这种动物生活在淤泥里，有个很拗口的名字，现在我们称它为圆形扁虫（Roundish Flat Worm，RFW）。和它一起生活在那个年代的，还有许多竞争对手，但毫无疑问，它的后代统治了整个地球，或者至少大部分地球。它是生理结构最好的吗？或者说它在当时最适合生存吗？寒武纪爆发时期，哪种生物又是最强大的呢？

让我们随便从 12 号染色体的同源基因簇中找一个基因进行详细的分析。比如说 C_4 基因，在果蝇中，与之对等的基因是 dfd。dfd 基因与果蝇嘴部的发育有关。除此之外，C_4 基因在其他染色体上有同源基因 A_4、B_4 和 D_4，也可以在小鼠中找到对等的基因——a_4、b_4、c_4 和 d_4。在老鼠的胚胎中，这些基因影响未来颈部的发育，包括颈椎及其中的脊髓。如果诱使这些基因产生突变，使其丧失原有的功能，就会发现老鼠颈椎中有一两节椎骨不正常。敲出这些基因的后果是很明显的，受影响的椎骨比正常位置更靠前。这四个同源基因的作用使颈椎中每一节椎骨的位置都与第一节不同，如果敲除其中的两个，就会有更多的椎骨会受到影响，敲除的基因越多，受影响的椎骨就越多。因此，这四个基因似乎产生了一种积累效应。按着从头到尾的顺序，基因簇中的基因依次打开，每一个新基因开启后，都会带领自己负责的胚胎细胞，将它们安装在前期基因"组装好"的身体后面。人类和老鼠的每个同源基因有 4 个版本，而果蝇只有一个，因此人类和老师能够更加精确地控制身体的生长和发育。

现在清楚了，为何人体内每个同源基因簇里的同源基因可以多达 13 个，而果蝇体内只有 8 个。这是因为，脊椎动物的肛门后有尾巴，它们的脊柱一直延伸到肛门一下，而昆虫则不是。老鼠和人体内比果蝇多出的同源基因，是用来负责下背和尾巴的发育的。当人类进化成猿人之后，尾巴消失了，因此，这些负责尾巴发育的基因也不再像老鼠那样活跃了。

现在我们面临一个重要的问题，到目前为止，对于已经研究过的每一个物种，为什么同源基因都是首尾相连，并且最前面的基因负责头部的发育？现在还没有明确的答案，但有一条线索十分耐人寻味：最前面的基因不仅仅负责身体最前端的部分，它也是最先表达的。所有的动物都按照从头到尾的顺序发育，所以同源基因也按照时间顺序，呈线性表达。很有可能，当一个同源基因开始表达的同时，会激活下一个同源基因，或者允许下一个基因被打开并读取。此外，动物的进化史很可能也遵循同样的顺序。我们的祖先为了使身体的结构更加复杂，选择了延长尾部，而不是头部。可以说，同源基因重演了过去的物种进化过程。正如恩斯特·海克尔（Ernst Haeckel）所言："个体发育史重蹈种族发展史"。个体在胚胎发育过程中重复种系进化的过程，这就是所谓的胚胎重演律。[7]

这些故事很精彩，但它们只讲述了整个事件的一小部分。刚才讲述了胚胎的大体发育模式，即上下不对称性或首尾不对称性。胚胎里拥有一组基因，这组基因很巧妙地按照时间顺序，以线性顺序表达为身体的不同部位。每个同源区段都能激活特定的同源基因，进而激活其他基因。区段之间使用一定的方式表示其不同的功能，比如某个区段会发育成肢体。最神奇的是，相同的信号在身体的不同部位拥有不同的含义。每个区段都知道它在体内的位置和作用，并依据信号的相应意义做出反应。上文提到的生物皮肤生长因子就是这样一个信号触发器，它在果蝇体内的一个区段里触发腿的发育，在另一个区段里触发翅膀的发育。生物皮肤生长因子是由刺猬因子激活的。这个基因的作用是干扰使生物皮肤生长因子保持沉默的蛋白质，从而将其唤醒。刺猬因子是一种体节极性基因，顾名思义，这种基因在每个体节内都表达，但只在该体节的后半部分表达。所以，如果将果蝇体内受刺猬因子控制的组织移动到翅膀体节的前半部分，就会得到一只带有镜像翅膀的果蝇，前边一对翅膀背靠背贴在一起，后边一对向外展开。

不必惊讶，人类和鸟类也有刺猬因子的对等基因。有三个与之非常类似的基因，分别被称为音猬因子（sonic hedgehog）、印度刺猬因子（Indian hedgehog）和沙漠刺猬因子（desert hedgehog），它们在小鸡体内和人体内的作用相当。[在前面的章节里，我曾说过遗传学家总是喜欢给基因起一些奇怪的名字，现在又有一个基因被称作 tiggywinkle ⊖基因，两个新的基因族称作"疣猪"（warthog）和"土拨

⊖ 该名称来源于英国童书作家碧雅翠丝·波特的作品 *The Tale of Mrs. Tiggy-Winkle*，Tiggy-Winkle 是书中一只刺猬的名字。——译者注

鼠"（groundhog）。之所以这样命名，是因为如果体内的刺猬因子发生错误，果蝇就会浑身长刺，像刺猬一样。] 音猬因子的功能和果蝇体内的刺猬因子类似，它与其他基因一起，确定下半身肢体的位置。身体上肢芽刚形成的时候，音猬因子就开始表达，告诉肢芽向后发育。如果有机会，你可以将一粒微型珠子浸入音猬因子蛋白，并将其小心地插入小鸡胚胎内翅芽靠近拇指的一侧。培养 24 小时后，就会得到和果蝇一模一样的结果——翅膀的前半部分背靠背贴在一起，后半部分向外展开。

换句话说，刺猬因子决定了翅膀的前部和后部，之后，同源基因再进一步将其分化为手指和脚趾。每个人都要经历从肢芽到包含五头的手的转变。这一转变在过去也曾发生过，那是在距今 4 亿年以前的某一时刻，鱼鳍转化成手，第一只四足动物出现了。最近科学界有一项重大发现，就是研究远古变迁的古生物学家与研究同源基因的胚胎学家发现，两个学科具有共同之处。

故事是这样的，1988 年在格陵兰岛（Greenland）发现了一块棘螈的化石。棘螈生活在 3.6 亿年前，是一种半鱼半四足的动物，每只脚上都有 8 个脚趾。这是早期生活在浅水里的四足动物的肢体形态之一。随着研究的不断深入，人们发现，人类的手指其实是从鱼鳍进化而来的，只不过方式很奇怪：手腕处长出一个向前弯曲的弓形骨骼，从那里分出五指，并向后方（小手指的方向）生长。通过手的 X 光片就能看到这个样子。所有这些结论都是通过研究化石得出的。不难想象，当古生物学家了解到胚胎学家对于同源基因的研究成果和他们的发现如出一辙的时候，会有多么的惊讶。首先，同源基因要求生长中的前肢向前倾斜；之后将其分为独立的手臂的手腕上的骨头；最后，剩余的骨头向外伸展，方向与手臂相反，最终发育为五个指头。[8]

无论如何，同源基因和音猬因子都不是控制发育的唯一基因，还有许多其他基因也精巧地发挥着作用，指示着身体各个部分的位置和成长方式。这些基因相互协作，形成了一个出色的自我组织系统，它们包括："和平基因"（pax genes）和"裂隙基因"（gap genes），以及一些名为"radical fringe""even-skipped""fushi tarazu""hunchback""Kruppel""giant""engrailed""knirps""windbeutel""cactus""huckebein""serpent""gurken""oskar"和"tailless"的基因。研究遗传胚胎学这一新学科，有时感觉就像在读托尔金（Tolkien）的小说，充斥着大量的生词。但这也正是它的精彩之处，你无须学习一种新的思维方式。这个学科里没有奇异的物理现象，没有混沌理论或者量子力学，也没有概念上的新奇之处。如同遗传密码的发现过程，最初人们认为这是一种新生事物，需要全新的理念才能解释清楚，最终却发现它和它的"外表"一样，不过是一串简单的、容易理解的序列。从受精卵形成那一刻起，一切都是不对称的。基因相互激活，将胚胎分出头部和尾部。其他基因从头到尾依次表达，使胚胎分化出不同的部位，再有些基因规定了这些部位的前后位置。还有些其他基因翻译出这些信息，并形成更加复杂的附肢和器官。这个过程很基础，充斥着化学和机械的步骤，一步一步循序渐进——亚里士多德（Aristotle）也许比苏格拉底（Socrates）更感兴趣。从原理上讲，胚胎的发育就是一个从简单不对称到复杂形态的过程（虽然细节并非如此），听上去很简单，很容易让人产生一种想法：也许人类的工程师应该尝试去复制这一机制，从而发明出能够自组装的机械设备。

13 号染色体
Genome

史　　前

远古世界是年轻的。

弗朗西斯·培根

蠕虫、苍蝇、鸡和人类的胚胎基因惊人的相似，这有力地证明了它们拥有共同的祖先。现在，人们借助 DNA（这种由简单字母表写成的密码语言）了解这种形似性。通过对比各个物种发育基因中的"词汇"，人们发现它们都有着相同的"词语"。基因和人类语言，虽然两者属于不同的领域，但本质上相同的：通过比较人类不同语言中的词汇，就能够推断出它们的共同起源。例如，意大利语、法语、西班牙语和罗马尼亚语都使用拉丁语词根。语言的发展和基因的进化是两个不同的过程，但是两者在同一主题上产生了交集，即人类迁移的历史。历史学家有时会抱怨缺乏关于远古史前的书面记载，事实上，如果说人类语言是一种口头记录，那么基因就是一种书面记录。13 号染色体用来讨论遗传系谱最合适不过了，原因将在本章中慢慢道来。

1786 年，加尔各答的一个英国法官威廉·琼斯（William Jones）爵士在一次皇家亚洲学会的报告中宣称：他对古印度梵语的研究表明，梵语与拉丁语和希腊语属于同一个语系。琼斯博学多才，他还认为自己发现了这三种语言与凯尔特语、哥特语和波斯语之间的相似之处。他根据"词汇的相似性"得出一个推论，认为这些语言"都源自同一种语言"。现代遗传学家就是从这种思路中得到启发，提出了 5.3 亿年前存在圆形扁虫这一观点。例如，"three（三）"这个词在拉丁语里写作"tres"，在希腊语里写作"treis"，在梵文里写作"tryas"。当然，口头语言和基因语言有一个巨大的区别，口头语言里有很多外来词汇，也许，梵文里"三"这个词就来自某种西方语言。然而，之后的研究表明，琼斯的观点是完全正确的。曾经有过一群人，他们居住在同一个地方，说同一种语言，他们的后代把这种语言带到了遥远的爱尔兰和印度等地。之后，这种语言逐渐产生了不同的分支，形成了各种现代的语言。

对于这群人，我们还是有所了解的。他们是印欧人，至少在 8 000 年以前就开始向他们家乡以外的地方迁移。至于他们的家乡，有人认为是现在的乌克兰，但更可能位于现在土耳其的丘陵地带（因为他们语言中包含了描述丘陵和湍流的词语），哪种说法正确，这并不重要。关键在于，他们的语言里有表示庄稼、牛、羊和狗的词语，所以他们肯定以务农为生。由此，可以推测出他们生活的年代，是农业刚刚在叙利亚和美索不达米亚新月沃土出现不久的时候。我们很容易就能想到，他们的母语能够在两个大陆上传播开来，无疑要归功于他们农业技术的发展。但是，他们的基因是否也使用同样的方式遗传下去了呢？回答这个问题前，我先介绍一些语言方面的知识。

今天，在印欧人的家乡安纳托利亚，人们使用土耳其语。土耳其语并不属于印欧语系，而是之后由游牧民族和骑兵从中亚的干旱草原和沙漠里带过来的。这些"阿尔泰"人的语言里有很多关于马的常用词汇，证明他们有着高超的骑术。第三个要讲的语系是乌拉尔语系，主要在俄国北部、芬兰、爱沙尼亚和匈牙利（匈牙利语属于乌拉尔语系有点奇怪）使用。乌拉尔语系见证了另一个民族的成功扩张，他们生活在印欧人的前后，拥有一种不为我们所知的技术，也许是家畜驯养技术。在今天，俄国北部的撒摩耶驯鹿牧民也应当属于典型的乌拉尔语使用者。如果你研究得深入一些，你会发现印欧语系、阿尔泰语系和乌拉尔语系这三大语系之间无疑有着紧密的联系。它们都是从一种语言分化出来的。大约 1.5 万年前，这种语言在整个欧亚大陆被广泛使用。说这种语言的人以狩猎和采摘果实为生，通过研究其不同后代语言里共同出现的词汇，可以判断出，除了狼（狗）以外，他们也许没能成功驯化任何动物。"诺斯特拉语系"都包含哪些分支，在划分标准上还存在争议。俄国语言学家弗拉迪斯拉夫·伊里克－斯维台克（Vladislav Illich-Svitych）和阿赫仁·杜尔哥波尔斯基（Aharon Dolgopolsky）倾向于把在阿拉伯和北非所使用的亚非语系包含进去。斯坦福大学的约瑟·格林伯格（Joseph Greenberg）则认为不应包括亚非语系，而应包含东北亚的堪察加语（Kamchatkan）和楚科奇语（Chukchi）。伊里克－斯维台克在推断出诺斯特拉语系基本词汇的发音后，使用其音标写了一首小诗。

根据某些语言学家的观点，诺斯特拉语系是一种"总语系"或"超语系"，其中那些简单但变化极小的词语就证明了这一点。例如，在印欧语系、乌拉尔语系、蒙古语、楚科奇语和爱斯基摩语中，"me（我）"这个词几乎都包含或曾经包含"m"这个音；"you（你）"这个词则曾有"t"这个音（比如法语中就是"tu"）。这样的例子还有很多，关于"语言的相似是巧合"这一假说便不攻自破了。尤其值得注意的是，葡萄牙语和韩语明显来源于同一种语言。

我们也许永远解不开诺斯特拉人的秘密。也许是他们首创带狗狩猎，并发明了有弦的武器。也许他们创造出了一些无形的东西，比如民主决策制度。但他们并没有彻底灭掉之前的人类。有证据清晰显示，巴斯克语、几种在高加索山脉使用的语言，以及现在已经灭绝的伊特鲁里亚语都不属于诺斯特拉语系这种"超语系"，但却与纳瓦霍语和某些汉语方言有关系，同属另一个"超语系"，即纳-德内语系。我们正在讨论的内容在很大程度上是一种猜测，但是，在比利牛斯山（山脉会阻碍人类的迁移活动，因此迁移的大部队会绕道而行）里残存着巴斯克语，通过该语言中的地名，可以推断出它曾经在更广泛的区域使用过。这个区域与克鲁马努猎人留下的洞穴壁画恰巧吻合。巴斯克语和纳瓦霍语真的是最早的现代人类的语言化石吗？是这些人灭绝了尼安德塔人并扩张到欧亚大陆吗？使用这些语言的人真的是中石器时代人的后裔吗？他们周围的人都是使用印欧语系的新石器时代人的后裔吗？也许不是，但这些猜想确实引人入胜。

20 世纪 80 年代，著名意大利遗传学家路易吉·路卡·卡瓦利-斯福扎（Luigi Luca Cavalli-Sforza）见证了这些语言学发现逐一展现在世人面前，之后他明确提出一个问题：语言的分界线与基因的分界线是否一致的？由于不同种族之间相互通婚，基因的分界线不免会更加模糊 [大多数人只说一种语言，基因却可能来自四个（外）祖父母]。同区分法语和德语相比，定义法国人的基因与德国人的基因之间的区别要难得多。

不过，还是有一些规律可循的。通过收集关于简单基因已知常见变种（即"经典多态性"）的数据，并进行精密的统计分析（即"主成分分析"），卡瓦利 - 斯福扎绘制出 5 幅欧洲的基因频率等值线图。第一幅显示基因频率等值线从东南向西北的逐渐倾斜，反映了最初的欧洲居民是新石器时代的耕种者从中东迁移而来的。这与考古数据完全吻合：农业就是大约 9 500 年前传入欧洲的。这幅图包含了其样本中 28% 的基因变种。第二幅中基因频率等值线为东北走向，呈陡坡状，反映了使用乌拉尔语系的人的基因。这幅图包含了 22% 的基因变种。第三幅的频率强度是前两幅的一半，基因频率以乌克兰草原为中心，向四周散射，反映了大约公元前 3 000 年前草原游牧民族从草原向伏尔加 - 顿河（Volga-Don）流域的扩张。第四幅的频率就更弱了，它的最高点在希腊、意大利南部和土耳其西部，可能反映的是公元前 1 000 年和公元前 2 000 年希腊人的扩张。最有意思的当属第五幅，它显示了一个与众不同的基因频率，呈小而陡的尖峰状。这条等值线所反应的区域与位于西班牙北部和法国南部的（原来的）大巴斯克区域几乎完全重合。这似乎证实了巴斯克人是欧洲前新石器时代人类中的幸存者。[1]

可以说，基因进一步论证了语言学方面的证据——拥有新技术的人群的扩张与迁移，对人类的进化起了重要的作用。基因的地图比语言的地图更加模糊，但也使两者更加容易区分开来。将比例缩小，我们会发现，在某些特征上，基因的分界线和语言区域是相吻合的。例如，在卡瓦利 - 斯福扎（Cavalli-Sforza）的祖国意大利，就有一些基因区域与语言区域是一致的，这些语言包括：古伊特鲁里亚语、热内亚地区的利古利亚语（一种印欧语系以外的古老语言）和意大利南部使用的希腊语。显而易见，在某种程度上，语言和人类是共同迁移的。

当谈及新石器人类、牧马人、马扎尔人或任何"席卷"欧洲的人种时，历史学家往往很有兴致。他们所谓的"席卷"该做何解释呢？是指扩张或迁移吗？这些新来的人种是否取代了原住民？他们把原住民杀光了，还是他们后代的数量超过了原住民？他们是否杀了本地男人并娶了本地女人？抑或是他们带来的技术、语言和文化传播开来，为本地人所接受？都有可能。在18世纪的美国，原住民印第安人（无论在基因上，还是在语言上）几乎完全被白人取代了。在17世纪的墨西哥，更像是外来人种与原住民的融合。在19世纪的印度，英语开始广泛使用，其流行的程度如同过去的印欧语言（例如乌尔都语和印地语）一样，但这一次却鲜见基因方面的融合。

遗传信息能使我们了解，在史前时期，上述的哪种可能性是最大的。为什么基因梯度越往欧洲的西北部就越稀疏，可以设想一下新石器的农业是通过扩散作用传播开来的。也就是说，欧洲东南部新石器时期的耕种者将自己的基因与原住民的基因融合了。这些"入侵者"的基因传播得越远，与当地原住民基因的区别就越小，这是通过外来人种与原住民的通婚而实现的。卡瓦利－斯福扎提出，外来的男性耕种者很可能与本地的女性狩猎采集者通婚，但外来的女性耕种者却不和本地男性结婚。如今，生活在中非地区的俾格米人，就与他们以耕田为生的邻居保持着这样的关系。与狩猎采集者相比，耕种者更有可能养活多个妻子，也更看不起狩猎采集者，认为他们是原始人，更不允许自己种族里的女子与他们结婚。但是，男性耕种者却能够娶女性狩猎采集者为妻。

在入侵者把自己的语言强加给了原住民，又与当地的女性通婚之后，这些人的后代应当有一条与原来不同的Y染色体基因，而其他染色体上基因变化却不大。芬兰就是这样的。芬兰人在基因方面，除了拥有不同的Y染色体外，与周围各国的欧洲人没有什么不同。他们的Y染色体似乎与北亚人的很相近。芬兰的原住民属于印欧人种，现在使用乌拉尔语，体内携带乌拉尔人的Y染色体，这些都是在很久以前由外来人种带来的。[2]

这些和 13 号染色体有什么关系呢？13 号染色体上有一个 BRCA$_2$ 基因。它臭名昭著，却能帮助人们了解人类族谱的故事。BRCA$_2$ 于 1994 年被发现，是排名第二的"乳腺癌基因"。这种基因有一种特殊的、非常罕见的形式，携带这种形式 BRCA$_2$ 的人群患乳腺癌的概率，比其他人要大很多。这个基因最早是在研究冰岛乳腺癌高发家庭时被发现的。冰岛是研究遗传学最理想的地方，它是由一小群挪威人在公元 900 年建立的，此后几乎没有发生过人口迁移。冰岛有 27 万人口，如果寻宗问祖的话，几乎人人都与小冰河时期之前来到冰岛的几千名北欧海盗有关。1 100 年前，这里气候寒冷，与世隔绝，14 世纪时，这里曾爆发过一场致命的瘟疫，这些原因导致这个岛上的人近亲生育非常普遍，使之成为研究遗传学的理想之地。正因如此，一个在美国工作的冰岛科学家就充分运用了他的经济头脑，专程回到祖国，开办了一家公司，专门帮助人们追溯冰岛人基因的来历。

有两个冰岛家族，是历史上乳腺癌高发的家族，他们的祖先是同一个人，出生于 1711 年。这两个家族发生了相同的基因突变：BRCA$_2$ 基因的第 999 个"字母"之后的 5 个字母被"删除"了。这个基因还会发生其他突变：第 6 174 个字母被删除，这种突变在阿什肯纳兹犹太人后裔中很常见。42 岁以下犹太人乳腺癌患者中，约有 8% 的是由于这个突变导致患病的。另有 20% 是由于位于 17 号染色体上的 BRCA$_1$ 基因发生突变而患病的。尽管犹太人这个基因的突变不像冰岛那样严重，但其频率之高，不得不再次将原因指向犹太人历史上的近亲结婚。犹太人很少接受半路转信犹太教的人加入他们，又将与异教徒结婚的犹太人排除在外，从而保持了他们基因的纯洁性。这样，阿什肯纳兹犹太人就成了开展遗传研究的绝佳对象。美国的犹太人遗传疾病防治委员会对犹太学龄儿童进行血液检查，并发给每人一个查询号码。日后，媒人在给两个年轻男女做媒之前，可以先拨打一个热线电话，根据血液检查时的号码进行查询。如果男女双方的基因里都有同一种致病突变，例如泰－萨二氏病或囊性纤维病，则该委员会就会提出意见，反对这桩婚事。这是一项自愿性的政策，尽管1993年时《纽约时报》曾批评其目的是优化人种，但它取得了显著成效——在美国，囊性纤维病已经基本从犹太人中消失了。[3]

可见，基因地理的意义已远远超出单纯的学术价值。泰－萨二氏病是阿什肯纳齐犹太人中比较常见的一种由于基因突变导致的疾病，其原因我们已经在9号染色体那章讨论过了。泰－萨二氏病患者对于肺结核有着强大的抵抗力，这反映出阿什肯纳齐犹太人的基因地理状况。在过去几个世纪中，阿什肯纳兹犹太人大多在拥挤的城市贫民窟里生活。与其他人相比，他们更容易受到"白色死亡"（即肺结核）的威胁。所以，尽管他们中间有些人染病身亡了，但也帮助进化出了一些保护其免受感染的基因，这不足为奇。

至于为何13号染色体上的基因突变使得阿什肯纳兹犹太人容易罹患乳腺癌，还没有一个简单的解释。但有一点似乎可以肯定，很多种族与民族拥有某些特殊的基因，一定有其存在的道理。换句话说，这个世上的基因地理在整合有史以来和史前发生的事件上，既起着布局谋篇的角色，也发挥着实际的作用。

有过两个绝佳的例子：酒精和奶。一个人是否能够消化大量的酒精，在一定程度上取决于4号染色体上的一套特殊基因，与这套基因是否能够产生超量的乙醇脱氢酶有关。大多数人都能够增加这些基因的酶产量。进化出这种生化能力的过程也许是残酷的——在进化过程中，不具备这种能力的人可能致死或致残。这是一种很好的能力，因为发酵过的液体是干净无菌的，并且不含微生物。人们进入农耕社会、开始定居生活的头1 000年里，各种各样的痢疾带来了致命的打击。西方人在前往热带地区的时候会互相告诫："千万别喝那里的水。"在瓶装水发明之前，沸水或发酵饮料是唯一比较安全的饮品。直到 18 世纪以后，欧洲的富人除了葡萄酒、啤酒、咖啡和茶之外，什么都不喝。他们怕饮用其他饮料会有死亡的危险（这个习惯很难改变）。

但是，对于靠采摘果实为生的人和游牧民族而言，他们不会种植粮食来发酵饮品，而且他们也不需要饮用发酵的液体。他们居住的环境中人口密度极低，那里自然水源洁净，能够安全饮用。所以，澳大利亚和北美土著特别容易醉酒就不足为奇了。直到现在，他们中有很多人仍然"不胜酒力"。

1 号染色体上的一个基因带来了一个类似的故事，这个基因可以制造乳糖酶。这种酶是消化乳糖所必需的，牛奶中就含有大量乳糖。人在婴儿期，这个基因在消化系统里是表达的。但对于大多数哺乳动物而言，当然也包括人类在内，这个基因在其度过婴儿期之后就不再表达了。这是有道理的：人在婴儿期才吃奶，如果断奶后还产生那种酶就是在浪费能量。但在几千年之前，人类学会了从家畜那里"偷奶"给自己喝。从此，人们开始食用奶制品。这对婴儿来说没有问题，但是成年人由于缺乏乳糖酶，难以消化奶制品。于是，人们想出了一个解决问题的办法，让细菌来消化乳糖，把奶变成了奶酪。奶酪的乳糖贪量很低，成年人和儿童都容易消化。

但是，使乳糖酶基因停止表达的控制基因偶尔会发生突变，导致在婴儿期结束的时候，乳糖酶基因并没有停止表达。携带这个基因突变的人一生都可以饮用和消化奶。幸好大多数西方人都拥有了这个突变，玉米片和维他麦的生产厂商才有了市场。西欧人的后代中，有 70% 能够在成年之后饮用牛奶，相比之下，非洲、东亚、东南亚和大洋洲某些区域这个比例只有不到 30%。由于人种和区域的不同，拥有这个基因突变的人口比例也随之变化。这个比例的变化很大，不免使人们提出这样一个问题：人类最初为何开始喝动物的奶？

为了回答这个问题，这里先提出三种假说。第一种假说，也是最明显的一个。人类喝草原牧畜的奶，方便生活，并得到源源不断的食物补给。第二种假说，人类生存需要维生素 D，而维生素 D 需要阳光才能合成。奶富含维生素 D，因此生活在日照较少区域的人通过喝奶补充维生素 D。这个假说是观察到北欧人和地中海区域居民的生活习惯后提出的：北欧人有喝生牛奶的传统，而地中海区域的人们则喜欢吃奶酪。第三个假说认为，人类喝奶的习惯起源于一些干旱缺水的地区，动物的奶是居住在沙漠里的人的一个重要水源。例如，居住在撒哈拉和阿拉伯沙漠里的贝多因人和图阿雷格人都很喜爱喝奶。

两位生物学家通过观察 62 种不同的文化，对比分析上述三种假说，最终得出了结论。他们发现，消化能力与纬度高低和环境是否干旱之间没有必然关系，从而削弱了第二个和第三个假说。但是，他们确实发现了一些证据，表明能够消化奶的那些人曾经是牧民的后代。中非的图西人、西非的富拉尼人、生活在沙漠里的贝多因人、图阿雷格人和贝沙人、爱尔兰、捷克人和西班牙人，这些人唯一的共同点就是：他们都曾有过放牧牛羊的历史，他们消化奶的能力也是全人类最强的。[4]

有证据表明，这些人最初以放牧为生，为了适应这种生活，他们进化出了消化奶的能力。而并非因为他们发现自己带有消化奶的基因，而选择在草原放牧的为生。这一发现意义重大，它提供了一个文化上的变化导致进化和生物结构上变化的案例。基因可以根据需要发生变化，可以根据自由意志发生变化，也可以受有意识行为的影响而变化。人类选择了牧民的生活方式，喝牛羊奶、以牧畜为生，其实给自己增加了进化的压力。这听起来几乎与著名的拉马克用进废退说如出一辙：一个铁匠在他的一生中打造出肌肉发达的胳膊，所以他的儿子也会有肌肉发达的胳膊。实际上并非如此，但它却证明了：有意识和有意志的行为能够改变一个物种的进化压力，尤其是人类。

14号染色体
Genome

永　生

上帝不让任何生灵阅读命运之书，
只让其看指定之页，知晓其处境。

《人论》（亚历山大·蒲柏）

回首过往，基因组似乎是永生的。从最初的原基因，到现在人类体内活跃着的基因，一环接一环，由一个链条联系在一起。这个链条在过去 40 亿年间，经过 500 亿次的复制，完好如初，从未出现过断裂或致命的错误。但是财经专家也许会说，过去没有问题不能代表以后也不会出现问题。自然选择决定某个物种的祖先是很困难的，如果太容易了，那么促进生物适应性进化的竞争优势将不复存在。即使人类再存在 100 万年，今天的大多数人也不会为 100 万年以后的人贡献任何基因，这些人的后代逐渐减少，他们的基因也随之消失。如果人类灭绝了（大多数物种只能延续 1 000 万年，并且大多数不会分化出新的物种。人类已经存在了 500 万年，且尚未产生任何分化物种），那么我们中的任何人都不会为未来留下任何基因。然而，只要地球能以目前的形式继续存在，某个地方的某些生物就会成为某个未来物种的祖先，这个链条就会一直延续下去。

如果基因组是永生的，为什么身体会死亡？人体携带的基因，经过 40 亿年不断的复制都没有损坏（部分是因为它是数码形式的），但是人类的皮肤却会随着人类年龄的增长逐渐失去弹性。只需要不到 50 次的细胞分裂，一个受精卵就能发育成一个身体；再分裂几百次就可以形成完好的皮肤。曾有这样一个故事：一个国王要感谢一位数学家，就许诺给他任何想要的东西。数学家向国王要了一个国际象棋棋盘，要求在棋盘的第一个格子里装 1 粒米，第二个格子里装 2 粒米，第三个格子里装 4 粒米，第四个格子里装 8 粒米，依此类推。到第 64 格时，已经需要将近两千亿亿粒米了，这是一个大得难以想象的数目。人体细胞分裂也是同样的原理，受精卵分裂一次，分裂后的子细胞再次分裂，如此下去。在分裂 47 次之后，身体包含的细胞数量已经超过 1 万亿了。因为有些细胞很早就停止了分裂，而其他的还在继续，所以很多组织要经过 50 次以上的分裂才能形成。有些组织在人的一生中不进行自我修复，这些细胞系也许要分裂几百次，这意味着这些细胞里的染色体也被"复印"了几百次。在日常生活中，如果一份文件要复印几百次，上面的信息早就模糊不清了，但是，自生命诞生以来，人类遗传下来的基因经过了 500 亿次的复制，却依然清晰如初。人体是怎么做到这一点呢？

14 号染色体上有个基因，名为 TEP$_1$，利用它能够解答这个问题的一部分。TEP$_1$ 制造的一种蛋白质，是端粒酶的一个组成部分。端粒酶是一个小型的生化机器，但功能十分不同寻常：可以这么说，缺少端粒酶会导致衰老，增加端粒酶则会使一些细胞长生不老。

故事始于 1972 年詹姆斯·沃森的一个偶然发现。沃森注意到，聚合酶作为复制 DNA 的生化机器，它不能从 DNA 链的端点开始复制，而是必须跳过 DNA 文本的前几个"词"才能开始工作。这样，DNA 文本每被复制一次，就会丢掉几个"词"。想象一下，有这样一台复印机，它能够完美地复印文本，但是每页都要从第二行开始，在倒数第二行结束。要使用这样一台"神奇"的复印机，就要保证每页纸的第一行和最后一行都是一些没有意义的内容，这样才能不怕丢失内容。染色体就是这么做的，每条染色体都是一个巨大的超螺旋 DNA 分子，长达一英尺，所以除了两个端点，它都能够被复制。在染色体的两端，是一些重复出现的没有意义的内容，"TTAGGG"这个短语重复了大约 2 000 次。这段无意义的末端结构被称为"端粒"。由于它的存在，聚合酶在复制 DNA 时就不会丢掉任何有意义的"文本"内容。端粒就像鞋带头上包裹的、用于防止鞋带头散开的塑料片一样，保护着染色体，避免染色体末端有意义的文本被破坏。

但是，染色体每被复制一次，端粒就会丢掉一小部分。经过几百次复制之后，染色体的端粒就会变得很短，这时，有意义的基因内容就有可能被丢掉了。在人体里，端粒缩短的速度大约为每年 31 个字母，有些组织里的速度会更快。这就是为什么人过了一定年龄之后，细胞就会衰老，失去活力，身体也随之衰老，但对于这种说法，还存在着激烈的争论。人在 80 岁时，体内的端粒长度是出生时的 5/8。

卵细胞和精子细胞能够将基因完整遗传给下一代，而不会出现末端丢失，就是因为端粒酶在发挥作用。端粒酶的作用是修复受损的染色体末端，重新将端粒加长。端粒酶于 1984 年由卡罗尔·格雷德（Carol Greider）和伊丽莎白·布莱克本（Elizabeth Blackburn）发现，是一种很神奇的物质。它携带 RNA，以此作为模板来修复端粒，组成它的蛋白质酷似反转录酶。反转录酶能够使反转录酶病毒和转座子在基因组里大量增殖（请参见关于 8 号染色体的章节）。有人认为它是所有反转录酶病毒和转座子的祖先，是最早发明从 RNA 转录 DNA 的物质；也有人认为，因为它使用 RNA 作为模板，所以它来自古代的 RNA 世界。

值得注意的是，TTAGGG 这个"短语"在哺乳动物的端粒部分重复出现了几千遍。事实上，不仅是哺乳动物，大多数其他类型的动物，包括原生动物，都是这样的，比如，导致昏睡症的锥体虫和红色链孢霉之类的真菌。在植物中，端粒开头的"短语"中多出一个字母"T"，成了"TTTAGGG"。这个"短语"在动物和植物体内太相似了，因此应该不是巧合。在生命刚刚诞生的时候，端粒酶应该就出现了，并且之后的所有生命力都使用了大致相同的 RNA 模板。但是，很奇怪的是，纤毛虫原生动物这种整天忙忙碌碌、使用纤毛推动自己前进的微生物却是与众不同的，在它的端粒里面，有着不同的"短语"，通常为"TTTTGGGG"或"TTGGGG"。前边的章节曾介绍过，纤毛虫的遗传密码与其他生物通用的遗传密码有所不同。有越来越多的证据显示，纤毛虫是一种特殊的生物，不能将其简单地归为某个物种。我个人觉得，也许有一天我们会发现，纤毛虫是在细菌出现之前，从生命的最底层分化出去的。它实际是 Luca（所有物种在分化之前最后的一个共同祖先）后代的活化石。但是我承认，这只是一种大胆的猜测而已，而且与本章内容无关。[3]

只有在纤毛虫体内，完整的端粒酶"机器"才被分离了出来，而在人体内却没有，这似乎有点讽刺意味。我们还无法确认是哪些蛋白质聚集在一起，共同形成了人体的端粒酶，而且，人体内的端粒酶似乎同纤毛虫体内的大不相同。因为在人体细胞里很难发现端粒酶，所以有些怀疑论者将其称为"神秘之酶"。在纤毛虫体内，基因活跃在数千条小型染色体上，每条染色体都有两个端粒，所以也容易找到端粒酶。但是，几个加拿大科学家在搜索了老鼠的基因库之后，找到了一个和鞭毛虫端粒酶基因类似的老鼠基因。之后，他们很快又发现了一个和这个老鼠基因类似的人类基因，几个日本科学家确认这个基因位于人类的 14 号染色体上。它能制造一种蛋白质，人们给它起了个很大气的名字（还没有最终确定）：端粒酶相关蛋白 1 或 TEP_1。然而，虽然这个蛋白质是端粒酶必不可缺少的成分之一，但看上去却并非通过反转录来修复染色体的。目前发现，更有可能是另外一种物质发挥了这种修复作用，但在本书写作时，还未确定它的位置。[4]

在已知的基因里，端粒酶基因也许最接近所谓的"青春基因"了，它也许能使细胞长生不老。科学家卡尔·哈利（Cal Harley）首先发现细胞分裂时端粒会缩短，他成立了杰龙公司（Geron Corporation），致力于端粒酶的研究。1997 年 8 月，该公司因为克隆了端粒酶的一个部分，登上了报纸头条。为此，它的股票翻了一番，倒不是因为人们相信这个成果能使人类长生不老，而是它预示了制造抗癌药物方面的美好前景。因为肿瘤需要端粒酶才能生长，这一成果表明人们对端粒酶的了解更加深入了。但是杰龙公司却希望利用端粒酶实现细胞的长生不老。在一个实验里，杰龙公司的科学家在实验室里培养出两种没有端粒酶的细胞，之后向它们注入端粒酶基因。这些细胞持续地分裂，在正常情况下应该衰老和死亡的时候，它们依然生命力旺盛，状态年轻。到了公布研究结果的时候，这些细胞已经比正常情况下的细胞多分裂了 20 多次，并且没有显示出任何减缓的迹象。[5]

在正常的人体发育过程中，除胚胎里的一些组织外，制造端粒酶的基因都停止表达了。试想一下，人体细胞内有一块秒表，用来设定端粒酶停止表达的时间。从这块秒表开始计时那一刻起，端粒就开始计算每个细胞系的分裂次数，当它们达到上限时，秒表停止，端粒酶也停止表达。而精子细胞和卵子细胞从来就不用秒表，因为它们的端粒酶不会停止表达。恶性肿瘤细胞会重新激活端粒酶。如果人为地剔除老鼠体内的端粒酶基因，那么这只老鼠的端粒就会一直变短下去。[6]

看来，缺少端粒酶是细胞衰老与死亡的主要原因，那么它是否也是身体衰老与死亡的主要原因呢？有些证据支持这个观点：动脉壁上细胞的端粒一般比静脉壁上细胞的更短。这反映出了动脉壁工作繁重，动脉血的血压高，因此它们要承受更大的压力，它们需要随着每一次心跳收缩和舒张，因此磨损更大，需要经常进行修补。修补需要细胞分裂，端粒就被用完了，此时，这些细胞便开始衰老了。这也解释了为什么人们会死于动脉硬化，而不是静脉硬化。[7]

大脑衰老的过程就没有这么简单了，因为在人的一生中，脑细胞不会自行更换。这和端粒理论并不矛盾。大脑拥有支持细胞，即神经胶质细胞，这些细胞的确在进行自我复制，它们的端粒也会因此而缩短。但是，现在已经很少有专家认为身体衰老的主要原因是积累了太多衰老的细胞，即端粒太短的细胞。而且，大多数与衰老有关的因素，比如癌症、肌无力、肌腱僵硬、头发花白、皮肤弹性减弱等，都与细胞无法进行自我复制无关。对于癌症而言，问题反而是因为细胞的自我复制能力太强了。

除此之外，不同物种的动物之间，衰老速度差别很大。总体来讲，个头大的动物（比如大象）比个头小的动物更长寿。乍一看感觉很奇怪，因为形成一头大象比形成一只老鼠所需的细胞分裂次数更多（如果细胞分裂导致细胞衰老，那么分裂次数越多，应当衰老越快）。喜欢睡觉、动作缓慢的动物，比如乌龟和树懒，按它们的个头来说应该算是长寿了。如果这个世界是由物理学家来规定的，他一定会总结出一个漂亮的"定律"：每种动物在其一生中都拥有同样的心跳次数。大象活的时间比老鼠长，但是大象的心跳节奏要慢得多。因此，如果按心跳次数计算，那么它们的寿命几乎一样长。

问题在于，这条规律有太多的例外情况，尤其是蝙蝠和鸟类。有一种特别小的蝙蝠可以存活 30 年以上，在这 30 年中它"拼命"地进食、呼吸和进行循环血液，即使是那些不冬眠的种类也是如此。与大多数哺乳动物相比，鸟类的血液温度要高几度，血糖浓度起码高一倍以上，氧的代谢也要高很多，但是它们通常寿命很长。苏格兰鸟类学家乔治·邓尼特（George Dunnet）有一组非常著名的照片，两张照片分别拍摄于 1950 年和 1992 年，照片中和他合影的是同一只野生管鼻鹱。在两张照片里，这只鸟看上去变化不大，邓尼特教授却明显变老了。

当生化学家和医学家无法解释衰老规律的时候，幸好还有进化学家。J.B.S. 霍尔丹（J. B. S. Haldane）、彼得·梅达沃（Peter Medawar）和乔治·威廉姆斯（George Williams）共同解释了衰老的过程，他们提出了一种非常让人信服的解释：看上去，每个物种在出生时就内置好一个程序，用来规定其衰老过程，而这个衰老过程经历的时间与寿命相当，并且衰老是过了生育年龄以后开始的。有些基因在生育年龄以前和生育过程中可能损害身体，自然选择就会小心翼翼地将其清除掉——如果某些个体表达了这些基因，那么就在其年龄尚小的时候杀死他们，或者降低其生育率，其余不表达这些基因的个体就可以繁衍下去。但是，有些基因在生育年龄之后才会损害身体，自然选择就不会将其清除，因为此时已经年老，无法再生育了。以邓尼特的管鼻鹱照片为例，管鼻鹱的寿命比一只老鼠长得多，是因为它的生活环境中没有天敌，而老鼠有天敌猫和猫头鹰。通常情况下，老鼠的寿命在 3 岁以下，所以，自然选择就不会清除那些对 4 岁以上的老鼠才有损伤的基因，然而，管鼻鹱却可以活 20 岁以上，并且还能生育，所以，那些会损伤

20 岁管鼻鲼的基因就被无情地清除掉了。

史蒂文·奥斯塔德（Steven Austad）在萨佩洛岛（Sapelo）进行的一个自然实验，支持了这一理论。萨佩洛岛距离美国佐治亚州海岸 5 英里，岛上有一种北美负鼠，已经与世隔绝达 10 000 年。负鼠与许多有袋类哺乳动物一样，衰老得十分迅速。它们衰老后会患上白内障、关节炎，皮肤裸露，感染寄生虫等，通常会在两岁的时候死亡。但事实上，它们的死亡往往与衰老无关，因为还不到两岁，它们可能已经被卡车撞死，或者被土狼、猫头鹰和其他天敌吃掉了。奥斯塔德推测，萨佩洛岛上的北美负鼠，由于不存在天敌，它们的寿命更长，并且，它们在两岁以后才会受到自然选择的考验，因此它们的身体状况比普通负鼠要更好，也就是说，它们衰老得更慢。最终事实证明，这个推测很准确，萨佩洛岛上的北美负鼠寿命更长，衰老也更慢，它们体质很好，在两岁的时候还能成功生育，这在美洲大陆上很少见。并且，它们的肌腱也不像美洲大陆上的负鼠那样僵硬。[8]

有关衰老的进化理论适用于所有物种，它解释了为何衰老慢的动物往往体型大（大象）、自我保护能力强（乌龟和刺猬），或很少受到天敌的威胁（蝙蝠和海鸟），其解释是令人满意的。这些物种意外死亡或是被其他天敌吃掉的可能性不大，所以，那些能够使它们在年龄较大时保持健康的基因就会表达。

当然，几百万年以来，人类就符合这些特征：体型较大，会使用武器很好地保护自己（即使黑猩猩都能够使用木棍将豹子赶走），也没有什么天敌。因此，人类衰老得很慢，并且随着时代的变化有可能越来越慢。在自然状态下，人类 5 岁以下婴儿的死亡率为 50%，这一比率在现代西方社会里是高得令人发指的，但同其他动物相比，还是很低的。石器时代时，人类的祖先在大约 20 岁的时候开始生育后代，一直持续到大约 35 岁，之后要照顾子女大约 20 年，这样，如果他们在 55 岁时死亡，就不会影响他们繁殖和哺育后代。因此，大多数人会在 55～75

岁时开始头发花白、身体僵硬、体质变弱、关节硬化、眼花耳聋，这就没有什么奇怪的了。这时，人体的所有系统都开始发生"故障"，就像一个老故事里讲的那样：底特律有个汽车制造商，他雇人到存放毁损车辆的场所，去找那些没有损坏的零件，日后可以用来制造低规格的车辆。人体的各个"部件"是由自然选择设计的，在其"使用年限"里，人们恰恰可以完成对后代的哺育。

根据自然选择的设计，人体端粒的长度最多能够经受 75～90 年的磨损、消耗和修复。也许，自然选择给了管鼻鹱和乌龟更长的端粒，给了北美负鼠更短的端粒，对此，还尚无定论。人体内每条染色体的端粒长度从 7 000 到 10 000 个字母不等，差别很大。也许，从本质上讲，人与人之间的寿命差异，就是端粒长度的差异。端粒的长度和寿命一样，受遗传的影响很大。有些长寿的家族，其成员往往可以活到 90 岁以上，他们和别人相比，也许有着更长的端粒，因此能够经受更长时期的磨损。根据出生证明，法国阿尔勒的珍妮·卡尔蒙（Jeanne Calment）女士是第一位活到 120 岁的人，1995 年 2 月她度过了 120 岁生日。也许，在她体内就有更多的"TTAGGG"。她在 122 岁时去世，她的弟弟也活到了 97 岁。[9]

不过，事实上，卡尔蒙女士之所以长寿，也许与其他基因有关。如果身体衰老得很快，端粒再长也无济于事。这种情况下，细胞需要不断分裂，以修复损坏的组织，端粒很快就会被消耗殆尽。维尔纳氏综合征（Werner's syndrome）患者很不幸，他们早熟，过早衰老，并且这些特征是遗传的。开始的时候，他们体内的端粒与常人一样，但端粒缩短的速率确实比常人快得多。人体内存在自由基原子，这些自由基原子带有体内有氧反应产生的不成对电子，会损害身体，而这些病人体内缺乏修复这些损伤的能力。自由基很危险，铁锈就是它导致的。人体也会因为氧化作用而不断"生锈"。大多数与长寿有关的基因都会抑制自由基的形成，最起码果蝇和老鼠体内是这样的，这意味着，这些基因会阻止自由基对人体造成损害，而不是延长修复这些损伤细胞的寿命。科学家已经利用线虫体内的基因培育出一种菌株，其寿命极长，如果换算成人类的寿命，可长达 350 岁。迈克尔·罗斯（Michael Rose）一直致力于从果蝇体内选取"长寿基因"，已有 22 年之久，他从每一代果蝇中选取寿命最长的来繁殖下一代。目前，他培育的"玛士撒拉"（《圣经·创世记》中人物，据传享年 965 岁）果蝇可以存活 120 天，是野生果蝇寿命的两倍。当野生果蝇到达死亡年龄时，这种果蝇才刚开始生育。并且，没有任何迹象显示这种果蝇已经达到了寿命的极限。一项针对法国百岁老人的研究发现，在他们的 6 号染色体上有一种基因，这种基因有三种不同的形式，似乎与长寿有关。有趣的是，其中一种基因形式在长寿男性的体内很常见，另一种则在长寿女性的体内很常见。[10]

人们逐渐发现，寿命与许多其他的事情一样，也受到很多基因的影响。有专家估计，人体内影响寿命的基因多达 7 000 个，占基因总数的 10%。因此，"一个衰老基因"的说法本身就是错误的，更不用提"唯一的衰老基因"了。衰老几乎是在体内的各个器官中同时发生的，任何一个器官内起决定性作用的基因都可能导致衰老，并且这是符合进化规律的。几乎人体内的所有基因都会产生一些突变，从而导致人过了生育年龄之后便开始衰老，这些突变的影响缓慢而温和，不会突然对人体产生巨大的伤害。[11]

科学家在实验室里使用的无限增殖细胞系，无一例外，都是从癌症细胞提取出来的。其中最著名的当属海拉（Hala）细胞系了，这个细胞系来自一位黑人宫颈癌患者，她的名字叫海瑞塔·拉克斯（Henrietta Lacks），1951 年死于巴尔的摩。在实验室里，她的癌细胞增殖极为疯狂，经常"入侵"其他实验样品，"占领"它们的培养皿。1972 年，它们莫明其妙地被带到了俄国，让那里的科学家误以为发现了新的癌症病毒。人们曾使用海拉细胞培育小儿麻痹疫苗，并将其送入太空。目前，海拉细胞在全世界的重量累计已达海瑞塔体重的 400 倍，并且还在不断增殖，真是一个奇迹。但是，任何人在使用海瑞塔细胞时，均未征得她本人或家人的同意，这样，当她的家人得知她的细胞长生不死时，感情受到了伤害。亚特兰大市将每年 10 月 11 日定为海瑞塔·拉克斯日，以纪念这位"科学女英雄"——这一天的到来可谓是姗姗来迟。

简单来说，海拉细胞里有着优质的端粒酶。如果在海拉细胞里添加反义 RNA（这种 RNA 携带的信息与端粒酶 RNA 中的完全相反，会与端粒酶 RNA 粘在一起），就会抑制端粒酶的功能。这时，海拉细胞便不再是永生的了，它们大约经过 25 次细胞分裂之后，便开始衰老并死亡。[12]

癌症需要活跃的端粒酶，凭借端粒酶，肿瘤才能充分发挥生化作用，保持不断增殖，长生不死。但是，癌症是一种典型的老年病，其发病率随着年龄的增长稳步上升。尽管它在不同物种里的发病率有所不同，但总是和年龄增长有关：对于地球上所有的物种而言，它们在年老时比年轻时更容易患上癌症。年龄是罹患癌症的最主要风险。环境之所以也属于风险因素，有一部分原因是因为它加快了衰老进程。比如，吸烟会损伤肺，细胞在修复肺部损伤时，就要消耗端粒。因此，根据端粒的磨损程度，这些吸烟者的细胞就比其他人的衰老得更严重。在人的一生中，出于修复损伤或其他原因，皮肤、睾丸、乳房、结肠、胃和白细胞等组织器官的细胞分裂很频繁，它们也更加容易产生癌症。

这其实是一个矛盾——端粒缩短意味着患癌症的风险增加，但是，保持端粒长度的端粒酶却是肿瘤所必需的。如果一个肿瘤要转成恶性，激活端粒是必须发生的最基本突变之一，了解到这个事实，才有可能解决这个矛盾。现在，杰龙公司在克隆了端粒酶基因之后股票价格大涨的原因就很清楚了，因为这一成果为形成癌症的普遍疗法带来了希望。只要攻克了端粒酶，就能有效地抑制肿瘤细胞的生长。

15 号染色体
Genome

性　别

　　所有女人都会变得像她们的母亲一样，这是女人的悲剧。但没有男人变得像他们的父亲，这是男人的悲剧。

　　《不可儿戏》奥斯卡·王尔德

西班牙首都马德里的普拉多博物馆里，挂着两幅 17 世纪宫廷画师胡安·卡雷尼奥·德·米兰达（Juan Carreno de Miranda）的作品，名字分别为"穿衣服的恶魔"（La Monstrua vestida）和"不穿衣服的恶魔"（La Monstrua desnuda）。这两幅画描绘的是一个名叫尤金尼娅·马丁内斯·瓦列霍（Eugenia Martinez Vallejo）的 5 岁小女孩，她极度肥胖，却无丝毫凶神恶煞之相。但她身上确实有些地方很怪异：她太胖了，对于 5 岁的年龄显得过于臃肿，手和脚又异常的小，眼睛和嘴的形状很古怪。或许，她曾经在马戏团被当成畸形人展出。现在看来，她的症状符合一种罕见的遗传疾病：帕 – 魏二氏综合征（Prader-Willi syndrome）。其典型症状为：出生时全身松弛，皮肤苍白，不会吸食母乳，但在以后的生活中却会拼命吃东西，从不会觉得吃饱，最终变得肥胖。有这样一个例子，一个患帕 – 魏二氏综合征患儿的父母发现自己的孩子在从商店回家的途中，坐在汽车后座上吃了整整一磅⊖生的熏猪肉。这种病的患者长着小手小脚，性器官发育不全，智力轻微迟钝。他们会时不时大发脾气，尤其是想吃东西却被拒绝时更是如此。但他们却特别擅长完成拼图游戏，一个医生称其为"拼图的天赋"。[1]

首例帕 – 魏二氏综合征于 1956 年由瑞士医生确诊，也许是另一种罕见的遗传疾病。尽管在本书中我一再保证不写这类疾病了，毕竟基因并非为了致病而存在，但与这种疾病相关的基因有些奇怪之处。20 世纪 80 年代，医生发现，在有帕 – 魏二氏综合征患者的家庭中，有时会出现一种另一种疾病，其症状与帕 – 魏二氏综合征几乎完全相反，这就是安吉尔曼综合征（Angelman's syndrome）。

哈里·安吉尔曼（Harry Angelman）是兰开夏郡沃灵顿镇的一位医生。他发现有极少数孩子像木偶一样，并且首先意识到这些"木偶孩子"患有一种遗传疾病。与帕 – 魏二氏综合征相反，这些患儿身体并不软，而是绷得很紧。他们身材瘦小，却异常活跃，失眠，头很小，下巴却很长，还经常把大舌头伸出来。他们

⊖　1 磅 =0.453 592 37 千克。——译者注

动作僵硬，一停一顿，像木偶一样。他们天性愉悦，总是笑个不停，还时不时爆发出一阵大笑。但是，他们智力严重迟钝，永远也学不会说话。安吉尔曼综合征患儿比帕-魏二氏综合征患儿更罕见，但有时会在同一个家族中出现。[2]

病因很快便查明了。帕-魏二氏综合征和安吉尔曼综合征患者的15号染色体是不完整的，都缺失了相同的一段。两者的区别在于，在帕-魏二氏综合征患者体内，缺失的部分来自父亲的染色体，而在安吉尔曼综合征患者体内，缺失的部分来自母亲的染色体。也就是说，如果通过男性传给下一代，就是帕-魏二氏综合征；如果通过女性传给下一代，就是安吉尔曼综合征。

这些事实颠覆了遗传学创立以来所有关于基因的知识，它们似乎并不符合基因组的数字特性，还暗示着基因不仅仅是一个简单的基因，它还携带着关于自己出身的秘密。基因记录了它来自父方还是母方，因为在受精卵形成那一刻起，它就得到了一个来自父亲或母亲的印记——就像来自某一方的基因是用特殊字体写成的。在每个细胞里，都有活跃着的基因，两条染色体中带有"印记"的那个会表达其性状，不带"印记"的则不表达。因此，身体只会表现出遗传自父亲的基因特征（如帕-魏二氏综合征），或只表现出遗传自母亲的基因特征（如安吉尔曼综合征）。这是怎么发生的，我们全然不知，但我们已经开始在了解它了。研究其成因将是一个非同寻常而又充满挑战的进化论课题。

20世纪80年代后期，费城和剑桥的两个科学家小组获得了一个惊人的发现。他们尝试创造一种单性生殖的老鼠，即这种老鼠只有父亲或母亲。由于当时受到技术水平的制约，无法直接使用体细胞克隆老鼠（成功克隆多莉后，这项技术突飞猛进），费城的那组交换了受精卵中的原核。卵细胞在受精时，精子携带染色体进入卵细胞，不会马上与卵细胞核融合在一起，这时的两个细胞核就被称为"原核"。一个科学家想出一个聪明的办法，使用移液管将受精卵中的精子原核吸出，使用另一个卵细胞原核进行替换；或者使用同样的方法，使用另一个的精细胞原核替换受精卵里的卵细胞原核。根据基因学原理，这样得到的两个受精卵中，一个有两条父亲的染色体，没有母亲的；另一个则有两条母亲的染色体，没有父亲的。剑桥那组使用的技术稍微不同，但也得到了同样的结果。但这两组得到的胚胎都未能正常发育，很快就在子宫中死亡了。

在有两条母源染色体的那组实验里，胚胎结构正常，但无法形成胎盘，以供给胎儿所需的营养。而在有两条父源染色体的那组实验里，形成的胎盘既大又正常，胎膜也基本上包裹着胎儿。但在胎膜里应该是胚胎的位置上，却是一团乱糟糟的细胞，也看不出胎儿的头在哪里。[3]

这些实验得出了一个非同寻常的结论：遗传自父亲的基因负责形成胎盘；遗传自母亲的基因负责胚胎部分的发育，尤其是头部和大脑的发育。为什么会这样呢？5年后，当时在牛津的戴维·黑格（David Haig）认为他找到了答案，他重新诠释了哺乳动物的胎盘。他认为胎盘不是用来维持胎儿生命的母体器官，而是胎儿自身的一个器官。胎儿利用胎盘"寄生"在母体的血液循环系统里，从而为胎儿发育扫清障碍。他发现，胎盘事实上"钻进"了母体的血管里，迫使血管扩张，进而释放激素以升高母体的血压和血糖。母体的反应就是提高胰岛素水平来抵御由于这种"入侵"导致的血糖升高。但是，如果由于某些原因，胎盘未能释放这些激素，母体就不会提高胰岛素水平，怀孕期间的各项指标就可能是正常的。换言之，尽管母体和胎儿有着共同的目标，但两者就胎儿应该从母体获取多少资源这一细节问题上有着严重的分歧——这种情况与断奶时母亲与子女的冲突如出一辙。

毕竟，胎儿有一部分是来自母亲的基因，因此它们能够发现自己和母体存在一些利益冲突，这并不奇怪。而胎儿中来自父亲的那些基因则不存在这种顾虑，它们心中没有母体的利益，对于它们而言，母体只是一个栖身场所而已。换一种形象的说法，来自父亲的基因不相信来自母亲的基因能够产出一个足够强大的胎盘，因此它们要自己完成这项工作。因此，在上述有两条父源染色体的那组实验里，我们在胚胎的胎盘基因里发现的是来自父亲的印记。

黑格的理论包含一些推测，其中有很多很快便被证实了。特别值得一提的是，他预测了卵生动物的基因里没有来自父母的"印记"。因为卵内的细胞无法影响母体对卵黄大小的作用，不能影响母体在卵黄大小方面的投入，因为在它开始影响母体之前，就已经离开母体了。与之类似，袋鼠等有袋类动物使用育儿袋代替了胎盘，根据黑格的假设，这些动物的基因也没有"印记"。迄今为止，黑格的理论看上去是正确的。基因印记是胎盘哺乳动物和那些种子依赖母体才能存活的植物所特有的。[4]

黑格很快有了更大的进展。他注意到，老鼠体内新发现的一对带有印记的基因发挥着控制胚胎发育的功能，这与他先前的预测完全一致。类胰岛素蛋白 IGF_2 是一个由单基因表达的小型蛋白。该蛋白在胚胎发育期大量表达，然而在成人期却不再表达。IGF_2R 是附着在 IGF_2 上的一种蛋白，其作用尚不清楚。有可能 IGF_2R 存在的目的就是对抗 IGF_2。你看，IGF_2 和 IGF_2R 均为印记基因：前者仅在父亲来源的染色体上表达，后者仅在母亲来源的染色体上表达。这就好像一场小小的竞赛，来自父方的基因鼓励胚胎的生长，而来自母方的基因则防止其发育过度。[5]

黑格的理论预测，印记基因主要以拮抗基因的形式出现。在某些情况下，甚至对于人类而言，这种预测是正确的。人类的 IGF_2 基因位于 11 号染色体，带有父方的印记。如果有人偶然遗传了两个父方的基因，他们就会患上贝克威斯－韦德曼氏综合征（Beckwith-Wiedemann syndrome），症状为心脏和肝脏发育过大，胚胎组织肿瘤多发。尽管人类的 IGF_2R 基因没有印记，但确实有一个带有来自母亲印记的基因：H_{19}，它是 IGF_2 的拮抗基因。

如果印记基因的存在仅仅是为了互相对抗，那么就应该能够同时消除对抗双方的作用，且不影响胚胎的发育。而事实确实如此——移除所有的印记，仍然能够得到正常的老鼠。让我们回顾一下之前讨论过的 8 号染色体，那里的基因是自私的，只顾自己，而不顾整个身体的利益。基因印记几乎没有任何内在目的性（尽管许多科学家不以为然），它的存在只是自私的基因和两性对抗理论的一个具体事例罢了。

一旦你开始认为基因是自私的，你的脑海里就会真正迸发出一些奇妙的想法。看看下面这个例子。对于受父亲基因影响的胚胎，它们与其他同父胚胎分享子宫环境时的行为，和它们与其他异父胚胎分享子宫环境时的行为是不同的。而在上述的第二种情况下，它们表现得更加自私。一旦有了这种想法，通过实验来验证这个预测就很简单了。并不是所有的老鼠都是一样的，对于某些种类的老鼠，比如鹿白足鼠（peromyscus maniculatus），母鼠会与多只公鼠交配，因此每一胎幼鼠通常都有好几个不同的父亲。而另一种叫作东南白足鼠（peromyscus polionatus）的老鼠，母鼠则是严格的一夫一妻制，每一胎幼鼠都只有一个父亲。

如果让鹿白足鼠和东南白足鼠杂交，生出的幼鼠会是什么样子呢？有两种情况。如果公鼠是一妻多夫制的鹿白足鼠，则生出的幼鼠个头就很大；如果公鼠是一夫一妻制的东南白足鼠，则生出的幼鼠个头就很小。能看出原因吗？鹿白足鼠的父系基因，预期它会在子宫里遭遇其他父系基因的竞争，所以就发展出了抢夺母亲资源的能力，而不惜损害其他胎儿的利益。反之，如果父方为东南白足鼠，则来自鹿白足鼠的母系基因，因意识到子宫内的胚胎会极力争夺资源，就会主动予以反制。东南白足鼠子宫内的竞争不太激烈，咄咄逼人的鹿白足鼠父系基因并没有受到太多的反抗，便赢得了这场战争：如果幼鼠的父亲是多配偶的，它们的个头就大；如果它的母亲是多配偶的，个头就小。这个实验就很好地演示了基因印记理论。[6]

就像许多非常吸引人的理论那样，这个实验很完美了，完美得难以置信。但事实上，并非如此。具体来讲，他有一个预测没有得到证实：印记基因进化速度比其他基因快。这是因为两性对抗会促使分子进行"军备竞赛"，每种分子通过抢占先机而获益。通过一个接一个地比较不同物种的印记基因，并没有发现上述预测中的现象。相反，印记基因似乎进化得很慢。因此，更加令人信服的说法是，黑格的理论解释了基因印记中的一部分现象，而非全部。[7]

基因印记有个非常有趣的结果。在一个男人体内，来自母亲的 15 号染色体上有一个印记，表明其来自母方。但是，当他把这个基因遗传给他的子女时，这个基因就会获得一个标记，以表明它来自这个男人，即父方。也就是说，这个基因在父亲体内从母源转换为父源，而在母亲体内由父源转换为母源。我们知道这种转换确实存在，比如在一小部分安吉尔曼综合征患者体内，除了这两条染色体的行为表现为都来自父体外，没有其他任何染色体异常。也有转换失败的案例，这些案例可以追溯到上一代体内的某些突变，这些突变影响了"印记中心"（一小段距相关基因都很近的基因），通过某种方式将父体标记印刻在了染色体上。这个标记就是一个基因的甲基化，就是我们曾在 8 号染色体那一章里讨论过的那种。[8]

大家应该还记得，字母"C"的甲基化能够使基因沉默，并且将"自私"的基因"软禁"起来。但是，在胚胎发育早期，即形成囊胚的时候，甲基化被去除了，之后在发育的下一个阶段，即原肠胚形成期，甲基化又恢复了。不知何故，印记基因不会经历这个过程，它们经历脱甲基化。至于它们如何做到这点的，人们发现了一些有趣的线索，但尚无定论。[9]

我们现在知道，印记基因不经历脱甲基化，而这一特性多年来一直是科学家试图克隆哺乳动物的唯一阻碍。蟾蜍很容易被克隆，只需把体细胞内的基因注入蟾蜍的受精卵即可。但是这种方法对于哺乳动物是不起作用的，就是因为雌性体细胞基因组内有些重要的基因由于甲基化而不再表达，而雄性体细胞内又有另一些不被表达的基因，即那些印记基因。因此，当科学家发现基因印记后，便满怀自信地宣布：克隆哺乳动物是完全不可能的。被克隆的哺乳动物出生后，它们在这两条染色体上的印记基因要么全部表达，要么全部不表达。这样就破坏了动物细胞所需要的数量，从而导致动物无法发育。发现基因印记的科学家 [10] 曾写道：
"从逻辑上推导，用体细胞克隆哺乳动物的可能性是不存在的。"

之后的 1997 年 2 月，克隆羊多莉出生了。多莉是一只克隆的苏格兰绵羊。至于多莉和它后来的克隆怎么避开基因印记这个问题的，至今不得而知，甚至对于克隆它的科学家也是一个谜。但看上去，在克隆过程中处理多莉的细胞时，采取的某些方法肯定把基因标记都清除了。[11]

15 号染色体上带有印记的那个区域大概包含了 8 个基因。其中有一个名为 UBE_3A 的基因，它一旦被损坏，就会引发安吉尔曼综合征。UBE_3A 基因旁边的两个基因与帕 – 魏二氏综合征有关，一个名为 SNRPN，另一个名为 IPW。一旦它们被损坏，就会引发帕 – 魏二氏综合征。也许还有其他致病原因，我们姑且认为 SNRPN 就是罪魁祸首。

这两种疾病并不总是由于这 8 个基因中的某个突变引起的，还有其他致病的原因。当一个卵子在女性卵巢里形成的时候，正常情况下它能够获得每条染色体的一个副本，但在极少数情况下，一对来自父方的染色体未能分离，这个卵子就得到了两个同一条染色体的副本。当精子与卵子结合后，胚胎就有了那条染色体的 3 个副本，两个来源于母亲，一个来源于父亲。这种情况在高龄孕妇中更常见，往往导致胚胎死亡。只有这 3 条染色体都是最小的 21 号染色体时，胚胎才能够发育成胎儿，但在出生后也仅能存活几天。结果便是，这样的胎儿患有唐氏综合征。除此之外，多出的这条染色体会扰乱细胞内的生化反应，导致胚胎无法发育。

但是，在大多数情况下，不等未发展到这一步，人体已经有办法解决这个"三条染色体"的问题了。它会"删除"一条染色体，剩下两条，从而恢复到正常状态。问题在于，这种"删除"是随机的，无法确定"删除"的那条是两条母源染色体之一，还是唯一的那条父源染色体。尽管这种随机"删除"机制有 66% 的可能性去除多余的母源染色体，但也会有发生事故。如果那条唯一的父源染色体被错误地"删除"了，胚胎就会愉快地带着两条母源染色体继续发育。大多数情况下影响不大，但如果多余的是 15 号染色体，后果马上就会显现出来。如果胎儿体内有两个来自母体的印记基因 UBE$_3$A，而没有来自父体的印记基因 SNRPN，结果就是罹患帕 - 魏二氏综合征。[12]

表面上看，UBE$_3$A 并不是一个有趣的基因。它生产"E3 泛素连接酶"，这是一种负责"中层管理"工作的蛋白质，很不起眼，位于某些皮肤和淋巴细胞里。之后在 1997 年年中，三组不同的科学家突然发现，在老鼠和人类的大脑里，UBE$_3$A 基因是表达的。这一发现无异于晴天霹雳。帕 - 魏二氏综合征和安吉尔曼综合征患者的大脑都有些异常。更加惊人的是，有确凿证据表明：大脑里还有其他活跃着的印记基因。特别值得注意的是，老鼠的前脑主要由来自母体的印记基因形成，而下丘脑（位于丘脑下方）则主要由来自父体的印记基因形成。[13]

这种不平衡状态是通过"老鼠'嵌合体'的形成"这个巧妙的科学实验发现。嵌合体由两个基因不同的个体融合而成。这种情况是自然形成的——你可能见过这样的人，也许你自己就是这样的，但是如果不进行细致的染色体检查，你就不会意识到。两个带有不同基因的胚胎恰巧融合在一起，之后就像一个人那样继续发育。这种情况与同卵双胞胎恰恰相反——嵌合体是一个身体里有两套不同的基因组，而同卵双胞胎是两个不同的身体带有完全相同的基因组。

在实验室里制造老鼠的嵌合体是相对容易的，只要小心地将两个早期胚胎进行融合就可以了。但剑桥小组实验的与众不同之处在于，他们把一个正常老鼠的胚胎和一个特殊的胚胎融合在一起。后者的特殊之处在于，它是由一个卵细胞和另外一个卵细胞核"受精"形成的。因此，这个特殊的胚胎只携带了来自母体的基因。结果，生出来的老鼠脑袋硕大无比。当这些科学家通过融合正常的老鼠胚胎和父源胚胎（使用精子细胞核置换受精卵中的卵细胞核，由这样的卵细胞发育而成的胚胎)形成嵌合体时，生出的老鼠正好是相反的：身体很大，脑袋很小。在母体细胞上安装一种特殊的生化无线信号发射器，用于报告它们所处的位置。科学家通过这些信号取得了重大发现：老鼠大脑里大部分的纹状体、大脑皮层和海马体都是由这些来自母体的细胞发育而成的。但这些母体细胞被排斥在了下丘脑之外。大脑皮层的主要作用是处理感官信息，产生相应的行为反应。相比之下，来自父体的细胞在大脑里较少，主要集中在肌肉里。大脑里的父体细胞主要负责下丘脑、杏仁核和视前区的发育。这些区域都是"大脑边缘系统"的组成部分，负责控制感情。其中一位科学家罗伯特·泰弗士（Robert Trivers）提出一个观点：这种不同反映出大脑皮层需要与来自母体的细胞共处协作，而下丘脑则是一个依靠自我独立运行的器官。[14]

换言之，如果我们认为，在胎盘的形成过程中，来自父方的基因不信任来自母亲的基因能完成好这项工作，那么在大脑皮层发育过程中，来自母亲的基因就不信任来自父亲的基因。如果我们像老鼠一样，我们就能够带着母亲的思想，怀着父亲的心情活着（如果思想和心情能够遗传的话）。1998年，在老鼠体内发现了另一种印记基因，它有着一种不同寻常的功能，能够决定雌老鼠的母性行为。正常携带这种MEST基因的老鼠会细心照料幼鼠。如果母鼠体内这种基因不能正常工作，那么它们仍然是正常的老鼠，只不过是不称职的鼠妈妈。它们建造不出像样的窝，不会及时把出去乱逛的幼鼠衔回来，不会帮幼鼠保持干净，总而言之就是对幼鼠不闻不问。因此它们的幼鼠通常会死去。让人难以理解的是，这种基因是从父体遗传而来的——只有遗传自父亲的基因才发挥作用，而来自母亲的基因则不表达。[15]

这些事实是无法简单地通过黑格关于胚胎发育冲突的理论进行解释的。但是日本生物学家岩佐庸（Yoh Iwasa）的理论能够解释这一切。他指出，因为父亲的性染色体决定着后代的性别——如果他传下一条X染色体，而不是Y染色体，则后代为女性——来自父亲的 X 性染色体只能出现在女性身上。这样，女性特有的行为就只应从来自父亲的染色体上表达。如果这些女性特有的行为也由来自母体的 X 染色体表达，则它们也可能出现在男性身上，或者在女性身上表现得过于突出。这样，控制母性行为的基因带有父方遗传的印记就很合理了。[16]

伦敦儿童健康研究所的戴维·斯库塞（David Skuse）和他同事进行了一项不同寻常的观察实验。有力地证明了岩佐庸的理论。斯库塞找到 80 位特纳氏综合征女性患者和患儿，年龄在 6 ～ 25 岁。如果全部或部分 X 染色体缺失，就会导致患特纳氏综合征。男性只有一条 X 染色体，而女性所有体细胞内都有两条 X 染色体，只是其中的一条不再表达。因此，从理论上讲，特纳氏综合征不会导致女性发育异常。事实上，特纳氏综合征女性患者拥有正常的智商和外貌，但她们在"社交适应"方面存在问题。斯库塞和他的同事们决定比较两种类型的特纳氏综合征的女性患者：第一类缺失来自父亲的 X 染色体，另一类缺失来自母亲的 X 染色体。25 位缺失母亲 X 染色体的女性患者表现为"语言能力强和执行能力高，能够调控社会交际"，其社交适应性明显高于其余 55 位缺失父亲 X 染色体的患者。斯库塞及其同事给患儿进行标准化认知测试，对其父母进行问卷调查以评估患儿的社交适应性。在问卷中，询问了父母自己的孩子的一些表现：是否关注别人的感受；意识不到别人烦躁或生气；觉察不到自己的行为对其他家人的影响；苛求别人的时间；当心情不好时很难与之讲道理；不能意识到自己的行为伤害了别人；不服从命令，如此，等等。父母需要回答 0（表示"从无此表现"）、1（表示"有时会有"）或 2（表示"总是或经常如此"）。之后，将 12 个问题的得分相加。结果是，所有患有特纳氏综合征的女孩的得分都高于正常的男孩和女孩。而缺失父方 X 染色体的女孩的分数，要比缺失母方 X 染色特的女孩的得分则高出一倍以上。

由此可以得出如下结论：X 染色体上的某个地方带有一种印记基因，正常情况下它只在父源 X 染色体副本上表达。这种印记基因通过某种方式促进了人的社交适应性，比如理解他人感受的能力。通过观察只缺失部分 X 染色的患儿，斯库塞及其同事得到了进一步的证据来证明这个理论。[17]

这项研究影响深远，体现在两个方面：第一，它解释了为什么男孩比女孩更容易患儿童自闭症和读写困难症，遭遇语言障碍和其他社交方面的问题。男孩只能从母亲那里得到一条 X 染色体，带有母亲的基因印记，而一旦这个基因不表达，他就会遇到上述问题。撰写本章内容时，科学家还未找到这个基金，但已经确定 X 染色体上确实带有印记基因。

与第一个影响相比，第二个影响更具普遍意义。从 20 世纪末起，人们持续对一个问题争论不休：两性差异是"先天禀赋"还是"后天养成"的？斯宾塞的理论很可能结束这个有些可笑的争论。认为"后天养成"的那派完全否定了后天因素对两性差异的影响；而认为"先天禀赋"的那派却很少否认后天因素也有影响。这个问题的关键不在于后天因素是否发挥了作用（因为任何一个头脑正常的人都不会否认其作用），而在于先天因素是否对两性差异有影响。当我在写这一章的时候，我的女儿 1 岁，有一天在一个玩具手推车里发现了一个塑料娃娃。她高兴地叫了起来，那种尖叫和我儿子在 1 岁大时看到拖拉机经过时发出的声音一模一样。对于女儿和儿子对不同的东西感到兴奋，我和很多父母一样，不认为这仅仅是因为我们无意间给他们设置了"社会角色"。从有了最初的自发行为，男孩和女孩就在兴趣爱好方面表现出了明显的差异。男孩更加好斗，对机器和刀枪更感兴趣，动手能力更强。女孩则更善于与人沟通，更喜欢漂亮衣服，更善于语言表达。可以说，男人喜欢看地图、女人喜欢读小说可不仅仅是后天培养的结果。

不管怎样，支持两性差异完全靠"后天养成"的那一派做了一个完美的实验，实验过程却是很残酷的。20 世纪 60 年代，在美国，一例包皮环切手术失败，导致一个小男孩的阴茎严重损坏。后来，医生决定切除损坏的阴茎。他们决定，通过切除男性生殖器、整形手术和激素治疗等方法把这个男孩变成女孩。于是，约翰变成了琼，她穿起了裙子，玩着布娃娃。她长大成了一位年轻的姑娘。1973年，一个弗洛伊德学派的心理学家约翰·莫尼（John Money）突然向公众宣布，琼正值青春年少，很好地适应了女性角色。她的案例结束了人们的一切猜测，结论显而易见：性别角色是在社会环境中建立起来的。

直到1997年，有人发现，这是个谎言。弥尔顿·戴尔蒙（Milton Diamond）和基思·西格孟德森（Keith Sigmundson）找到琼。却发现琼是一个男人，娶了一位女子，生活幸福。他的故事与莫尼公布的事实相差甚远！当他还是孩童时，就总会为一些事情闷闷不乐，总想穿裤子，喜欢和男孩子一起玩儿，想站着撒尿。14岁那年，父亲告诉了他小时候发生的事情，这让他颇感轻松。于是，他停止了激素治疗，把名字改回了原来的约翰，恢复了一个男性应有的生活。他切除了乳房，并在25岁时娶了一个女人，成为她孩子的继父。曾经，他是"性别社会决定建构论"的例证，从那时起，却成了这个理论的反证：性别是由一个人的先天生理角色决定的。动物学中的证据一直证明着这一点：在大多数物种中，雄性行为与雌性行为存在着系统差异，这些差异是先天就存在的。大脑这种器官先天就存在着性别上的差异。如今，来自基因组、印记基因以及与性别相关的行为等方面的证据，都指向这个相同的结论。[18]

16 号染色体
Genome

记　忆

遗传能够修改自己的运行机制。

詹姆斯·马克·鲍德温，1896 年

人类基因组是一本书。对于一个有经验的生物学家而言，只要从头到尾仔细研读，并且充分考虑书中的特殊情况（比如基因印记），他就有可能制造出一个完整的人体。同样，如果弗兰肯斯坦（Frankenstein）⊖拿到这本书，掌握了使用方法，也能够完成这项壮举。之后呢？他造出一个"人"来，并使他长生不老，但是这个"人"要真正地活着，还需要适应环境，能够随着环境的变化而变化，并做出反应。他必须能够摆脱弗兰肯斯坦的控制，完全自主地生活。从某种意义上讲，基因就像玛丽·雪莱（Mary Shelley）小说中那个倒霉的学生一样，它们创造了生命，但也必将失去对生命的控制，因为它们应当赋予生命以自由，让生命寻找自己的道路。基因组并没有规定心脏何时跳动，眼睛何时眨动，也没有告诉大脑何时进行思维活动。即便基因精确规定了一些关于个性、智力和人性的特征，也会在适当的时候让人体自己来做决定。16 号染色体上就有这样一个重要的基因，它将权利"下放"给人体，使人类拥有学习和记忆的能力。

人类的行为在很大程度上是由基因决定的，但人类的行为更多的是受到后天所学的影响。基因组就像处理信息的计算机，它通过自然选择从周围环境中吸收有用的信息，并将这些信息加入人体的"设计图"中。而进化在处理信息方面则极为缓慢，往往需要好几代才能产生一点变化。鉴于此，基因组发现，应当发明一种"机器"以帮助进化。这种"机器"从外界获取信息仅需要短短的几分钟甚至几秒钟的时间，并能把获取到的信息转化为身体的行为。这个机器就是大脑。举例来讲，过程如下：基因组通过神经告诉大脑，手被炉火烫到了，大脑就马上命令手从炉台上挪开。

"学习"属于神经科学和心理学的范畴，它与本能恰恰相反。本能的行为是由遗传决定的，学习则是靠经验获取的，两者并没有什么相同之处，或者在 20

⊖ 《弗兰肯斯坦》西方文学中的第一部科学幻想小说，作者是玛丽·雪莱 (Mary Shelley)。故事主要是在描述一个科学家的疯狂计划，主角弗兰肯斯坦 (Frankenstein) 计划要靠自己的力量创造一个生命体，目的是打造一个完美的人。——译者注世纪的大部分时间里，心理学行为学派使我们相信，这两者没有相同之处。但是，同一件事情里，为什么有些部分是通过学习获得的，而有些却来自本能呢？比如，语言是一种本能，但是方言和词汇却是通过学习获得的。本章要特别提到詹姆斯·马克·鲍德温（James Mark Baldwin），他生活在 19 世纪，是一位很不起眼的美国进化理论学家。1896 年，他写了一篇文章，总结了一场激烈的哲学争论，但他的文章在当时并没有引起注意，确切地讲，是在之后的 91 年中都没有受到重视。但是，幸运的是，在 20 世纪 80 年代后期，几位计算机专家重新研究了他的理论，并且认为该理论可以帮助他们教会电脑如何学习。[1]

鲍德温尝试着解释这样一个问题：为什么有些事情不是一个人生来就有的本能，而必须在生活中通过学习才能获得。人们普遍认为：学习到的就是好的，本能的就是坏的，或者说，学习到的东西更先进，而本能的东西更原始。因此，有些对于动物来讲很自然的事情，人类一定要通过学习来获得，这也是人类的一个标志。人工智能研究者遵循这种说法，很快便将学习能力的研究列为重中之重，他们的目标是制造出多用途、具有学习能力的机器。然而，他们犯了一个事实错误。人类通过本能得到的其实和动物是一样的，人类天生就会爬行、站立、行走、哭泣和眨眼，一只鸡也有这些本能。人类要学习的是超越动物本能之上的事情，比如阅读、开车、存款、购物等。鲍德温在论文中写道："意识的主要作用是使儿童学习遗传没能带给他们的东西。"

而且，当我们迫使自己进行学习时，就将自己置于一个的具有选择性的环境中，这个环境就向人类赋予了解决未来问题的本能。从而，学习慢慢变成了人的本能。在本书 13 号染色体那一章里曾提到，乳品业诞生以后，人类曾遇到过一个麻烦，因为人体无法消化乳糖。第一种解决方法是进行深加工，将牛奶制成奶酪。但是后来，人体进化出了一种解决方法，将产生乳糖酶的能力保持到成年以后。这也许意味着，如果不识字的人在繁衍后代方面长期处于劣势，也许人类有一天会进化到天生就识字的状态。实际上，自然选择的过程就是将从环境中获取的有用信息存储在基因里，所以也可以将人类基因组看作经过 40 亿年积累起来的学习成果。

但是，将本应习得的能力变成人的本能，这样带来的好处是很有限的。比如学习说话这件事情，人类有很强的语言本能，并且灵活性很强。如果根据自然选择的原理，将词汇也变成语言本能的一部分，那么人类肯定不乐意了。因为如果那样，语言将失去灵活性，仅仅成为一种枯燥的工具。在这种情况下，当发明出计算机后，因为基因里没有表示计算机的词汇，人们将不得不将其描述为"当你与它交流时能够思考的东西"。同样地，虽然自然选择考虑到（原谅我这种目的论的说法）要赋予候鸟一套天文导航系统，但这套系统却没有固化。由于地球的岁差运动，方向会随之逐渐发生变化，因此鸟类的每一代都要通过学习来校正自己的星罗盘，这对它们生存下去尤为重要。

鲍德温效应是关于文化进化与遗传进化之间微妙的平衡，两者不是一个事物的正反两个方面，而是具有一致性的，它们互相影响，以得到最好的结果。一只鹰可以从父母那里学到生存本领，从而更好地适应自己的生存环境；一只布谷鸟拥有的所有本领却全部来自本能，因为它们永远见不到自己的父母（布谷鸟在其他鸟类巢里产卵）。布谷鸟必须在其孵出后的几个小时内，把它"养父母"的孩子从鸟窝里挤出去；它们没有父母的带领，却必须在幼年时期迁徙到非洲适合生活的地方；它们必须懂得如何找到毛毛虫，并将它们吃掉；它们必须在第二年春天返回自己的出生地；它们必须为自己找一个配偶；它们必须为自己的孩子找到一个合适的"养父母"——所有这一切都源于它们的本能，并不断获得经验，变得更加熟练。

人们一方面低估了人类大脑对本能的依赖程度，另一方面也低估了其他动物的学习能力。例如，黄蜂就能够通过经验，学会从不同种类的花中采蜜。如果它们只在一种花上采蜜，当见到另一种花时，需要练习一段时间才能学会在这种花上采蜜。但是，一旦学会了采一种花的蜜（比如乌头），它们在形状相似的花上采蜜就会轻松很多（比如虱子草）——这就证明了它们不仅仅只是记住了每一种花的样子，而是总结出了一些抽象的原理。

另外一个著名例子是海参，它和黄蜂一样，也是一种简单的动物，却有着学习能力。很难想到有什么动物比它更渺小了，它个头很小、反应迟钝、结构简单、不能发出声音。它脑子极小，一生中的活动除了吃东西就是交配。有一点倒是让人羡慕，就是它从来不会精神紧张，它只是那么活着，既不会像鸟类那样飞翔和迁徙，也不会像人类一样交流或思考，与布谷鸟甚至野蜂比起来，它的生活太简单了。如果简单动物靠本能、复杂动物靠学习这一理论成立，那么，海参这种低级动物就没有必要学习了。

但海参能够学习。如果有一股水流射到它的鳃上，它会把鳃收缩回去。但是，如果一股股水流持续喷到它的鳃上，这个收缩动作就会逐渐停止。海参会认为这是一个假警报，便不再做出反应。可以说，它"习惯"了水流。尽管这不是学习微积分，但也是一种学习。并且，如果在使用水流射它的鳃之前，先给一次电击，海参就会学着把鳃收缩得更多一些——这一现象被称作"增强敏感度"。就像巴甫洛夫用狗做的那个著名实验一样，海参还可以形成"条件反射"：用一股非常弱小的水流射它的鳃，同时加以电击，海参会收缩鳃；之后，只使用弱小的水流，虽然这样轻微的水流不足以使它的鳃收缩，但是它依然飞快地将鳃收缩回去。换句话说，海参能够像狗或人那样学习：习惯、增敏、进行联想式学习。但这些学习不用经过它们的脑子，负责它们的反射与学习的是腹神经节，那是位于它们腹部的一个小小的神经系统。

这个实验是埃里克·坎德尔（Eric Kandel）做的，他并不是与海参过不去，而是希望达到其他实验目的。他要了解学习的最基本机制是怎样的？学习是什么？

当大脑（或腹神经节）形成了某种新习惯或改变某种行为的时候，神经细胞里发生了什么？中枢神经系统是由很多神经细胞构成的，电信号在每一个细胞里游走，神经细胞之间通过突触相连。当电信号到达突触的时候，它必须首先转换成化学信号，然后才能以电信号的形式继续传输，这个过程就像火车上的旅客经过海峡需要搭乘渡轮一样。坎德尔很快便将研究重点放在了神经细胞之间的突触上，他发现学习的过程似乎在改变它们的特性。这样，当海参习惯于一个假警报之后，接受感官信息的神经细胞与负责鳃收缩的神经细胞之间的突触被以某种方式弱化了。反过来，当海参对某种刺激的敏感度增强后，相关的突触就会得到加强。坎德尔和同事们逐渐用一些巧妙的方法深入探究了海参脑子里的一个分子，它对于突触的强化与弱化起到了关键作用，这个分子叫作环磷腺苷（cyclic AMP）。

坎德尔和同事们发现，围绕着环磷腺苷发生着许多化学变化。且不论这些化学物质的实际名称，暂且称它们为 A、B、C 等，过程如下：

A 制造出 B，

B 激活了 C，

C 打开一个名为 D 的通道，

从而，更多的 E 经由该通道进入细胞内部，

这一过程延缓了 F 的释放，

F 是神经递质，它的功能是携带信息经过突触间隙，将其传递到下一个神经元。

现在，恰巧 C 通过改变 CREB 蛋白形状的形式将这一蛋白激活。动物如果缺少这种被激活的 CREB 蛋白（全称为 cAMP response element binding protein，意为环磷腺苷反应元件结合蛋白），仍然可以学习，但是大约一个小时之后就会将先前学到的东西全部忘掉。这是因为，CREB 蛋白一旦被激活，其基因就开始表达，从而改变突触的形状和功能。以这种方式被激活的基因称为 CRE 基因（全称为 cAMP response element，意为环磷腺苷反应元件）。如果再进一步细致讲解，你一

定会觉得太枯燥无味，不想再看继续看下去了。不过请再忍耐一下，马上你就会觉得豁然开朗了。[2]

其实并没有这么复杂，下面轮到"笨蛋"果蝇上场了。"笨蛋"果蝇是果蝇的一种突变体，它无法在某种气味和遭受电击之间建立联系。"笨蛋"突变发现于 20 世纪 70 年代，是一系列"学习突变"中的第一个。人们通过使用射线照射果蝇，使其产生突变，之后让这些果蝇去完成一些简单的学习任务。将那些无法完成任务的果蝇进行繁殖，就得到了"笨蛋"果蝇。继"笨蛋"果蝇之后，人们陆续发现了其他果蝇的突变体。分别命名为"白菜""健忘""芜菁""小萝卜"和"大萝卜"等。（这又一次证明了，果蝇遗传学家在给基因命名的时候很随意，人类遗传学家就严谨得多。）到目前为止，总共在果蝇体内发现了 17 种"学习突变"。冷泉港实验室的提姆·塔理（Tim Tully）受到了坎德尔海参实验的启发，开始着手研究出现这些突变的果蝇，希望发现其中的缘由。让塔理和坎德尔高兴的是，在这些果蝇体内发生突变的基因都与环磷腺苷的形成或反应有关。[3]

紧接着，塔理指出，如果能够消灭果蝇的学习能力，就也应该能够改变或加强它的学习能力。他移除了果蝇体内制造 CREB 蛋白的基因，从而制造出了一种能够学习却记不住所学内容的果蝇——这种果蝇学到的东西很快就从记忆里消失了。不久之后，他又制造出另外一种果蝇，它们学习的速度很快，例如，对于出现某种气味后会有电击这样一种情景，普通果蝇要学习十余遍才能记住，而这种果蝇只需要一遍就可以了。塔理说这些果蝇能够做到"过目不忘"，但它们还不够聪明，不会总结归纳。就像有人读了许多书，了解到太阳会把人晒伤，之后他就再也不在晴天骑车出门了。[有个叫舍拉舍夫斯基（Sherashevsky）的俄国人，以超常的记忆力著称，他就遭遇了这样的问题。这种人的脑子里存储了各种知识，却经常无法抓住重点。实际生活要求人们能够合理地记忆和遗忘，我常常遇到这种现象：我能够轻易辨认出看过的一段文章或听过的一段广播，但我背不出里面的内容，也就是说，这些记忆隐藏在意识的深处。也许，对于那些记忆力超群的人，他们的记忆埋藏得不够深。][4]

塔理相信，CREB 蛋白在学习和记忆机制中处于核心位置，是一种主导基因，能够激活其他基因的表达。这样，就学习能力开展的研究最终变成了对基因的探究——要研究某种生物可以进行学习，而不仅仅依靠本能，是不能摆脱基因的影响的。只不过人们发现，理解学习能力最好的方法是了解基因，并了解基因的产物是如何使得学习成为可能的。

到目前为止，人们已经知道 CREB 蛋白并非果蝇和海参所特有的。老鼠体内也有这种基因，并且已经培育出敲除了 CREB 基因的老鼠。同预测的一样，这些老鼠连最简单的东西都学不会，比如，它们记不住游泳池水下平台的位置（这是老鼠学习能力实验的标准测试），它们也无法记住哪种食物是安全的。如果向老鼠大脑中注射 CREB 基因的反义基因（能够短期内抑制 CREB 基因的表达），老鼠就会暂时失忆。相反，如果它们的 CREB 基因异常活跃，就会拥有超常的学习能力。[5]

从进化的角度看，老鼠与人类只有毫发之差。人类也有 CREB 基因，位于 2 号染色体上，但是它的正常工作离不开 CREBBP（CREB 结合蛋白，全称为 CREB binding protein），CREBBP 位于 16 号染色体上。16 号染色体上还有另外一个学习基因，名为 α- 整联蛋白。本书中关于"学习"的章节将对这两个基因展开讨论。

果蝇的环磷腺苷系统在大脑的蘑菇体区域内异常活跃，蘑菇体是指果蝇大脑中一些神经元构成的蘑菇形突起。如果果蝇的大脑里没有蘑菇体，它通常就无法学习气味与电击之间的联系。CREB 蛋白和环磷腺苷似乎就是在蘑菇体里工作，但是直到最近才弄清楚它们具体的工作原理。通过系统地搜寻其他由于突变导致学习和记忆能力丧失的果蝇，休斯敦的罗纳德·戴维斯（Ronald Davis）、迈克尔·格罗特威尔（Michael Grotewiel）和同事们发现了一种新的果蝇突变体，并起名为"沃拉多（volado）果蝇"。（他们解释道，"沃拉多"是一句智利语俗语，意为"心不在焉"或"健忘"，通常用来形容教授。）沃拉多果蝇同笨蛋果蝇、洋白菜果蝇和芜菁果蝇一样，学习能力很弱。但是，同其他果蝇的基因不同，沃拉多基因似乎与 CREB 蛋白或环磷腺苷无关。它拥有的这个基因是形成 α- 整联蛋白子单元的配方，在蘑菇体内表达，其作用应该是将细胞结合到一起。

为了验证这个基因不是"筷子基因"（请参见关于 11 号染色体的章节，筷子基因除了改变记忆能力以外，还有许多其他功能），几位休斯敦的科学家进行了一个非常精妙的实验。他们把一些果蝇原有的沃拉多基因敲除，植入了一个与热激基因相关联的全新副本——热激基因是一种受热后就开始表达的基因。他们精心排序了沃拉多基因副本和热激基因，使得沃拉多基因只在热激基因表达之后才开始工作。温度较低时，这些果蝇没有学习能力。但是，在受到一个热刺激 3 小时之后，它们忽然变成了学习能手。再过几个小时之后，热刺激消退，它们又失去了学习能力。这意味着，果蝇在学习的时候需要沃拉多基因，而并非仅仅是在形成学习所需的器官结构时才需要这种基因。[6]

沃拉多基因的功能是形成一种蛋白，从而将细胞结合在一起。这一事实带来的暗示很耐人寻味：也许记忆确实令神经元之间的连接更加紧密。当一个人在学习东西的时候，就改变了大脑里神经网络连接，以前没有连接的地方建立了新的连接，以前连接较弱的地方变得更强。我能够接受这种有关学习和记忆的理论，但让我很难想象的是，一个人记住一个新词（比如"沃拉多"），就会使大脑中几个神经元的突触联系更加紧密，这太令人费解了。我认为，当科学家开始从分子层面探究学习与记忆的问题时，不仅没有消除这个问题的神秘性，反而使其显得更加神秘，人们必须揭开一个新的谜团，即记忆的机制不仅是通过神经细胞之间的连接实现的，更重要的是神经细胞之间连接的本身就是记忆。它同量子物理学一样神秘，比通灵板[⊖]和不明飞行物的奥秘更加令人震惊。

让我们进一步探究这个秘密。沃拉多的发现暗示了，也许整联蛋白在学习和记忆中发挥了核心作用，而且这种暗示过去就有过。1990年，人们就已经知道有一种抑制整联蛋白的药物会影响记忆力。具体而言，这种药物能够干扰长时程增强效应（LTP），而LTP在记忆的产生过程中起到了主要作用。在大脑底部深处有一个叫作海马体（hippocampus，希腊语是海马的意思）的结构，海马体的一部分被称为阿蒙角（Ammon's horn，名字来源于埃及的阿蒙神，该神与公羊有关，亚历山大大帝秘密造访利比亚绿洲后，称阿蒙神为父。）特别需要指出的是，在阿蒙角里有许多金字塔状的神经元（请注意，这里出现了许多埃及元素），这些神经元将其他神经元输入的信息汇集到一起。"金字塔"神经元很难激活，但是如果同时输入两个不同的信号，当这两个信号汇合时，该神经元就开始工作。它一旦被激活，先前两个信号中的任何一个就可以再次使其激活，除此之外，其他信号则是无效的。打个比方，一个人的眼睛看到"金字塔"的画面（视觉信号），耳朵听到"埃及"这个词（听觉信号），这两个信号共同激活了一个金字塔细胞。之后，仅仅需要"埃及"这一个听觉信号，就可以重新激活这个金字塔细胞，但是，"海马"这样一个大脑信号就无法激活这个金字塔细胞。也许"海马"这个信号与这个金字塔细胞有联系，但由于之前它没有与另外两种信号同时到达这个金字塔细胞，便无法使其激活。这是长时程增强效应的一个例子。做一个简化版的说明，想象一下，这个金字塔细胞本身就是关于埃及的记忆，只要向大脑输入"金字塔"的画面，或者"埃及"这个词的声音，就能激活这个记忆，而"海马"这个词就做不到这一点。

长时程增强效应（例如海参的学习）绝对依赖于突触性质的改变，比如在

⊖ 有时被称作灵应盘或沟通板。

"埃及"这个例子里，输入信号的细胞和金字塔细胞之间突触就发生了改变，而这种改变几乎可以肯定与整联蛋白有关。奇怪的是，抑制整合蛋白并不干扰长时程增强效应的形成，但是它确实影响这种效应所维持的时间。看来，要将突触紧密地结合在一起，可能确实需要整联蛋白。

刚才提到，金字塔细胞可能就是记忆本身，但那是不科学的。一个人童年时期的记忆根本就没有存储在海马体里，而是在新皮质里。海马体内部和附近的机制负责形成新的长期记忆。据推测，金字塔细胞的作用是以某种方式将新形成的记忆传输到它们的"居所"。20世纪50年代时，有两个优秀的年轻人，他们遭遇了不幸的事故，之后人们开始了解到了金字塔细胞的作用。科学文献中根据人名的首字母，将第一个年轻人简称为H. M.，他骑自行车出过一次事故，为了避免患上癫痫病，所以切除了一部分大脑。另外一个简称为N.A.，是一位空军的雷达工程师。有一天他在做模型时，他的一个同事在旁边把玩一把微型花剑[⊖]，这时N.A.突然转身，同事的花剑就从他的鼻孔里插入大脑。

直到去世时，这两个人仍然深受失忆症的折磨。他们可以很清楚地记起从小时候到事故发生之前几年的事情。他们能够在短期内记住刚发生的事情，但一旦被人打断，就会忘得一干二净。他们无法形成新的长期记忆，无法记住每天都见到的人，也记不住回家的路。N.A.的症状较轻，他无法看电视，因为一旦插播广告，他就会忘记广告之前的节目内容了。

H.M.可以很好地学习一项新技能，并将这项技能保留下来，但是他却无法记起自己曾学过这项技能——这意味着存储程序性记忆[⊜]的位置与存储关于事实或事件的陈述性记忆[⊛]的位置不同。通过对另外三个年轻人的研究，证实了这种记

⊖ 击剑的一种。——译者注

⊜ 又称非陈述性记忆（nondeclarative system），内隐记忆（implicit memory），指关于技术、过程或"如何做"的记忆。——译者注

⊛ 对事件事实情景以及他们之间相互联系的记忆，代表个人在该方面的知识。——译者注

忆位置的不同。这三个年轻人难以记住一些事实和事件，但在上学期间，他们在学习阅读、写作和其他技能方面都没有遇到困难。人们对其进行脑部扫描后，发现这三个人的海马体都非常小。[7]

但是，除记忆在海马体形成以外，还有进一步发现。H.M. 和 N.A. 的症状显示，大脑的另外两个区域也与记忆的形成有关：H.M. 缺少内侧颞叶，N.A. 缺少部分间脑。根据这一发现，神经系统科学家在寻找最重要的记忆区域时，逐渐把范围缩小到了鼻周皮质。来自视觉、嗅觉、听觉及其他感觉器官的信息在这一区域经过处理，形成记忆，这一过程也许是在 CREB 的帮助下完成的。之后，处理好的信息被送到海马体，然后又送到间脑，暂时储存起来，这样就形成了短时记忆。如果某条信息被认为是值得永久储存的，就会被送回新皮质并存储起来，从而形成了长期记忆。一些重要的电话号码就是存储在这个区域的，你不用查某个人的电话号码，而是能自己想起来，真的很神奇。记忆从内侧颞叶传送到新皮质的过程应该是在夜间睡觉的时候进行的：老鼠大脑内侧颞叶的细胞在睡觉时特别活跃。

人类大脑的构成比基因组更加复杂。如果你喜欢数据统计，那么，大脑拥有上万亿的突触，而基因组上只有数十亿的碱基；大脑的重量以千克为单位进行计算，而基因组以微克为单位。如果你爱好几何学，那么，大脑是一个模拟的三维机器，而基因组则是一个数码的一维机器。如果你喜欢热力学，那么，大脑就像蒸汽机一样，在工作时产生大量的热。从生物化学家的角度来看，大脑需要成千上万不同类型的蛋白质、神经递质及其他化学物质，而 DNA 仅仅需要四种核苷酸。对于没有耐心进行细致观察的人而言，随着突触的变化，新的记忆不断产生，期间大脑发生的变化是可以观察到的；而基因组的变化比冰山融化还慢。对于热爱自由意志的人来说，经验就像一位园丁，不断修剪着人类大脑里的神经网络，毫不留情；而基因组只是将自身的信息按照某种既定的方式传递出来，信息内容几乎不变。从各个方面看来，有意识、自愿的生活似乎都比机械的、由基因决定的生活更有优势。尽管如今研究人工智能的专业人士非常赏识这样的两分法，但詹姆斯·马克·鲍德温意识到这其实是不对的。大脑由基因制造出来，它的内在"设计"决定了它的"性能"，但是基因的这种设计是允许根据经验进行修改的。基因是怎样做到这一点的，这是今天生物学要破解的最大奥秘之一。但有一点是毫无疑问的，人类大脑是基因最伟大的作品。基因组就像一位知人善任的领导，它知道应该何时将权利"下放"给人体。

死　亡

> 为祖国捐躯，伟大而光荣。
>
> ——何雷思
>
> 不过是古老的谎言。
>
> ——威尔弗雷德·欧文

学习是脑细胞之间建立新连接的过程，同时也是旧连接消失的过程。随着人类的成长，许多脑细胞突触间的连接慢慢消失，由多到少，由繁变简。刚出生的婴儿，大脑的左右视觉皮层共同接受双眼的信息；随着婴儿的成长，视觉皮层改变了信息的接收机制：左皮层仅接收来自右眼的信息，而右皮层仅接收来自左眼的信息。为什么会发生这样的变化？正如雕刻师需要削去大理石多余的部分，才能最终雕刻出雕塑像一样，大脑也需去掉多余的突触连接，使之更加强大、更加专一。在此过程中，环境和经验发挥了很大的作用，一个盲人或一辈子被蒙住双眼的人，他的视觉皮层不会发生这种改变。

然而，旧连接的消失不仅意味着突触的消失，还意味着整个细胞的死亡。在老鼠体内，Ced-9 基因的作用是杀死多余的脑细胞。如果该基因出现问题，老鼠的大脑会因结构改变而负担过重，从而不能正常工作。民间有个传言：一个人每天死掉的脑细胞数量多达 100 万个。这个传言只是危言耸听，并无实际意义。一个人小时候，甚至从胚胎时起，每天都会有相当数量的脑细胞死去，但如果这些脑细胞永远存活下去，人类的大脑永远也就无法思考了。[1]

Ced 家族基因（如 Ced-9）在身体中有序地组织着细胞的死亡，我们将这个过程称为细胞程序性死亡。线虫的胚胎初期共有 1 090 个细胞，当它们发育为成体时，仅保留 959 个细胞。程序性死亡的 131 个细胞就像为国捐躯的烈士，大声呐喊着"为了祖国的利益，生的光荣，死的伟大"，牺牲自己从而为整体赢得更大的利益。体细胞间的关系和蜂巢中蜜蜂间的关系十分相似：大约 5 000 万年前，蜜蜂将繁殖的工作交给蜂王，[2] 通过分工合作提高繁殖效率；而在 6 亿年前，体细胞们发现，与其各自为政，不如分工合作效率更高。因此它们各自进化出了专一的功能，如生殖细胞只负责生殖，视觉细胞仅负责视力等。

虽然体细胞工作的主题是"分工合作"，但进化学家发现这种合作也是有限的。就像瓦尔登的军人一样，会偶尔发动场叛乱以反对当权者；工蜂也一样，它们会抓住机会，杀死蜂王，并选出新的蜂王，唯有其他工蜂加强警惕，才能避免此类事情的发生。因此，为了防止背叛，蜂王会和多只雄蜂交配，因此多数工蜂实为同母异父的。这样一来，工蜂之间互相交配的兴趣大大下降，从而增加了对蜂王的忠心。对于体细胞而言，背叛也是一个永恒的主题。每个体细胞的"使命"是为生殖细胞服务，而不是自我的分裂复制。然而，体细胞都由生殖细胞复制而来，也具有分裂复制的能力，"分裂复制"像一个古老的咒语召唤着它们。正因如此，每天每个人的器官都有细胞"背叛"生殖细胞重新开始分裂，如果这个细胞永久分裂下去，就成了我们所谓的"癌细胞"。

细胞癌变存在已久，因此大型动物体内都存在应对机制。当体细胞开始发生癌变时，身体就打开激活这些机制，导致癌细胞自杀，从而阻止其复制。在人类细胞中，1979 年发现的 TP53 是一个著名的"防癌机制"，它位于 17 号染色体上，在阻止癌细胞分裂上起了重要的作用。本章，我们就从防癌基因的视角，来讲述一个癌症的故事。

1971 年，理查德·尼克松（Richard Nixon）[⊖]宣布人类向癌症宣战。当时，人类只知道癌变表现为某些组织生长失控，并不知道其真正的致病原因。传统观点认为，癌症并非单一因素诱发的病变，而是由多种因素共同导致的。在多样化的致癌因素中，环境因素占了很大的比例。例如，烟灰中的焦煤油会诱发阴囊癌；X- 射线会诱发白血病；吸烟会诱发肺癌；石棉纤维也会诱发肺癌，等等。由于大多数癌症未发现具有遗传性和传染性，因此，人们认为癌细胞的无限制生长是免疫系统功能不足造成的。

直到 20 世纪 60 年代，两项发现给癌症研究带来了突破。第一个发现在 1960 年，加利福尼亚州科学家布鲁斯·艾姆斯（Bruce Ames）发现 X 射线和煤焦油都会

⊖　时任美国总统。——译者注

诱发癌症，并且这两种情况都会导致 DNA 损伤。因此他认为癌症可能和基因有关。

第二个发现更早一些。1909 年，佩顿·劳斯（Peyton Rous）发现鸡的肉瘤癌可以通过肉瘤病毒传染。由于之前没有数据表明癌症具有传染性，因此这一发现并没有引起太大的关注。直到 20 世纪 60 年代左右，又在动物体内发现了一系列诱发癌症的病毒，人们才意识到这些病毒的重要性。劳斯因此于 1966 年获得诺贝尔奖（当时他已 86 岁高龄）。随后，在人类群体也发现了一系列癌症病毒，如宫颈癌病毒等。因此，从某种程度上讲，人类的许多癌症都是由病毒感染导致的。[3]

劳斯对鸡肉瘤病毒进行基因测序，得到了一段特殊的致癌基因——src 基因。很快，科学家在其他癌症病毒中也发现了致癌基因，埃姆斯的预言得到了证实：癌症果然与基因有关。1975 年，又一项研究改变了致癌基因的历史：科学家在肉瘤病毒的宿主人类、老鼠和鸡的体内也发现了 src 基因。因此他们认为 src 基因并不是肉瘤病毒特有的基因，而是来源于宿主的致癌基因，这些病毒将其改头换面占为己有，再转移到其他细胞中。

大部分癌症并不会遗传，因此许多保守的科学家都对"癌症是一种基因疾病"这一说法提出了质疑。但是，他们忽略了一点，即不是只有发生在生殖细胞的基因病变才被称为基因疾病。所有细胞都有基因，如果在非生殖细胞发生了基因病变，即使不能遗传，也是基因疾病。1979 年，科学家将三种肿瘤 DNA 注射到老鼠的细胞中，发现它们都诱发了肿瘤的产生，这又一次证明了癌症是一种基因疾病。

人体有许多基因促进细胞的生长，他们在身体成长发育、伤口愈合等方面发挥着不可或缺的作用。大部分时间，这些基因并不表达，如果它们持续表达，就会成为癌症基因，给生物体带来巨大的灾难。人体有大约 100 万亿个细胞，它们在不停地进行着更新。即使没有烟雾、日照等环境因素诱发，也会有其他因素诱发癌症基因。那该如何是好？无须担心，人体有一系列基因能检测到失控的细胞，并抑制其生长。20 世纪 80 年代中期，牛津大学的亨利·哈里斯〔Henry Harris〕首先发现了这种基因，并将其称为抑癌基因。抑癌基因与致癌基因完全对立，致癌基因表达会引发癌症，抑癌基因则在停止表达时会引发癌症。

生物体的抗癌机制有许多种，最著名的一种叫作"隔离"机制。当细胞发育分裂到某个时期时，这些细胞就会被隔离起来，直到有需要时才会被放出来。肿瘤细胞如果想摆脱这种隔离，必须关闭抑癌基因并激活致癌基因。为了防止这种情况发生，生物体内还存在一种"哨岗"机制，哨岗内的士兵监控细胞内的异常活动，并命令异常细胞"自杀"。这个"哨兵"就是 TP_{53} 基因。

1979 年，来自邓迪（Dundee）[⊖]的大卫·雷恩（David Lane）发现了 TP_{53} 基因。起初，他认为 TP_{53} 是一个致癌基因，但后来有人提出它也可能是抑癌基因。为证明究竟哪种猜测是正确的，他们准备在动物上进行试验，但是获得验证许可却需要数月的时间，如果有志愿者则可以马上开始试验。1992 年，雷恩和同事皮特·霍尔（Peter Hall）在一个小酒馆喝酒时讨论到这件事情，霍尔表示愿意在自己的手臂上进行实验，以节省时间。随后的两周内，他反复辐射自己手臂的一个区域，获得了活性样本。通过对该样本进行分析，莱恩发现 TP_{53} 的基因产物 $p53$ 蛋白含量显著上升，这个实验结果证明了 TP_{53} 是一个抑癌基因。随后，莱恩开始进行 $p53$ 蛋白的临床试验。本书出版时，第一批志愿者刚刚开始服用 $p53$ 蛋白制成的药物。相信不久之后，$p53$ 就会继黄麻和果子酱之后，成为这个位于泰河口的苏格兰小城的第三大产品。[4]

TP_{53} 突变是癌细胞的典型特征，在人类中，55% 癌症患者的 TP_{53} 都存在缺陷。在肺癌患者中，这一比例甚至能达到 90%。天生 TP_{53} 缺陷的人患癌率高达 95%，并具有低龄化发病的特点。以结肠直肠癌为例，如果结肠直肠中的 APC 抑

⊖ 苏格兰东部一主要工业及商业城市。——译者注

癌基因发生了突变（第一个突变），会导致息肉的产生。如果息肉上的 RAS 致癌基因也发生了突变（第二个突变），则息肉会演变为腺瘤。如果腺瘤上的某个抑癌基因也发生突变（第三个突变），腺瘤会演变为更严重的肿瘤。如果第四个突变发生在 TP_{53} 基因上，那么就更危险了，肿瘤变成了癌。这种"多重打击"的模型也适用于其他癌症，TP_{53} 通常扮演着最后一根稻草的角色。

现在你知道癌症早确诊早治疗的重要性了吧。肿瘤越大，肿瘤内细胞的快速繁殖越容易发生错误，突变发生的概率就越大。有些人体内有"鼓励"突变的增变基因，例如 13 号染色体的 BRCA1 和 BRCA2 基因；也有的人体内抑癌基因本身就有问题，这类人更容易患上某些癌症。癌细胞和兔群很像，都受到进化压力的影响。比如在兔群中，跑得快的兔子成为主宰；在肿瘤中，癌细胞分裂最快因此占了上风。又比如在兔群中，会打洞的兔子更容易逃离老鹰的魔爪，从而占据优势；而在肿瘤中，癌细胞能躲开抑癌基因的伤害，成了肿瘤的主力。正因为如此，我们就很容易明白为什么癌细胞在肿瘤中占优势了：突变是随机的，但自然选择不是。

同样，我们也能理解为什么年龄越大，得癌症的概率就越高了。据统计，年龄每增加 10 岁，癌症出现的概率就翻一番。每个细胞都会想尽办法绕过抑癌基因的监控，成为癌细胞。不同国家的人的患癌概率不同，但基本都在 10%～50%。寿命的延长常常被认为是医学预防的成功，但是这种说法并不能给人类带来多大安慰。人们活得时间越长，发生突变基因的数量就会越多，致癌基因激活、抑癌基因关闭的可能性就会越大。但一方面，癌细胞出现的概率是极其微小的；另一方面，在人的一生中，生成的细胞数量是十分庞大的。一如罗伯特·温伯格（Robert Weinberg）所说[5]："细胞在 10 亿亿次分裂中才出现一次致命的错误，这真的不算什么。"

在此我需要详细地介绍一下 TP_{53} 基因。TP_{53} 具有 1 179 个"字母"，编码一

个名为 p_{53} 的蛋白。p_{53} 蛋白在正常情况下的半衰期很短，表达 20 分钟后就会被酶降解。但是一旦 p_{53} 接收到某种信号，它的表达速度就会加快，并且停止降解。虽然科学家还不知道这种信号具体是什么，但是研究表明，这种神秘信号可能是损坏的 DNA。损坏的 DNA 释放了某种信号给 p_{53}，使它进入了战斗状态。此时，p_{53} 蛋白像联邦调查员一样对细胞宣布："从现在起，你们由我接管了。" p_{53} 通过激活其他基因，警告细胞：要么停止繁殖和复制，修复损伤的 DNA；要么自杀。

细胞缺氧也是激活 p_{53} 的信号之一。由于繁殖过快，肿瘤内部经常会因为供血不足导致缺氧。为防止窒息，肿瘤会给身体发出信号，为其提供更多的血管。希腊语中"cancer"指螃蟹，意为肿瘤及其附近蔓延的血管很像一只螃蟹，一些抗癌药物的原理就是阻止血管形成。但是，在新血管进入肿瘤之前，p_{53} 就会接到缺氧的信号，并迅速杀死癌细胞。所以，在血液供应不足的组织里，癌细胞必须在形成早期杀掉 TP53 基因，否则就无法继续繁殖。因此像黑素瘤这种皮肤癌就非常危险，因为一旦发生，就说明癌细胞内的 TP53 已经失效了。[6]

人们称 p_{53} 蛋白是"基因组卫士"，甚至称其为"基因组的守护天使"。TP53 要保卫整个身体的健康，它就好像是含在士兵嘴里的自杀药片，一旦发现士兵想要叛变，就自动融化。细胞这样的自杀方式叫作细胞程序性死亡，意指其程序像秋天的树叶一样凋落。细胞程序性死亡是身体对抗癌症的最后一道防线，有着举足轻重的地位。所有有效的抗癌方法，都通过某种方式改变了 p_{53} 和它的同伴，从而引发了细胞的程序性死亡。过去人们常常认为，化疗起作用的原因在于放射疗法和化学试剂杀死了正在分裂的细胞。但是化疗仅在肿瘤发展的某个时期有效，并非对所有正在分裂的细胞都有效果；同时，有些肿瘤进行化疗是无效的。这是为什么呢？

冷泉港实验室的史考特·罗威（Scott Lowe）给出了答案。他认为，化疗不是直接杀死正在分裂的细胞，而是造成小的 DNA 损伤，给 p_{53} 发出信号，从而造成细胞程序性死亡。因此化疗就像疫苗一样，通过激发自身的免疫反应，使身体对癌细胞有了抵抗力。放射性疗法和三种化学疗法（5-氟尿嘧啶、依托泊苷和阿霉素）的作用机制都与以上观点相吻合。如果体内的 TP_{53} 基因发生了突变，当癌症复发时，化疗就不起作用了。因此，在肺癌、直肠癌、结肠癌、膀胱癌、前列腺癌、乳腺癌和色素瘤中，TP_{53} 已经发生了突变，化疗对它们就不起作用了。

这项研究给癌症治疗带来巨大的影响。长久以来，科学家认为，想要治愈癌症，必须找到能杀死分裂细胞的物质。但是现在看来，我们应当找到一种使细胞自杀的物质。因此虽然在某些情况下，化疗仍然能起到一定的作用，但我们应该学会理性对待。既然人们知道当 TP_{53} 基因突变时，化疗就不起作用了，那么在做化疗之前，患者应该对自己的 TP_{53} 基因进行检测。如果已经突变，那么就没有必要再进行化疗了。众所周知，化疗是非常痛苦的，通过这种检测，能够极大地减少患者在临终前几个月的痛苦。[7]

由于人类的皮肤需要更新、新鲜的血液需要产生、伤口需要修复等，因此在正常情况下，致癌基因对细胞生长和繁殖起着重要的作用。抑癌基因需要控制致癌基因的表达，从而保证细胞在正确的时间进行分裂和繁殖。人类对这种平衡机制已经有了些许了解，通过下面的介绍，你一定会赞叹造物主的鬼斧神工。

控制细胞分裂平衡的关键仍在于细胞程序性死亡。尽管大部分致癌基因的功能是导致细胞的分裂和生长，但随着进一步的研究，人们惊奇地发现，有些致癌基因也激发细胞的死亡反应。MYC 就是这样一类基因，它可以触发细胞的分裂和死亡两种反应。在正常情况下，死亡信号受到细胞外存活信号的抑制，细胞进行分裂。当存活信号用完后，死亡信号占主导，细胞死亡。MYC 基因就像造物主给癌细胞设置的一个陷阱：先任由癌细胞肆意繁殖，当有限的存活资源被消耗完之时，它们的死期就到来了。除此之外，造物主还给这个装置上了双保险，例如 MYC、BCL-2 和 RAS 三个致癌基因是被捆绑在一起的，如果其中一个基因的存活资源消耗尽了，其他两个基因的死亡模式也会被触发。只有 3 个基因都正常工作时，细胞才能正常生长。用科学家们的话说 [8]，"这些基因不正常工作之时，就是癌细胞掉入陷阱之日，它们要么被杀死，要么奄奄一息，不管怎么说，它们都不再是癌症潜在的威胁了。"

P_{53} 和致癌基因，如同本书的大部分内容一样，挑战着"遗传研究风险颇大，应当停止"之类的观点，也严重地挑战着那些反对"科学简化论"的人，那些人认为"科学简化论"将系统拆分成部分进行理解，是不正确的，也是没有意义的。癌症医学将癌症作为一个整体进行研究。多年来，政府在这方面投入了大量的经费，虽然这方面的科学家既勤奋又聪明，但所取得的成果却少得可怜。然而，以科学简化论为基础的遗传研究近年来却收获颇丰。科学简化论提倡把一个大的、复杂的系统分解成许多小的子系统来进行研究，但很多人却认为这种方法不能用于生物研究。1986 年，来自意大利的诺贝尔奖获得者雷纳托·杜尔贝科（Renato Dulbecco）号召全世界进行人类基因组测序，并称这是人类战胜癌症的唯一途径。随着人类基因组测序的完成和 p_{53} 的发现，人类第一次对打败癌症这一"西方世界最普遍杀手"有了希望。所有反对遗传研究和科学简化论的人也应该铭记，是这些研究带来了癌症治疗的新曙光。[9]

除了清除癌细胞外，自然选择也将细胞程序性死亡用于传染病的防御上。如果一个细胞被病毒感染了，它会像蚂蚁和蜜蜂一样为了整体的利益而选择自杀。当然，有些病毒进化出了防止细胞自杀的方法。例如，人类疱疹病毒（Epstein-Barr virus）第四型含有一个特殊的膜蛋白，它可以防止细胞自杀，从而使人患上腮腺炎或单核细胞增多症。再比如，人类乳头瘤病毒（Human papilloma virus）含有两个特殊的基因，它们可以关闭 TP_{53} 和其他抑癌基因，从而使人患上宫颈癌。

我在 4 号染色体那一章中提到的亨廷顿氏病，就是由于过多的脑细胞程序性死亡引起的，而脑细胞一旦死亡就无法被替代，成人大脑里的神经元无法再生，这也是为什么有些大脑损伤是不可逆的。大脑细胞与皮肤细胞不同，每个大脑的神经细胞像一名接受过特殊训练的"接线员"，因此，脑细胞大量死亡后，随机产生的新的神经细胞不但不能弥补之前的功能，反而把事情弄得更糟糕——它们无法传达正确的指令。通常情况下，病毒进入神经细胞不会造成细胞的自杀性死亡。但是包括脑炎 α 病毒在内的某些病毒，会引起神经细胞的自杀，从而给机体带来极大的伤害。[10]

除癌症外，由转座子等引起的细胞突变，也属于细胞程序性死亡的管辖范围。实验表明，卵巢和睾丸里生殖细胞如果发生了突变，卵泡和塞尔托利氏细胞（Sertoli cell）⊖就会察觉，并引发生殖细胞程序性死亡。人体就像一个独裁者，会毫不犹豫地除掉任何有缺陷的细胞。人类胚胎在 5 个月时，其卵巢里有大约 700 万个生殖细胞，到出生时锐减到 200 万个，而这 200 万个细胞中，只有 400 个能最终成为卵细胞被排出体外。人体就是这样，将最优秀的细胞传给后代。

细胞程序性死亡在脑细胞的发育过程中也起了重要的作用。ced-9 和其他基因可以将大脑中不完美的细胞剔除，这个过程在保证人类正常思考能力的同时，也维持了脑细胞质量的平衡。除此之外，免疫系统也通过细胞程序性死亡，清除病变细胞。

就如胚胎细胞会根据自身特点进行发育一样，体内没有任何控制中心给细胞下达程序性死亡的命令，它们通过自己的经验来判定应该杀死哪些细胞。如果一个细胞被感染了或是变成了癌细胞，那么它自身的程序性死亡就会发出信号，将自己杀死。现在面临的问题是：细胞程序性死亡既不受外界控制，它所在的细胞又不能遗传给后代，那么细胞程序性死亡是怎么进化而来的呢？这个问题困惑了

⊖ 塞尔托利氏细胞的主要功能是在精子发生过程中哺育成长中的精子细胞。因此，它亦被称为"母细胞"（不同于精母细胞）。

科学家很多年，被称为"神风难题"[⊖]。现在人们提出了"群体选择学说"来解释这个问题：如果一个人，他体内的细胞程序性死亡比较有效，那么他就会比其他人占有更大的生存优势，从而能把其体内的细胞传递给他的后代。这样一来，虽然他体内的细胞程序性死亡模式不能遗传给后代，但其体内的细胞自杀机制还是可以通过遗传留给后代的。[11]

⊖ 第二次世界大战末期日本在中途岛失败后，为了抵御美国空军强大的优势，挽救其战败的局面，利用日本人的武士道精神，按照"一人、一机、一弹换一舰"的要求，对美国舰艇编队、登陆部队及固定的集群目标实施的自杀式袭击的特别攻击队。到战争结束，共有千余名疯狂的神风敢死队员丧命。——译者注

18 号染色体
Genome

疗　　法

怀疑是对信念的背叛，
我们会因此放弃了尝试，
从而失去本应得到的东西。

——《一报还一报》威廉·莎士比亚

21世纪来临之际，人类终于有能力去编辑自己的基因密码了。它不再是一份珍贵的手稿，只能用来膜拜。现在将它存储在一张光盘上，我们可以根据需要添加或删除、重新组合段落，或者进行重写。本章就是关于怎样完成这样的编辑，是否应该进行这些编辑，以及为何要进行这些编辑。然而，就在要进行这些工作的时候，人们似乎有所退缩，想要放弃这些想法，坚持说人类的遗传密码是神圣的，容不得半点侵犯。总而言之，这一章就是关于如何对基因加以处理的。

对大多数非专业人士而言，遗传研究就是为了通过基因工程改造人类（当然了，如果你愿意，也可以说为了获得诺贝尔奖）。这意味着，也许在几个世纪后的某一天，人们可能携带全新发明出来的基因。现在，它也许意味着一个人可以借用别人的基因，甚至可能借用动物或植物的基因。这样做可行吗？如果可行，符合人伦道德吗？

上一章曾提起过18号染色体上的一个基因，它能够抑制结肠癌，但是具体位置还未能最终确定。以前人们认为它是一个名为DCC的基因，但是现在知道，DCC的功能其实是引导脊柱内神经的生长，而与抑制肿瘤无关。这个肿瘤抑制基因与DCC挨得很近，但还是难以找到。如果一个人一生下来，这个基因就无法正常工作，那么他罹患癌症的概率就会很高。在未来，基因工程能否像给汽车换火花塞一样，把这个不正常的基因换掉呢？在不久的将来，答案将是肯定的。

在我刚开始从事新闻工作的那个年代，还需要用剪刀将文章从报纸上剪下来，然后用胶水贴在一起，如今，要移动文章中的段落，只需要在微软开发的办公软件里点几个图标就可以完成了。（我刚刚把这一段从下一页里剪切过来。）其实两者的原理是一样的，都是为了移动文字，把文字从一个地方剪下来，然后粘贴到另一个地方去。

对基因的文本进行这样的操作，同样需要剪刀和胶水，并且，自然界已经准备好了这两种工具。胶水是一种酶，叫作连接酶，当遇到散开的 DNA 片段时，能将其"贴"到一起；剪刀是另一种酶，叫作限制性核酸内切酶，于 1968 年在一种细菌里被发现，它在这种细菌细胞里通过切碎细菌基因来消灭它们。但很快便发现，限制性核酸内切酶和普通的酶很不同，它非常"挑剔"，只能够剪开按特定顺序排列的 DNA 序列。我们现在已经知道 400 种不同的限制性核酸内切酶，分别负责识别一种特定的 DNA 字母序列，并将其剪开，就像是用剪刀剪报纸一样，要找到分界的词，然后从那里剪开。

1972 年，斯坦福大学的保罗·伯格（Paul Berg）使用限制性核酸内切酶，将试管里的两小段病毒 DNA 剪成两半，又使用连接酶将其按照新的组合方式重新连接起来，这就是第一个人工"重组"DNA。现在，人类可以将一个基因插入染色体中，而反转录酶病毒就有这样的能力。之后不到一年，第一个基因工程细菌诞生了，那是一种肠道细菌，被植入了一个蟾蜍的基因中。

一时间，公众哗然。关注这件事情的不仅仅是普通民众，科学家自己也认为，不应当争相利用这项新技术，而应该暂停研究和实验。1974 年，他们呼吁停止所有的基因工程研究，这加深了大众的疑虑：如果科学家都在为一项研究感到担忧，那里面一定大有问题。大自然有大自然的规律，细菌有细菌的基因，蟾蜍有蟾蜍的基因，人类凭什么交换两者的基因？后果是否会很可怕？1975 年，在阿西洛马举办的一次会议上，科学家讨论了人工合成基因的安全性问题。从此，美国的基因工程需要在一个联邦委员会的指导下，小心翼翼地开展。科学加强了对自身的监管，公众的紧张情绪似乎逐渐消失了。然而，在 20 世纪 90 年代中期，这种不安情绪又重新出现了，这次的焦点不是安全问题，而是伦理。

生物技术诞生了，开始是基因泰克（Genentech），之后是 Cetus 公司和 Biogen 公司，其他使用这种新技术的公司更是纷纷崛起。在这些新生企业面前，充满了各种机遇。它们可以使用细菌作为原料生产人类蛋白质，用于医药、食品和工业。然而，人们发现，大多数情况下使用细菌制造人类蛋白质的效果并不理想，加之当时对蛋白质知之甚少，医药的需求也不大，人们便渐渐对其失去的信心。尽管当时有大量的风险投资，但能为股东盈利的，都是制造生物设备的公司，比如应用生物系统公司（Applied Biosystems）。但无论如何，还是有一些生物产品的。人体生长激素最早是从死尸大脑里提取出来的，既昂贵又不安全，到了20世纪80年代末，人们开始使用细菌制造人体生长激素。对伦理和安全方面的担心完全是多余的，在基因工程诞生的30年间，没有一起污染环境或者危害公共健康的事故是由于基因工程实验引起的。到目前为止，一切良好。

此时，基因工程对于科学的影响比对于商业的要大。那时已经能够克隆基因（这里说的克隆与人们常说的克隆人是不同的），人类的基因组就像一个稻草堆，基因则像掉在稻草堆里的针，拣出这样的一根针，置入一个病毒内，使其自我复制出几百万份，使这个基因纯化，从而将其序列读出。通过这种方法，人们建立了很多人类基因库，里面存储了成千上万的人类基因组片段，它们互相之间有重叠，每一种的数量都足够供研究之用。

人类基因组工程就是要通过这样的基因库，拼凑出完整的人类基因文本。这个工程要完成的工作量是巨大的，其包含文本的共计30亿个字母，如果印成书，要堆成46米高的一摞。在这个工程里，贡献最大的当属位于剑桥附近的韦尔康信托基金会桑格中心。在那里，每年可以读出1亿个记忆库里的字母。

当然了，完成这项工作有一些简便的方法。其中一个就是忽略不表达的文本，从而将工作集中在基因上。这些不表达的基因占到了总量的97%，包括自在DNA、内含子、重复的小卫星序列和无用的伪基因。找出这些基因最快捷的方法是克隆另外一种不同的基因库，称为cDNA库。首先，从细胞中筛选出所有的RNA片段。其中有很多是信使，它们是基因翻译过程中被编辑和缩短的基因副本。制作这些信使的副本，理论上就可以获得原始基因文本的副本，且不会得到两者之间存在的无用 DNA。这种方法的主要难点在于，它无法确定某种基因在染色体中的顺序及位置。到了 20 世纪 90 年代后期，人们对于基因工程的工作方式发生了分歧，产生了两大阵营。一派认为，应当采用"霰弹定序法"，他们申请了商业专利，并获取了利润；另一派则希望逐步缓慢进行，力求完整，并公开研究成果。一个阵营以克雷格·文特尔（Craig Venter）为首，他中学退学，做过专业的冲浪运动员，曾参加越战，之后因生物技术而成为百万富翁，他创办的塞雷拉（Celera）基因组公司为自己的阵营提供了有力支持；另一个阵营的代表人物是约翰·苏尔斯顿（John Sulston），他学识渊博，留着长长的胡子，办事有条不紊，是一位毕业于剑桥大学的科学家，医疗慈善机构韦尔康信托基金为其提供支持。不难猜出他们分别持有哪种观点。

现在回到处理基因的方法上去。将一个基因插入细菌是一回事，而将一个基因插入人体就是完全不同的另一回事了。细菌可以吸收一种叫作质粒的环形 DNA，并"归为己有"。另外，细菌都是单细胞的，而人体由 100 万亿个细胞组成。如果要改变一个人的遗传属性，就需要在每一个相关的细胞里插入一个基因，或者从单细胞的胚胎开始。

1970 年科学家发现，反转录酶病毒能够通过 RNA 制造出 DNA 的副本，从此"基因治疗"不再遥不可及。反转录酶病毒携带着一条用 RNA 写成的信息，上面写着："把我复制一份，然后缝到你的染色体里。"实施基因治疗的人只需取一个反转录酶病毒，切除它的几个基因（尤其是在第一次插入人类染色体后会引起病毒感染的那些基因），将其嫁接到人类基因上，用这些无害的病毒去感染病人的基因。之后，该病毒开始工作，它们被转入病人的体细胞，这样，一个转基因人就诞生了。

在整个 20 世纪 80 年代前期，科学家都在担心这种做法是否安全。反转录酶病毒有可能功能过于强大，不仅会感染普通细胞，还会感染生殖细胞；有可能会通过某种方法重新获得植入人体前被切除的基因，变得对人体有害；也有可能破坏正常的人体细胞，引发癌症……任何事情都有可能发生。1980年，一位研究血液病的科学家马丁·克莱因（Martin Cline）违背了他的承诺，将一段无害的重组基因插入了一个患有地中海贫血（一种遗传性血液病）的以色列人体内，而病人却未见好转。尽管他不是通过反转录酶病毒的方法，但是这引发了人们对于基因治疗的恐慌。克莱因为此丢掉工作，名誉丧尽，他的实验结果也从未被发表。这至少可以说明，当时人人都认为进行人体实验还为时过早。

在老鼠身上进行的实验可谓是喜忧参半。抛开安全性不说，基因治疗似乎更有可能是无效的。每种反转录酶病毒只能感染一种组织；需要经过精心处理之后才能将其植入基因；它在染色体上的着陆点往往是随机的，并且往往无法成功激活；用于抵抗病毒感染的免疫系统，同样有可能抵御人工制成的反转录酶病毒。除此之外，20世纪80年代前期，几乎没有被克隆出来的人类基因，因此即使反转录酶病毒能够成功地用于基因疗法，当时也没有可用的人体基因。

但是，到了1989年，发生了几件具有划时代意义的事情。科学家使用反转录病毒把兔子的基因转入了猴子的细胞；把克隆出来的人类基因转入了人体细胞；还把克隆出来的人类基因转入了老鼠细胞。弗伦奇·安德森（French Anderson）、迈克尔·布莱泽（Michael Blaese）和史蒂文·罗森伯格（Steven Rosenberg）这三个人勇敢无畏、充满雄心，他们认为人体实验的时机成熟了。在与美国联邦政府基因重组咨询委员会进行了长期而艰难的斗争后，他们终于得到许可，在癌症晚期病人身上进行实验。他们与该委员会的争论体现出了科学家和医生对基因治疗人体实验优先权的不同考虑。在科学家看来，人体实验显得太草率，且不成熟；对于医生而言，他们每天都要面对死于癌症的病人，因此认为人体实验很有必要。"我们为什么急于进行人体实验？"安德森在一次会议上解释道，"在这个国家，每分钟都有一个病人死于癌症。今天的讨论已经进行了146分钟，这段时间里已有146名病人因癌症而死去。"最终，1989年5月20日这一天，该委员会授予他们人体实验的许可。两天后，黑色素瘤晚期的卡车司机莫里斯·孔茨（Maurice Kuntz）接受了新基因的转入，成为合法接受人体基因疗法实验的第一人。那次转入的基因并不是用来医治孔茨的，甚至也不会永久地留在他的体内，只是用来辅助一种新的癌症疗法。同时，一种特殊的白细胞已经在他体外培养成功，这种白细胞善于侵入肿瘤并将其吞噬。在将它们注回体内之前，医生用携带有小部分细菌基因的反转录病毒感染它们，这样，将白细胞注入人体后便能追踪其去向。最终，孔茨还是去世了，实验中没有出现什么令人惊喜的事情。但是，基因疗法从此开始了。

到了 1990 年，安德森和布莱泽带着一个更宏大的计划回到委员会。在这次的计划中，基因成为一种实际的治疗方法，而不再只是一个识别标志。这次的目标是一种极其罕见的遗传性疾病，即重症联合免疫缺陷病（Severe Combined Immunodeficiency Disease，SCID），它会导致儿童体内所有的白细胞迅速死亡，从而患儿失去对感染的免疫防御能力。这样的儿童极易感染疾病，寿命很短，除非将其置于无菌的环境中，或者与一位亲属骨髓配型成功，进行一次完整的骨髓移植，但配型成功的概率微乎其微。这种疾病是由于 20 号染色体上的一个名为 ADA 基因的"拼写"错误而导致的。

安德森和布莱泽计划从一个 SCID 患儿的血液中提取一些白细胞，然后用含有新的 ADA 基因的反转录病毒将其感染，进而再通过输血将这些白细胞送回患儿体内。计划再次受阻，但这次的反对声来自其他方面。1990 年，出现了一种新的治疗 SCID 的方法——PEG-ADA。这种方法向患者的血液里输送 ADA 蛋白（而不是转入 ADA 基因），这是一种牛体内的等价 ADA 基因形成的蛋白质。就像治疗糖尿病（注射胰岛素）或血友病（注射凝血剂）一样，SCID 患者通过蛋白疗法（注射 PEG-ADA）即可治愈，那么还有什么必要进行基因治疗呢？

新生技术在诞生之初，往往缺乏竞争力，甚至显得毫无希望。正如铁路运输在诞生之初，同早已成熟的运河运输相比，价格高昂，且不可靠。新技术只有随着时间的推移，逐步降低自身成本或者提升自己的效果，才能取代旧的技术。基因疗法也不例外。蛋白疗法虽然能够治疗 SCID，但它需要连续数月进行臀部注射，过程很痛苦，价格非常昂贵，并且患者需要在一生的时间内坚持治疗。基因疗法就不同了，只需一次性向患者体内转入正常的基因，即可彻底治愈疾病，可谓一劳永逸。

1990 年 9 月，安德森和布莱泽取得了进展，他们使用经过改造的 ADA 基因治疗一个三岁女孩亚香提·德希瓦（Ashanthi DeSilva）。治疗取得了立竿见影的效果，德希瓦的白细胞数增加了两倍，免疫球蛋白数量也在猛增，而且她的身体开始产生正常的 ADA，数量几乎达到了正常人的 1/4。说基因离疗法治愈了她可能不太准确，因为她在接受基因疗法的同时也在接受 PEG-ADA 治疗，但是毫无疑问，基因疗法确实开始起作用了。目前世界上超过 1/4 的 SCID 患儿已经接受了基因疗法，虽然还没有患儿能够完全脱离 PEG-ADA 治疗，但是副作用已经很小了。

很快，很多其他疾病也将和 SCID 一样，能够通过反转录病毒基因疗法进行治疗了，这些疾病包括家族性高胆固醇血症、血友病和囊性纤维化疾病。但是毫无疑问，它的主要目标是治愈癌症。1992 年，肯尼思·卡尔弗（Kenneth Culver）进行了一个大胆的实验，第一次将经过基因改造的反转录病毒注入人体（而不是像往常一样，先在体外使用反转录病毒感染细胞，再将细胞注入人体）。他将反转录病毒直接注入 20 名患者的脑部肿瘤内。向大脑注射任何物质都会令人毛骨悚然，更何况是一种反转录病毒，但当知道反转录病毒经过怎样的处理后，你一定不会再这么认为了。每一个反转录病毒都被置入取自疱疹病毒的基因，肿瘤细胞会吸收反转录病毒，然后疱疹病毒的基因就会得以表达，这时，卡尔弗博士要求病人服用治疗疱疹病毒的药物，这些药物会攻击肿瘤。这种方法似乎在第一个病人身上奏效了，但是在接下来的 5 个当中有 4 个失败了。

这些事情发生在基因疗法的初期。有些人认为，在未来某一天，基因疗法也会像现在的心脏移植手术一样普遍。目前有一些治疗癌症的方法，比如基因疗法，比如抑制肿瘤血管生成，又比如抑制端粒酶或 p53，究竟哪种最有效，现在下结论还为时过早。无论如何，人们对战胜癌症充满了希望，这是前所未有的，这几乎完全得益于遗传学这门新兴的学科。[1]

如今，这种体细胞基因疗法不再那么有争议了。当然，有关安全性的担忧依然存在，但几乎没有人会再提出伦理方面的反对意见。它只是一种治疗方式，如果看到朋友或者亲属为了治疗癌症，接受着无比痛苦的化疗或放疗，没有人会因为"所谓的"安全隐患，而让他们放弃尝试痛苦较小的基因疗法。经过改造的基因不会影响生殖细胞，这一点已经得到确认。然而，生殖细胞基因疗法会影响到下一代的基因，尽管实施起来容易得多，但人们仍然无法接受。目前，生殖细胞基因疗法的成果包括转基因大豆和转基因老鼠，它在 20 世纪 90 年代引发了新一轮的抗议，抗议者认为这种做法是在自取灭亡。

针对植物的基因工程得以迅速发展有以下几个原因。第一个原因，在商业方面，多年以来，农民迫切需要新品种的种子，这个过程本质上是在改良这些农作物的基因，当然，早期农民并不会意识到这一点。1960 ～ 1990 年，世界人口翻了一番，但同样的技术已使农作物产量增加了两倍，同时人均粮食产量也提高了 20%，这种热带农业的"绿色革命"在很大程度上是一种遗传现象。然而所有这一切都是盲目的，如果对基因的操作更加精细、更具目的性，产量又会多增加多少呢？植物基因工程发展迅速的第二个原因是实现植物的克隆或繁殖相对比较容易。人们无法将从老鼠身上切下的组织培养成一只新的老鼠，但这对许多植物来说是可以实现的。第三个原因是人们意外发现了一种名为农杆菌（Agrobacterium）的细菌。这种细菌有种不寻常的特性，能够用 Ti 质粒（根瘤诱导质粒）DNA 感染植物，并使自身与植物的染色体融合。也就是说，农杆菌是一个现成的媒介：只需将一些基因加入 Ti 质粒，而后在一片树叶上摩擦，待其感染后，就会以叶细胞为基础长出新的植株。进而，新植株会将新的基因遗传给后代。1983 年，烟草、矮牵牛花和棉花相继通过这种方式实现了品种改良。

而对于那些能够抵抗农杆菌感染性的谷物，要改良其基因，则要使用一种更加"暴力"的方法：将基因附着在黄金微粒上，使用火药或粒子加速器等高压发射手段将黄金微粒直接射入细胞。现在，这项技术已经成为植物基因工程的标准，它带来了许多新的转基因植物品种，如长在架子上且不易腐烂的西红柿、抗棉铃象甲的棉花、抗科罗拉多甲虫的马铃薯、抗玉米螟的玉米等。

这些植物一路从实验室到田地里，之后又进入市场出售。尽管有时候实验没有达到预期的效果（如 1996 年棉铃象甲毁坏了本应有抵抗力的棉花），有时会引起环保主义者的抗议，但是从来没有发生一起"意外"。当这些转基因作物被带到大西洋彼岸的欧洲时，它们遭到了环保人士更强烈的抵制。特别是在英国，"疯牛病"疫情暴发后，公众已经失去了对食品安全监管机构的信心，因此，在 1999 年，转基因食品在英国引起了轩然大波，而在美国，3 年前转基因食品就已成为常规食品。此外，欧洲孟山都公司（Monsanto，美国著名农业生化公司）为了在欧洲销售广谱除草剂农达（Roundup），首先推广能够抗农达的农作物品种，这样，当地农民就开始使用农达来除草。这种行为是错误的，它破坏自然环境、鼓励使用除草剂，并以此营利，这激怒了许多环保主义者。那些对生态环境过度担忧的人开始破坏转基因油料作物试验田，并拌成科学怪人弗兰肯斯坦（Frankenstein）到各地游行。这是民粹主义的一个明确信号，同时也成了绿色和平组织最关注的三大事件之一。

和往常一样，媒体迅速将相关争论两极化了，极端分子在晚间电视节目里叫嚣着，有些采访迫使人们草率地回答"是赞成还是反对基因工程"。这个争论甚至逼迫一位科学家提前退休——因为有一档不负责任的电视节目声称，他已经证明了被转入外源凝集素的转基因土豆对老鼠是有害的。后来，地球之友（Friends of the Earth）组织起来一些同事帮他"平反"。事实上，他的研究成果只是为了证明外源凝集素这种已知的动物素物的安全性问题，与基因工程的安全性几乎无关，该媒体混淆了他要传达的信息。正如，将砒霜加入锅中，会使炖肉变得有毒，但这并不意味着加入任何物质都会使炖肉有毒。

既然原有的基因被改造了，那么基因工程兼具安全性和危险性——有些安全，有些危险；有些是绿色的，有些对环境有害。抗农达的油菜对生态可能是有害的，因为它鼓励除草剂的使用，也有可能将抗药性传给杂草；抗虫马铃薯对生态是有益的，因为它们只需要极少的杀虫剂，进而减少了拖拉机喷洒杀虫剂所需柴油的用量，减少了卡车运送杀虫剂对道路造成的损坏等。反对转基因作物的动机，更多的是对新技术的抵制，而不是对环境的热爱，多数反对者都忽略了这样的事实：我们已经完成了数以万计的安全性实验，没有发生令人担心的意外；现在已经知道，在自然界里，基因在不同物种之间进行交换（尤其在微生物之间）是非常普遍的事情，因此转基因并没有违背什么自然法则。在转基因技术出现之前，人们在育种时，就使用伽马（γ）射线对种子进行随机的照射，以期诱发突变。转基因的主要目的是提高作物对疾病和害虫的抵抗力，从而减少对化学喷剂的依赖；同时，产量的迅速提高对环境是有好处的，因为这样可以减少农民开荒种田带来的环境破坏。

将这一问题政治化导致的后果是荒谬不堪的。1992 年，世界上最大的种子公司先锋（Pioneer）公司将巴西坚果的基因引入大豆，旨在弥补大豆中所缺乏的甲硫氨酸，从而使大豆成为一种更加健康的食品。然而，不久之后发现有一小部分人对巴西坚果过敏。所以先锋公司测试了转基因大豆，结果证明它们确实能够引起这些人的过敏反应。于是，先锋公司通知了相关专家，公布了测试结果并放弃了这个项目。尽管计算表明，新型大豆引起的过敏症一年内的致死人数不超过两人，却能够在世界范围内拯救数十万营养不良的人。这一事件表明了先锋公司作风严谨，是一个正面的案例，最终却被环保主义者进行了重写，变成了一个描述基因工程危险性和企业不顾后果的贪欲的故事。[2]

尽管有许多项目考虑到安全性而被取消，我们依然可以说，到 2000 年，在美国出售的农作物种子里，有 50% ～ 60% 将是转基因种子。无论是好是坏，转基因作物已经"生根发芽"。

动物转基因技术也有了长足发展。将一个基因转入动物，从而永远改变它自身以及它的后代，现在对动物进行这样的操作已经和植物一样简单——只需要将基因置入即可。以老鼠为例，将基因吸入一个非常细的玻璃移液管，在老鼠交配12 小时后，此时的胚胎还是单细胞状态，有两个细胞核，将吸液管的顶尖戳进两个细胞核中的一个，然后轻轻一按即可。这项技术还远不够完美：只有约 5% 的小鼠会表达出人工转入的基因，而在其他动物身上（比如牛），成功率就更低了。但即便是这仅有的 5% 的"转基因"小鼠，转入其体内的基因的位置也是随机的，可能转入任意一条染色体的任意位置上。

转基因小鼠是科学的珍宝，科学家通过它能够发现基因的作用及其原理。转入的基因不一定源于小鼠，它可以来自人体。生物体与计算机不同，几乎所有的生物体都能运行任何类型的"软件"。例如，一只极易患癌症的小鼠可以通过转入人类的 18 号染色体变得正常起来，这也在一定程度上证明了肿瘤抑制基因位于 18 号染色体上。但我们通常不会转入整条染色体，而是单个基因。

当前，显微注射正在被另一种更精妙的技术所取代，这项技术有一个显著的优点：它可以将基因转入一个精确的位置。三天大的小鼠胚胎中含有胚胎干细胞，即 ES 细胞。如果我们提取其中的一个 ES 细胞并转入外源基因，则这个细胞会将该基因精确地拼接到与外源体对等的位置上，并取代小鼠胚胎这个位置上原有的基因。这一现象最早由马里奥·卡佩奇（Mario Capecchi）在 1988 年发现，卡佩奇克隆了老鼠的致癌基因 int-2，通过电场在小鼠的细胞上打开一个小孔，并将int-2 转入。他随后观察到这个人工转入的基因找到缺陷基因并替换了它。这个过程被称为"同源重组"，它证明了一个事实，可以使用同源染色体中的另一条作为模板，在有缺陷的基因位置转入基因同源的序列，通过交换，新基因片段可替换有缺陷的基因片段，从而达到修正缺陷基因的目的。因此，转基因的 ES 细胞可以被放回胚胎中，而后这个胚胎会发育成一只"嵌合体"小鼠，它体内的一些细胞就包含有人工转入的外源基因。

同源重组使遗传基因修复成为可能，科学家也能够反其道而行之：将错误基因转入正常基因的位置，从而故意破坏这些基因。这样做的结果是产生一只基因敲除小鼠，这种老鼠在成长过程中，会丧失特定的基因功能，从而使部分功能被屏蔽，并可进一步对生物体造成影响，进而推测出该基因的生物学功能。记忆结构的发现（见 16 号染色体一章）在很大程度上要归功于基因敲除小鼠，现代生物学的其他领域也从中获得了很多发现。

转基因动物不仅对科学家非常有用，转基因的羊、牛、猪和鸡已经进入市场，发挥着商业价值。科学家已经在羊细胞中转入人的凝血因子基因，以期在羊奶中获得人凝血因子，从而用于治疗血友病。[出于偶然，进行这一实验的科学家克隆出了山羊多莉（Dolly），1997 年初展出后轰动了全世界。] 一家在魁北克（Quebec）的公司提取了使蜘蛛吐丝织网的基因，并将其转入山羊体内，希望从山羊奶中提取生丝蛋白并将其纺成丝。另一家公司将希望寄予母鸡的鸡蛋上，计划使其生产各种人类所需的产品，从药品到食品添加剂。并且，即便这些半工业化的应用失败了，转基因技术还是会像改变植物一样，影响动物的生长——让肉牛产出更多的肌肉，奶牛产出更多的牛奶，母鸡产出更美味的鸡蛋。[4]

所有这些听起来相当容易。对于一个设备精良的科学团队来说，要制造一个转基因人或基因敲除人，其技术障碍正在变得微不足道。理论上讲，几年之后，你也许可以从自己的体内取出一个完整的细胞，在特定染色体的特定位置上转入一个基因，并将这个细胞核置入一个去核的卵细胞内，然后再从这样的胚胎中发育出一个完整的人，这个人就是你自己的转基因克隆体。这意味着，除了被转入的基因以外，这个克隆体的其余部分将和你一模一样。另外，你可以用取自这个克隆体的 ES 细胞培育一个备用的肝脏，来替换现在被酒精损坏的那个。你还可以在实验室里培育一个人体神经元，以测试新的麻醉药物，这样就可以避免对实验室里的动物造成伤害。或者，如果你出现了精神疾病，不想再活下去，就可以将财产留给自己的克隆体，然后放心地自杀。这样，理论上你自己依然活着，并且比以前更健康。没有人需要知道这个人其实是你的克隆体。随着时间的流逝，他会与你越来越像，即便转入的基因表达有些许不同，别人也没有理由怀疑他是一个克隆体。

不过，这还仅仅是一个假设，因为人类 ES 细胞才刚刚被发现，但是，相信这一切在不久的将来会变成现实。当实现人体克隆时，会出现许多新的问题：这符合社会伦理吗？作为一个自由的人，你拥有自己的基因组，政府不能将其收归国有，公司也不能购买它，但这是否表示你有权伤害你的克隆体？以及，你是否有权去改造你的克隆体？在当今社会，人们似乎都热衷于抵制人体克隆，力求暂停克隆实验或生殖细胞基因治疗，或对胚胎研究进行严格限制，从而使民众放弃效果未知的基因治疗，以规避一些未知的风险。我们的每一部科幻电影都在告诫世人，不要犯浮士德那样的错误，不要为了满足眼前的一点欲望，就肆意改变自然，最终招致可怕的报复。人们变得越来越谨慎了，或者说作为旁观者变得更谨慎了。但如果作为使用转基因成果的消费者，我们的做法就有可能截然不同了。使大多数人赞成克隆的可能性不大，但由于少数人的行动，它可能得以实现——试管婴儿就是这样出现的，社会永远不会允许试管婴儿，但它确实圆了无法正常生育的父母的一个梦。

同时，随着现代生物学的发展，人类也越来越多地被嘲弄着。例如，如果一个人 18 号染色体上抑癌基因有缺陷，基因疗法就会无济于事。与此同时，一个更简单的预防性措施就摆在了人们的眼前。新的研究表明，对于那些带有增加肠癌易感性基因的人，如果服用阿司匹林，并食用未成熟的香蕉，就能更好地预防癌症。基因可以帮助人们诊断疾病，却不一定能够帮助治疗。也许，使用基因诊断疾病后，再利用传统方法进行治疗，这才是基因组为医学带来的最大帮助。

19号染色体
Genome

预 防 疾 病

99% 的人都无法想象这场革命来得有多快。

史蒂夫·福多尔（Steve Fodor）

Asymetrix 公司总裁

任何医疗技术的进步都会给人类带来一个道德上的难题。如果这项技术能够拯救生命，即使有风险，也应当发展和使用，否则就要受到道德的谴责。在石器时代，人们只能眼睁睁地看着得天花的病人慢慢死去，别无选择；在詹纳发明了牛痘疫苗后，如果人们还对天花病人无动于衷，就是不负责任。19世纪，人们只能眼睁睁地看着肺结核患者受尽折磨，别无他法；在弗莱明发现青霉素后，如果人们不将肺结核患者送去医治，就是一种失职。对于一个人是这样的，对于国家和民族更是如此。在一些贫困的国家里，流行性腹泻已夺去无数孩子的性命，使用口服补液疗法已经能够治愈，出于良知，富裕的国家不能再对此熟视无睹，能做的事情就一定要去做。

本章讲述两种疾病的遗传诊断，这两种疾病十分常见，但患者深受其痛。一种是冠心病，发病快、致死率高；另一种是阿尔茨海默氏症（老年痴呆症），患者会逐渐丧失记忆力。在运用着基因知识治疗这两种疾病的方面上，我认为人们过于谨慎，也过于保守了。即使尚未证实某种疗法的疗效，但如果它有可能拯救患者的生命，也应当尝试去使用，否则就违背了人类的道德规范。

有这样一个基因族，名为载脂蛋白基因，或APO基因，主要分为A、B、C和E四类，每一类在不同的染色体上都有不同的形式。其中，最让人感兴趣的是APOE，它位于19号染色体上。在讨论APOE的工作原理前，首先来了解一下胆固醇和甘油三酸酯。当一个人吃了一盘熏肉和鸡蛋，他就吸收了许多脂肪，同时摄入了胆固醇。胆固醇是一种脂溶性分子，可以合成多种激素（请参阅10号染色体那一章的相关内容）。这些物质经过肝脏消化后，进入血液循环，供其他器官组织使用。因为甘油三酸酯和胆固醇都不溶于水，因此它们必须附着在脂蛋白（一种蛋白质）上才能通过血液。刚开始的时候，这种蛋白质同时携带着胆固醇和脂肪，被称为VLDL（全称为very-low-density lipoprotein，超低密度脂蛋白）。当它"卸下"一些甘油三酸酯后，就变成了LDL（全称low-density lipoprotein，低密度脂蛋白，被称为"坏胆固醇"）。最后，当它"卸下"胆固醇后，就成了 HDL（全称 high-density lipoprotein，高密度脂蛋白，被称为"好胆固醇"），并返回肝脏，重新开始运输胆固醇和脂肪。

APOE 蛋白（apo-ε）的作用是负责 VLDL 与需要甘油三酸酯的细胞上的受体的"接洽"；APOB 蛋白（apo-β）负责"卸载"胆固醇时的"接洽"工作。显而易见，APOE 和 APOB 与心脏病有着重大的关系。如果它们不能正常工作，胆固醇和脂肪就会滞留在血液里，渐渐积累在动脉壁上，从而形成动脉粥样硬化。如果将一只老鼠的 APOE 基因"摘除"，那么即使它正常饮食，也会得动脉粥样硬化。制造脂蛋白与制造细胞上胆固醇和受体的基因也能够影响胆固醇和脂肪在血液里的行为，从而引发心脏病。如果一个人体内负责形成胆固醇受体的基因上发生了一个罕见的"拼写错误"，那么他就会出现患心脏疾病的遗传倾向，称为"家族性高胆固醇血症"。[1]

APOE 的特殊之处在于它的多态性。除极个别情况之外，每个人的 APOE 基因都各不相同。就像眼睛有多种颜色一样，APOE 有三种常见类型，分别为 E_2、E_3 和 E_4。由于这三类 APOE 在清除血液中甘油三酸酯方面的效率有所不同，它们对心脏病易感性的影响也不同。在欧洲，E_3 是效率"最高"的，也是最常见的一种，80% 以上的人起码有一条染色体带有这种基因，39% 的人两条染色体上都有。但是，有 7% 的人有两条染色体都带有 E_4，这些人出现早期心脏病症状的风险很大；还有 4% 的人有两条染色体都带有 E_2，这些人也容易患心脏病，只是患病方式上有些许不同。[2]

但这只是欧洲的一个基本情况，同其他许多类似的多态性相似，APOE 的分布也受地理位置的影响。在欧洲，越向北，E_4 就越常见，而 E_3 相应减少（E_2 大致不变）。在瑞典和芬兰，E_4 的出现频率几乎是意大利的三倍，因此，冠心病的发病率大约也是意大利的三倍。[3]地理位置相距越远，APOE 的基因分布差别就越大。大约有 30% 的欧洲人至少有一条染色体带有 E_4；东方人带有 E_4 的比例最低，只有 15% 左右；美国黑人、非洲人和波利尼西亚人中，这个比例超过 40%；新几内亚带有 E_4 的比例超过 50%。这也许从一个侧面反映出，过去几千年中人类饮食里含有的脂肪和肥肉的量是非常大的。一段时间以前，人们发现，新几内亚人在食用当地的传统食物时——主要是甘蔗、芋头，偶尔会有负鼠和树袋鼠的瘦肉，他们几乎不得心脏病。但是，当他们在露天矿场工作，并开始吃西方的汉堡包和炸薯片后，他们得心脏病的风险就开始飙升，甚至比大多数欧洲人快得多。[4]

心脏病可以预防，也可以治愈。特别是那些带有 E_2 基因的人，他们对高脂肪、高胆固醇的饮食非常敏感。换句话说，只要他们远离这样的食品，就很容易被治好。了解这条关于基因的知识是极其有价值的，这意味着，通过简单的基因诊断可以发现那些可能患心脏病的人，有针对性地进行治疗，这样就可以拯救无数人的生命，也能够避免出现早期心脏病的症状。

遗传筛选并不像流产或者基因治疗那样，提供一种极端的治疗方法。相反，通过筛查不良基因，可以提出一些温和的治疗方案，比如告诉患者去吃人造黄油，去跳健美操等。医生要做的不是警告所有的人都不许吃高脂肪的食物，而是要分辨出这种警告适用的人群，让其余人放心大胆地去吃冰激凌。这也许有违医学界所推崇的严谨态度，却与希波克拉底誓言⊖相契合。

然而，本章谈到 APOE，并不是为了讨论心脏病，而是另一种疾病。APOE作为被研究得最多的基因之一，不是因为它与心脏病有关，而是它在另一种更加严重、更加难以治愈的疾病中发挥了重要的作用：阿尔茨海默氏症。伴随着年龄

⊖　希波克拉底是古希腊医生，被誉为医学之父。希波克拉底誓言影响非常深远。至今，几乎所有学医学的学生，入学的第一课就要学习希波克拉底誓言，而且要正式宣誓。首先，它要求知恩图报；其次，它要求为病人谋利益，不害人；再次，对待病人要不分贵贱，一视同仁。——译者注

的增长，很多人出现了记忆力和性格丧失的症状，并且无法恢复（有很少一部分年轻人也有这种症状），通常认为这是由环境的、病理的，或偶然的因素造成的。诊断阿尔茨海默氏症，要看大脑细胞里是否出现了不溶蛋白斑块，生长这种斑块会损坏脑细胞。人们曾一度怀疑其病因是病毒感染，也曾认为病因是头部经常受到打击。因为斑块中存在铝元素，一时间使用铝锅做饭也成了罪魁祸首。传统观点认为，这种疾病与遗传关系很小，或者无关。有一本教科书上就肯定地写道："它不是遗传疾病。"

但是，基因工程的发明者之一保罗·伯格（Paul Berg）曾说过："排除其他因素的影响，所有的疾病都与遗传有关。"后来，人们在伏尔加德裔美国人的后代中发现了老年性痴呆症高发的谱系。而且，在20世纪90年代初，又发现了至少3个与早发性老年痴呆症有关的基因，其中一个位于21号染色体，两个位于14号染色体。到了1993年，在老年人的19号染色体上发现了与这种疾病有关的另一种基因，这个发现更加重要，它意味着阿尔茨海默氏症或许在一定程度上与遗传有关。很快，这个"致病"基因就被查明了，不是别的，正是APOE。[5]

血脂基因和大脑疾病有关，这不足为奇，毕竟，阿尔茨海默氏症患者通常也是高胆固醇。但是，这种基因的影响之大，着实令人吃惊，并且这次又与APOE基因的不良形式E$_4$有关。在那些阿尔茨海默氏症发病率特别高的家族里，不携带E$_4$基因的人的发病率为20%，平均发病年龄是84岁；有一条染色体携带E$_4$基因的人，发病概率上升至47%，平均发病年龄降低到75岁：两条染色体都携带E$_4$基因的人，发病概率为91%，平均发病年龄为68岁。也就是说，如果一个人的两条染色体上都带有E$_4$基因——欧洲有7%的人口是这样的），那么他患上阿尔茨海默氏症的风险远远高于其他人。当然，也有人最终逃过了这样的厄运，一项研究就发现过一位86岁的老人，虽然他的两条染色体上都带有E$_4$，但是他没有任何阿尔茨海默氏症的症状。还有很多人，虽然没有出现记忆衰退的症状，但大脑中却存在阿尔茨海默氏症中典型的蛋白斑块，和带有 E_3 基因的人体相比，它们通常在带有 E_4 基因的人体中更严重。而那些至少有一条染色体带有 E_2 基因的人，他们得阿尔茨海默氏症的概率比带有 E_3 基因的人更小，尽管两者之间的区别不大。这不是偶然，也不是统计上的巧合，看上去却像是这种疾病机理的关键所在。[6]

刚才讲过，E_4 基因在东方人里很罕见，在白人里常见一些，并且在非洲人里更常见，而在新几内亚的美拉尼西亚人里则是最常见的，据此，阿尔茨海默氏症的发病率也应该与之保持一致。然而，事实并没有这么简单。与至少有一条染色体带有 E_3 的人群相比，至少有一条染色体带有 E_4 的白人患阿尔茨海默氏症的风险比同样带有 E_4 的黑人或拉丁美洲人要高很多。由此推测，也许阿尔茨海默氏症的易感性还受到其他基因的影响，而这些基因在不同种族之间是不同的。除此之外，E_4 基因对于女性的作用比对男性更严重，不但女性患阿尔茨海默氏症的人数更多，而且，两条染色体分别带有 E_4 和 E_3 基因的女性患阿尔茨海默氏症的风险与带有两个 E_4 基因的人一样高。而在男性中，只要有一条染色体带有 E_3，就会降低其患病的风险。[7]

你也许会想，既然如此，为什么还会存在 E_4 基因，并且出现的频率如此之高。如果它加剧了心脏病和阿尔茨海默氏症，那么在很早以前就应该被危害更大的 E_3 和 E_2 剔除掉了。我尝试从下面的角度予以回答：在过去，很少有高脂肪的饮食，因此它对于冠状动脉的不良影响微乎其微。而阿尔茨海默氏症几乎跟自然选择毫不相关，因为在远古时期，当人们把自己的孩子抚养成人，还未到患这种病的年龄，就已经死去了。我不能说这是一个很好的回答，因为在有些地方，人们很久以前就开始吃很多肉和奶酪——时间之久，足以让自然选择发挥作用。我怀疑 E_4 基因在体内还有其他一些不为人知的作用，并且在这些作用上比 E_3 更强。请记住：基因并非为了致病而存在。

E₃ 比 E₄ 更常见一些，这两种基因都位于 19 号染色体上，它们的差别在第 334 个字母上：E₄ 是 G，E₃ 是 A。E₃ 与 E₂ 的差别在第 472 个字母上：E₃ 是 G，E₂ 是 A。这样的结果是，E₂ 蛋白质比 E₄ 多两个半胱氨酸，而 E₄ 蛋白质比 E₂ 多两个精氨酸，E₃ 介于两者之间。虽然这些变化是细微的，但对于一条拥有 897 个字母的基因而言，足以改变 APOE 蛋白质发挥作用的方式。人们尚不清楚这个作用是什么，但有一个理论认为，它的作用是稳定 tau 蛋白，这种蛋白质的功能是维持神经元的管状"骨架"结构，tau 蛋白亲和磷酸，但是磷酸却阻碍 tau 蛋白发挥自己的功能，APOE 的作用就是使 tau 蛋白远离磷酸。还有一种理论认为，APOE 在大脑中的作用和它在血液中的类似，它携带着胆固醇在脑细胞之间和脑细胞内游走，从而脑细胞可以形成和修复脂肪无法穿过的细胞膜。第三个理论更加直接，它认为：不管 APOE 有何作用，E₄ 都与 β- 淀粉样蛋白极为亲和，这种蛋白就是积累在阿尔茨海默氏症患者神经元中形成斑块的物质。APOE 的作用就是以某种形式促使形成这种致病的斑块。

有一天这些细节会变得很关键，但就目前而言，知道这些信息能够帮助人们去预测疾病。人们可以检测一个人的基因，预测他将来是否会患上阿尔茨海默氏症。遗传学家埃里克·兰德（Eric Lander）最近提出了一种可能性，十分令人震惊。众所周知，美国前总统罗纳德·里根（Ronald Reagan）患有阿尔茨海默氏症，回顾当时的情景，他应该还在白宫的时候就出现了这种疾病的早期症状。假设在 1979 年里根竞选总统时，有个记者持不同的政见，他急切想找到一些方法，以使里根名誉扫地。如果他抢走一张里根用来擦嘴的纸巾，并检测上面的 DNA（只是一个假设，因为当时还没有发明出这样的检测），试想一下，如果他发现这位美国史上年龄第二大的总统候选人可能在任上患阿尔茨海默氏症，并把这一发现发表在报纸上，会是怎样一种情形？

这个故事讲述了基因检测对公民自由造成的危害。当问到是否应该为那些想知道自己是否会得阿尔茨海默氏症的人提供 APOE 检测时，大多数医学专家的回答都是否定的。经过深思熟虑，最近纳菲尔德生物伦理学委员会（Nuffield Council on Bioethics，英国一家智囊团机构，在本领域处于领先地位）也得出了同样的结论。检查一个人是否得了一种不治之症，是没有实际意义的。对于那些不带有 E4 基因的人，这种检查是一种心理安慰，但是对于检测出两条染色体都带有 E4 的人而言，后果是极其严重的，这无异于宣判他们一定会患上阿尔茨海默氏症这一不治之症。如果这种检测绝对可靠（请参阅 4 号染色体那一章，有关亨廷顿舞蹈病的案例中南希·韦克斯勒的观点），那么它的结果无疑是毁灭性的。好在对于亨廷顿舞蹈病的测试最起码不会产生误导，但是对于一些无法确定的情况，比如 APOE，这样的检测就更没有价值了。当然，如果一个人足够幸运，即使带有两个 E4 基因，他依然可以活到很大年纪，并且不会出现阿尔茨海默氏症的症状；同样地，如果一个人运气非常差，即使体内没有 E4 基因，他也可能在 65 岁时就患上了阿尔茨海默氏症。这是因为，一个人两条染色体上都带有 E4 基因，既不是诊断阿尔茨海默氏症的充分条件，也不是必要条件。既然这种疾病目前无法治愈，那么，除非出现了该病的一些症状，否则就不应该针对该病进行基因检测。

开始的时候，我认为上述所有理由都很令人信服，但是现在我有些动摇了。毕竟，虽然艾滋病直到现在还是不治之症，但是向自愿接受 HIV 病毒检测的人提供相关检测是符合伦理的。因为感染 HIV 病毒不一定得艾滋病，有些人即使感染了 HIV 病毒，也可以一直活下去。这样，对于艾滋病而言，社会希望能够阻止 HIV 感染的传播，而社会对于阿尔茨海默氏症就不存在这样的期望。但是，这里讨论的是有患病危险的个人，而不是整个社会。纳菲尔德委员会的报告在论证这个问题的时候，很明确地将基因测试和其他测试区分开来。菲奥纳·考尔迪科特（Fiona Caldicott）夫人是报告的作者之一，她认为如果将一个人容易得某种疾病的原因归结于基因，会扭曲人们的态度，人们就会误以为基因的影响才是最重要的，导致他们忽略社会和其他因素，而这又会为精神疾病戴上新的"罪名"。[8]

这个观点很有意义，但是运用得并不恰当，纳菲尔德委员会执行的是双重标准。精神分析学家和精神病学家给出精神疾病公认的解释，他们仅仅凭借这些所谓的解释就去诊断病人，从而导致这些解释和遗传解释一样，给人们抹上种种污点。这样的公认解释不断得到认可，而其他一些诊断虽然有事实依据，但只因这些诊断是基于基因解释做出的，就被生物伦理学"伟大而公正"地认定为不合法。一方面寻找理由禁止使用基因来解释疾病，另一方面又允许使用公认解释来诊断疾病，纳菲尔德委员甚至公开宣称 APOE4 检测效果非常弱。这个论断很奇怪，因为如果一个人至少有一条染色体携带了 E4 基因，那么他患病的风险比至少带有一个 E3[9] 的人高出 11 倍之多。约翰·马多克斯（John Maddox）曾引用 APOE 作为例子来阐明自己的观点，他做出了如下评论[10]："人们有理由怀疑，医生向患者提供负面的基因信息时有些犹豫不决，因此错过了宝贵的治疗时机……但是这种犹豫不决造成的损失太大了"。

除此之外，尽管阿尔茨海默氏症无法治愈，但现在已经可以通过药物减轻一些症状，也有一些预防措施，尽管这些预防措施的效果还不确定。让人们知道他们是否应该采取预防措施，不是很好吗？如果一个人有两条染色体都携带了 E4 基因，那么他一定愿意知道这一状况，并且可以作为志愿者去试用一些新型药物。对于那些参加剧烈活动的人，患阿尔茨海默氏症的风险上升，这样的检测便是很有意义的。例如，现在已经清楚地知道，如果一个职业拳击运动员有两条染色体都携带了 E4 基因，他出现阿尔茨海默氏症早期症状的可能性就很大。因此，最好能够对拳击运动员进行基因检测，如果发现他们带有两个 E4，就应当警告他们不要再进行拳击运动了。每 6 个拳击运动员中就有 1 个会在 50 岁之前会患上帕金森病（震颤性麻痹）或者阿尔茨海默氏症，这两种疾病的微观症状是相似的，但致病基因却不相同。还有许多拳击运动员患病年龄要更小，比如穆罕默德·阿里

（Mohammed Ali）。E_4基因在患有阿尔茨海默氏症的拳击运动员体内尤为多见。对于那些头部受过伤，之后在神经细胞里发现斑块的人，亦是如此。

拳击运动员容易患这两种疾病，其他头部会受冲击的运动员也是如此。有些传闻表明，许多优秀的足球运动员在上了年纪之后容易过早衰老，最近，英格兰足球队的丹尼·布兰费罗（Danny Blanchflower）、祖·梅沙（Joe Mercer）和比尔·佩斯利（Bill Paisley）就出现了这些症状，着实让人痛心。神经学家已经开始着手研究为何这些运动员容易患上阿尔茨海默氏症。曾有人计算，一个足球运动员在一个赛季里平均要顶头球800次，这对头部的损伤是巨大的。荷兰的一项研究证实，与其他项目的运动员相比，足球运动员的记忆力衰退更严重；挪威的一项研究则发现了足球运动员脑部损伤的证据。和拳击运动员的例子一样，如果能够在足球运动员选择职业时为其检测E_4/E_4纯合子，他们最起码知道自己是否面临患阿尔茨海默氏症的风险，这对他们是很有益的。我个头很高，经常把头撞在门框上，我的APOE基因会是什么样子的呢？也许我也应该去做个检测。

基因检测还有其他价值。至少有3种治疗阿尔茨海默氏症的药物处于研发和测试阶段。他克林（tacrine）这种药物已经开始使用，现在已经知道它对带有E_3或E_2基因的人的疗效要比带有E_4基因的好。人类基因组的个体差异一次又一次给科学带来难题，这种差异性本身又携带了大量的信息。一种疗法对这个人有效，也许对另一个人就无效；给这个人的饮食建议也许能够拯救这个人的生命，但对另一个人就可能是没有意义的。然而，在医学领域，人们仍然愿意把病人作为一个群体来治疗，而不是当作个体病患来对待。将来会有这么一天，医生首先要检测一个人携带了哪种基因，之后才能开出处方。这样的技术正在开发之中。位于加利福尼亚州的昂飞（Affymetrix）公司，还有一些其他公司，正在研发一种基因芯片，在这个芯片上，可以存储一个完整基因组上所有的基因序列。也许将来有一天，人们都会随身携带这样一个芯片，医生通过计算机就可以读取患者的基因信息，从而真正做到对症下药。[11]

也许你已经意识到了，这样做可能存在一个问题，而这也是专家对于 APOE 检测有所顾忌的真正原因所在。假设我有两条染色体都带有 E₄ 基因，并且我是一个拳击运动员，那么我得心绞痛的风险比一般人要高得多，患阿尔茨海默氏症的年龄也会比一般人早。试想一下，我今天不是去看医生，而是去找保险经纪人办理一份抵押贷款所需的人寿保险，或者办理一份健康保险以应对未来的疾病。经纪人给我一份表格，要求我回答一些问题：是否吸烟、喝多少酒，是否有艾滋病，体重多少，是否有心脏病家族遗传病史。每一个问题的设计都用来评估我未来可能面临的风险，并据此收取保险费，从而既保证公司能够盈利，又保证报价有竞争力。并且，保险公司很快也会要求查看我的基因，询问我有几个 E₄ 基因，这是完全符合逻辑的。他们可能担心我最近做过基因检测，知道自己将不久于人世，所以才来购买人寿保险，就像一个计划纵火烧楼的人买完保险后将楼房烧掉，然后向保险公司骗保一样。对于检测结果没有问题的人，保险公司可以提供折扣，以赢得更多的业务。这就是采樱桃谬误⊖，也解释了一个人年轻、苗条、性取向正常而且不吸烟的人，与一个年老、肥胖、同性恋且吸烟的人相比，前者能以更低的价格买到人寿保险。这个道理对于有两个 E₄ 基因的人也是同样适用的。

在美国，健康保险公司对于检测阿尔茨海默氏症基因，已经显示出兴趣。因为阿尔茨海默氏症患者需要保险公司支付高昂的费用（英国的医疗保险基本是免费的，但保险公司需要赔付人寿保险），所以保险公司这样做有一定的道理。曾经，保险公司向同性恋者收取的保费比异性恋者更高，这引起了人们的极大愤慨，因为它反映出保险公司认为同性恋者得艾滋病的风险更大。有了前车之鉴，

⊖ 采樱桃谬误是一种非形式谬误，指刻意挑选支持论点的数据呈现，而将重要但不支持论点的数据忽略不计。这个词语是源于采樱桃或其他水果的一般经验。挑水果的人把好的水果挑出来，看到的人可能会以为所有水果都是好的。——译者注

保险公司变得谨小慎微。如果对于基因的检测成为常规程序，就会破坏整套合并风险的理念，这是保险业的基础。一旦人们能够精确地了解自己的命运，人们需要缴纳的保险费也将等于其一生所需的医疗费用。对于那些在基因上很不幸的人来说，他们也许负担不起这样的保险费用，从而无法得到医疗保险的有效支持。社会对这种问题很敏感，在 1997 年，英国保险行业协会同意，两年之内不得将基因检测作为投保的条件；如果投保人已经做过基因检测，并且其抵押贷款在 10 万英镑以下，则不得要求投保人告知检测结果。有些公司则直接声明他们不会要求基因检测。但是，这样遮遮掩掩的态度不可能持续太久。

基因检测实际上意味着可以降低很多人所需交纳的保险费，但为什么人们对于这个问题的反应如此强烈呢？实际情况是，基因与生命中许多其他事情不同，它的"好"与"坏"是平均分布的，不受社会阶层的影响——富人可以花更多的钱买保险，却无法买到好的基因。我认为应当从决定论的核心里去寻找答案。一个人做出吸烟喝酒的决定，甚至做出患艾滋病的决定，从某种意义上讲，都是自愿的。但是，却无法自己决定其 APOE 基因上有两份 E_4，这是与生俱来的。对于 APOE 基因的歧视就像肤色歧视或性别歧视一样。一个不吸烟的人可以拒绝缴纳与吸烟者相同的保险费，以免为吸烟者的保险费提供补贴，这是合情合理的。但是，如果一个带有两个 E_3 基因的人拒绝缴纳与带有两个 E_4 基因的人相同的保险费，这就是一种偏见和歧视，因为后者并没有犯任何错误，只不过是运气不好罢了。[12]

对于雇主使用基因检测来挑选未来的员工，倒没什么可担心的，因为用人单位根本不会对这种检测产生兴趣。但事实上，当人们更加习惯"基因导致人类更容易遭受环境中的风险"这样一种理念后，有些检测无论对于雇主，还是对于雇员，都是有意义的。对于要接触致癌物质的工作（比如救生员要暴露在强烈的阳光下工作），如果雇员的 p_{53} 基因不正常，日后就有可能罹患癌症，如果之前雇主没有要求其进行基因检测，他就可以将责任归咎于雇主不关心雇员健康。除此之外，雇主出于私心，也可以要求申请工作的人进行基因检测，以便选择身体健康或者性格更好的雇员（这正是求职面试的目的），但是，已有法律规定不得因此歧视员工。

与此同时，存在一种危险，为投保进行的遗传检测和为求职进行的遗传检测令人反感，也会阻碍为促进医疗进步而进行的基因检测。但是，还有另外一种行为会令我更加厌恶，那就是政府告诉人们该如何使用自己的基因。我非常不希望与保险公司分享我的遗传密码，我希望我的医生能够了解并利用它，但是我坚定地认为应当由个人决定基因密码的使用方式。基因组属于个人财产，不是国家的。政府无权决定我应该与谁分享我的基因内容，也无权决定我是否应该进行基因检测，这些应该由我自己决定。有一种很可怕的家长式倾向，这种倾向认为"我们"对待这些问题时应当有一个统一的标准，认为应该由政府来制定规则，决定一个人可以看到多少自己的遗传密码，以及这个人可以把自己的遗传密码给谁看。但是，请永远记住一点，基因是你自己的，而不是政府的。

20 号染色体
Genome

政　治

噢，英格兰烤牛肉，
古老的英格兰烤牛肉，
格拉布街歌剧

亨利·菲尔丁

燃烧无知，形成科学的火焰。科学就像一个饥饿的火炉，我们需要从周围"无知"的森林里获取柴火，来点燃它。我们将这个过程称之为"知识的扩展"，但是，扩展得越大，它的边界就越长，就有越多的无知展现在我们面前。在基因组被发现以前，我们并不知道在每个细胞的核心，都有一份长达30亿个字母的文件，对它的内容更是一无所知。当我们阅读了这份文件的一部分之后，又发现了无数新的奥秘。

本章的主题就是奥秘。真正的科学家会觉得已有的知识是枯燥无味的，他们乐于向未知挑战，揭示现有发现中所蕴藏的奥秘。对他们而言，葱郁的森林比开阔的平原更有趣。20号染色体上就有一个小"杂树林"，里面充满了奥秘，十分吸引人，但有时又会令人恼火。已有两位科学家因发现它们的存在而获得诺贝尔奖，但仅此而已，人们始终无法解释它的奥秘，并将这些奥秘鲜活地展示在世人面前。然而，在1996年的某一天，它突然成了最具煽动性的政治话题之一，仿佛在提醒着人们，深奥的学问往往能够改变世界。这一切都与一个名为PRP的基因有关。

故事要从羊讲起。在18世纪的英国，一群具有开创精神的企业家给农业带来了革命，其中就有来自莱斯特郡的罗伯特·贝克韦尔（Robert Bakewell）。他发现，让精选出来的牛羊与自己最优良的后代进行交配，能够迅速改良品种。使用这种近亲繁殖的方法培育出的羊生长快、肉质肥、羊毛长。但是，它带来的副作用却是始料未及的，在萨福克羊身上的表现尤为明显。这些羊在年老后出现了一些精神失常的症状，它们挠自己，走路晃晃悠悠，跑起来步伐诡异，开始变得焦虑，不再合群，并且很快就死了。它们患上了羊瘙痒症，这是一种不治之症，而且常常每10只母羊里就有1只死于该病。继萨福克羊之后，羊瘙痒症也感染了一些其他品种的羊，规模不是很大，之后传播到了世界其他地方。这种病的病因至今仍是一个谜，它不像是一种遗传疾病，但也无法查找到其他病因。20世纪

30 年代时，一位兽医学家在试验另外一种疾病的疫苗时，导致英国爆发了大规模的羊瘙痒症。因为这种疫苗有一部分成分来自羊脑，尽管这些羊脑已经用甲醛彻底消毒了，但仍然具有一定的感染性。从那时起，兽医学家就达成一种共识，且不说这种观点是否全面，他们认为：既然羊瘙痒症可以传播，就一定是某种微生物引起的。

但是，是什么微生物呢？甲醛没能杀死它，去污剂、沸水和紫外线照射也没有效果，就连能挡住最小病毒的过滤器也无法拦住这种致病体。动物被感染之后不会马上产生任何免疫反应；有时从注入致病体到发病之间要间隔很长的时间，如果直接将致病体注入大脑，这个间隔就会缩短很多。羊瘙痒症打败了一整代致力于攻克这种疾病的科学家。类似的症状甚至出现在美国的养貂场里，以及落基山脉一些国家公园里的野生麋鹿和黑尾鹿身上时，它显得更加神秘了。因为在实验室里把致病体注射貂的体内，显示貂对于羊瘙痒症是有抵抗力的。到了 1962 年，一位科学家又重新提出了一个遗传假说。他提出，也许羊瘙痒症同时属于遗传病和传染病，这种组合在当时是前所未闻的。遗传病有很多，遗传因素决定其易感性的传染病也很多，霍乱就是这样一个典型的例子。然而，一个具有传染性的"遗传微粒"能够以某种方式，在不同的种系间传播，这种说法似乎违反所有的生物学定律。提出这一假说的科学家名叫詹姆斯·帕里（James Parry），他的假说遭到了强烈抵制。

比尔·哈德洛（Bill Hadlow）是一位美国的科学家。就在这时，他在伦敦韦尔康医学博物馆的一个展览上，看到了一些病羊受损大脑的图片，这些羊都患了羊瘙痒症。他震惊了，因为这些图片与他之前在其他地方看到的极其相似。他意识到，也许羊瘙痒症和人类也有一定的关系。那个地方是巴布亚新几内亚，那里发生了一种可怕的大脑疾病，使人变得很虚弱。这种病叫库鲁病（kuru），在当地一个叫作弗雷（Fore）的部落里，已经有很多人患上这种疾病而身亡，尤其是妇女。刚开始得这种病时，她们双腿颤抖，然后，整个身体开始摇晃，说话开始吐字不清，有时会突然不由自主地发出莫名其妙的笑声。不到一年，病人的大脑从内向外逐渐被侵蚀掉，病人随之死亡。到了 20 世纪 50 年代后期，库鲁病已经成为弗雷族里妇女死亡的主要原因了。由于患这种病而身亡的妇女太多了，导致该部落里的男女比例成了 3 : 1。也有儿童得上了这种病，但相比之下，成年男性得病的却很少。

这是一条非常重要的线索。1957 年，有两个在当地工作的西方医生文森特·齐葛思（Vincent Zigas）和卡尔顿·盖杜谢克（Carleton Gajdusek），他们很快意识到发生了什么。当地有这样一个习俗，当一个弗雷族人死去后，部落里的妇女会将尸体肢解，这是葬礼仪式的一部分。据传，亲友还会把她的尸体吃掉。政府已经废除了当地在葬礼上吃死尸的习俗，加之现代人无法接受，很少有人愿意公开谈论，因此，有些人怀疑它是否真的在过去发生过。弗雷人用当地语言讲述了 20 世纪 60 年代以前葬礼的过程——切开尸体、煮熟、吃掉，盖杜谢克和其他人收集了很多目击者的证词，证实这种习俗确实曾经存在。弗雷族人吃人遵照如下习惯，男人享有特权，吃死者的肌肉，而妇女和儿童只能吃死者的大脑等器官。这就解释了库鲁病的发病特征，它在妇女和儿童中最常见，往往出现在死者的亲属里，而且在姻亲和血亲里都会出现；当吃人习俗被废除后，患者的发病年龄逐渐提高了。尤其值得一提的是，盖杜谢克的学生罗伯特·克里兹曼（Robert Klitzman）调查了 3 组死者，每组都在 20 世纪四五十年代参加过库鲁病死者的葬礼。例如，1954 年，一个叫尼诺的妇女的葬礼上，有 15 名亲戚参加，其中 12 名后来死于库鲁病。至于其余 3 人，一个在很年轻时因为其他原因死亡；一个是因为她与死者拥有同一个丈夫，所以传统上禁止她参与吃尸体；最后一个事后声称他只吃了一只手。

当比尔·哈德洛发现库鲁病病人的大脑与羊瘙痒症病羊的羊脑症状很相似

时，他立刻写信给在新几内亚的盖杜谢克，说明了这一状况。盖杜谢克沿着这条线索研究下去，如果库鲁病是羊瘙痒症的一种，那么如果向动物大脑注射患病的大脑组织，就应该可以传染这种疾病。1962 年，他的同事乔·吉布斯（Joe Gibbs）开始了一系列的实验，试图利用弗雷部落死者的脑子将库鲁病传给猩猩和猴子（这样的实验在今天是否符合伦理，不在本书讨论范围之内）。有两只猩猩在注射之后的两年之内得病死了，它们的症状与库鲁病病人很相似。

证明库鲁病是羊瘙痒症在人体内的表现形式并没有太大的意义，人们依旧没有查明羊瘙痒症的病因。自 1900 年以来，神经学家一直为另一种罕见而致命的大脑疾病所困扰。这种病后来被称为克雅二氏病，简称为 CJD。第一例 CJD 患者是在 1900 年时，汉斯·克罗伊茨费尔特（Hans Creutzfeldt）在布雷斯劳（波兰西南部城市）诊断出的。患者是一个 11 岁的女孩，在患病 10 年后慢慢死去。因为人在小时候几乎从来不会得 CJD，即使得病之后也会很快死亡，所以这个病例很奇怪，当时几乎断定为误诊。对于一些神秘的疾病，往往会出现这种情况：第一例被查出的 CJD 病人往往不被认为患有 CJD。但是在 20 世纪 20 年代，阿方索·雅克布（Alfons Jakob）确实发现了一些 CJD 的疑似病例，这种病的名字也确定了下来。

吉布斯使用猩猩和猴子做的实验很快证明，同得库鲁病一样，这两种动物也可以得 CJD。到了 1977 年，更可怕的事情发生了。两个癫痫病人在同一家医院里接受了大脑电极探查术之后，都突然患上了 CJD。这些电极以前在一个 CJD 患者身上使用过，但是使用之后按操作规范进行了消毒。也就是说，那神秘的致病体不但能够抵挡住甲醛、去污剂、沸水和紫外线照射，针对手术器械的专业消毒也对其无效。这些电极被空运到贝塞斯达，在猩猩身上使用后，它们也很快染上了 CJD。从此，人们又发现了一种更加奇怪的新型传染病：医源性 CJD。迄今为止，已有近百人死于医源性 CJD，这些人都身材矮小，使用了从尸体脑垂体中提取出来的人体生长激素。因为死者使用的人体生长激素都是从几千个脑垂体里提取出来的，尽管其中只有极少数几个带有 CJD，但其影响堪比瘟疫。但是，如果你谴责这些不良后果是科学造成的，那也不能全面否定，毕竟也是科学解决了这个问题。直到 1984 年，人们才确定了生长激素引起的 CJD 有多大规模，但早在这之前，人工合成生长激素就已经在代替从尸体里提取的激素。基因工程的最早产品之一，就是使用细菌生产的人工合成生长激素。

让我们再来回顾一下发生在 1980 年左右的那件蹊跷的事情。羊、貂、猴、鼠和人注射被感染的脑组织后，都会染上这种病，只是形式不同而已。这个致病体逃过了几乎所有常用的杀灭微生物的程序，使用最先进的电子显微镜也观察不到它。但在日常生活中它却不传染，似乎不会通过母乳传染，也不引起任何免疫反应，有时候可以在体内潜伏二三十年以上，而且只需要些许剂量就足以致病（尽管染病的可能性与剂量大小有密切关系）。它到底是什么呢？

尽管我们在热烈地讨论 CJD 的致病原因，但也不要忘记本章开头提到的萨福克羊病例，羊群的近亲繁殖似乎加剧了羊瘙痒症。同时，逐渐发现，有些患者（尽管只占总数的 6% 以下）属于同一个家族，这些发现暗示着这有可能是遗传病。了解羊瘙痒症的关键不是病理学，而是遗传学——羊瘙痒症的病因存在于基因里。在以色列开展的研究明显地反映出这个事实，20 世纪 70 年代中期，以色列科学家在国内寻找 CJD 病例的时候，注意到了一件不同寻常的事情：从利比亚移民到以色列的犹太人数量很小，却出现了 14 个病例，是该地区平均发病率的 30 倍。科学家立刻怀疑问题出在他们的饮食上面，他们特别喜欢食用羊脑。但这并不是问题所在，真正的原因来自遗传方面：所有犹太患者都属于同一个家族，只是住在不同的地方。现在知道，他们都有着同样的基因突变，这个突变同样出现在斯洛伐克、智利和德裔美国人的一些家庭里。

羊瘙痒症的世界很怪异，却也隐隐约约有些熟悉。就在一些科学家准备将它归结为遗传病的同时，另有一些人却提出了截然不同的看法。早在 1967 年，有人就提出，羊瘙痒症致病体可能既不含 DNA 也不含 RNA，它也许是地球上唯一不用核酸也没有自己基因的生命。弗朗西斯·克里克（Francis Crick）刚刚在那之前不久发明了一个词"遗传学中心法则"，根据这个"法则"，DNA 制造 RNA，RNA 制造蛋白质，有一种生命没有 DNA。这个理论颇受生物学界欢迎，不亚于罗马教廷对于路德的主张的欢迎程度。

　　一方面是不包含 DNA 的生物，另一方面是与人类 DNA 有关的疾病，这两者明显是矛盾的。1982 年，遗传学家史坦利·布鲁希纳（Stanley Prusiner）提出了一个方案，希望解决这一矛盾。布鲁希纳发现了一团无法被普通蛋白酶分解的蛋白质，它存在于患有类似羊瘙痒症的动物体内，而在这种动物的健康个体里却不存在。他很快得到了这团蛋白质的氨基酸序列，并计算出其等价 DNA 序列，之后在老鼠和人类的基因库里分别找到了这个序列。就这样，布鲁希纳发现了一个基因，名为 PRP（蛋白酶抗性蛋白），并在学术界发表了自己的研究结果。几年之后，他的学说逐渐发展起来：PRP 是老鼠和人体内的一种正常基因，它制造一个正常的蛋白质。它不是一个病毒的基因，但它制造出的朊病毒，是一种有着独特性质的蛋白：它可以突然改变自己的形状，变成一个又硬又粘的东西，以防止被分解，并聚成一团，破坏细胞结构。这些特征已经非同寻常了，但是布鲁希纳还指出了它更加令人惊讶的特征：这种新型的朊病毒能够改变正常的朊病毒，将其变成和自己一样的形状。它不改变蛋白质的序列（蛋白质与基因一样，也是由长长的数码序列组成），但是它改变蛋白质的折叠方式。[1]

　　此时，布鲁希纳的理论仍然没有取得太大突破，它未能解释羊瘙痒症和相关疾病的一些最基本的特点，具体而言，它未能解释为何这种病有多种表现形式。如今，布鲁希纳只能很沮丧地说："人们对这样的假说没什么太大兴趣。"我还清楚地记得，那时我在写一篇文章，曾询问过一些羊瘙痒症专家对于布鲁希纳理论有何看法，他们在谈到布鲁希纳的理论时表现出一种轻蔑。但是，随着证据越来越多，他的猜想似乎是对的。人们发现，一只没有朊病毒的老鼠不会染上这类病里的任何一种形式，而一个畸形的朊病毒就足以让其他老鼠得病。最终真相大白了，这种疾病是朊病毒造成的，也是通过朊病毒传播的。但是，尽管布鲁希纳的理论揭示了朊病毒的致病性，他继盖杜谢克之后获得诺贝尔奖也算实至名归，但关于朊病毒还存在着太多的未知，其中最神秘的一个问题当属：它们到底是为了什么而存在。到目前为止，所有检查过的哺乳动物体内都发现了PRP基因，并且它的序列也很少有变化，这暗示着它是在做着一些很重要的工作。这些工作几乎肯定与大脑有关，因为这个基因就是在大脑里被激活的。朊病毒非常喜欢铜，所以这些工作需要铜作为原料。但它的神秘之处在于，如果在一只老鼠出生之前，就将其体内两条染色体上的PRP基因移除，这只老鼠一切正常。由此看来，不管朊病毒有何功能，老鼠的生长根本不需要它。为什么人类会拥有这样一个潜在的致命性基因？我们仍然不得而知。[2]

对于人类而言，只要朊病毒基因发生一两个突变，人就会染上这种疾病。在人体内，这个基因包含了253个氨基酸，制造朊病毒的时候，前边22个和最后23个会被丢掉，如果余下的词中有4个发生改变，就会引发朊病毒疾病——每个词会导致一种疾病形式。将第102个词从脯氨酸变成亮氨酸，会引起格斯特曼综合征（Gerstmann-Straüssler-Scheinker syndrome），这是一种遗传性疾病，患者可以存活很长时间；将第200个词从谷氨酰胺变成赖氨酸，会引起那种在利比亚犹太人中发作的CJD；将第178个词从天冬氨酸变成天冬酰胺，会引起典型的CJD；将第178个词改变的同时，将第129个词从缬氨酸变成甲硫氨酸，会引起朊毒体病中最恐怖的一种形式。这种形式很罕见，被称为致死性家族性失眠症，患者会彻底失眠几个月，然后死亡，他的丘脑（也就是大脑里的睡眠中心之一）也被疾病吞噬掉了。看来，各种朊毒体病的症状不同，是不同的大脑区域被侵蚀的结果。

这一切水落石出之后的 10 年，科学家进一步探索了这个基因，取得了累累硕果。从布鲁希纳和其他人的实验室里，进行了一系列巧妙的实验，让人拍手称绝。同时也带来了一连串具有因果关系的专业性问题。致病朊病毒通过重新折叠它的中心部分（第 108～121 个词）来改变自己的形状。在这个区域里的一个突变会使朊病毒更容易发生形状改变，这个突变是致命的，如果老鼠体内发生了这种突变，这只老鼠在出生后几周内就会染上朊毒体病。我们在不同类型的朊毒体病中发现的突变，都是"外围"性质的，它们只稍微影响了朊病毒的"形变"机会。这样，科学揭示了越来越多关于朊病毒的知识，但每条新知识又蕴藏了更多的奥秘。

这个形变到底是怎么发生的？是否像布鲁希纳说的那样，还需要其他蛋白质的介入（这种蛋白质尚未被发现，暂且称它为 X 蛋白质）？如果是这样，为什么没有发现 X 蛋白质？我们不知道。

同一种基因，在大脑的所有区域都表达，它如何做到根据自己不同的突变，在大脑不同的区域里表现为不同的形式呢？山羊染上这种疾病后可以有两种表现，它们的症状可能是嗜睡，也可能是过度兴奋。我们不知道这是为什么。

为什么物种之间会有一道屏障，使得这些疾病在物种之间很难传播，而在同一物种之内却很容易传播？为什么这种疾病很难通过口腔感染，而直接注射到大脑里却相对比较容易感染？我们不知道。

为什么这种疾病的发病与致病体的数量有关？老鼠被注入的朊病毒越多，发病就越快；老鼠自身拥有的朊病毒越多，当注入致病朊病毒之后，染上朊毒体病的速度就越快。为什么？我们不知道。

为什么杂合要比纯合更安全？换句话说，如果一个人基因的第 129 个词，在一条染色体上是缬氨酸，在另一条上是甲硫氨酸，那么同那些两条染色体上这个位置都是缬氨酸或都是甲硫氨酸的人相比，为什么前者对朊毒体病有更强的抵抗力（致死性家族性失眠症除外）？我们不知道。

这些疾病的致病条件为什么如此苛刻？老鼠很难患上仓鼠瘙痒症，反之亦然。但是，如果给一只老鼠加入仓鼠的朊病毒基因，那么这只老鼠被注射了仓鼠大脑后，就会染上仓鼠瘙痒症。给一只老鼠加入两种不同的人类朊病毒基因，它就能染上两种人类的朊毒体病，一种类似致死性家族性失眠症，另一种类似 CJD。一只既有人类朊病毒基因又有老鼠朊病毒基因的老鼠，与只有人类朊病毒基因的老鼠相比，患 CJD 更慢。这是否说明不同的朊病毒相互排斥？我们不知道。

这个基因在植入一个新的物种后，它的品系发生了怎样的变化？老鼠很难患上仓鼠瘙痒症，但一旦患上了，就可以比较轻易地传给其他老鼠[3]。这是为什么？我们不知道。

为什么这种疾病被注射后再向外传播，就是一步步缓慢进行的，好像致病朊病毒只能够改变距离它们最近的正常朊病毒。我们知道这种疾病能够穿过免疫系统的 B 细胞，并以某种方式进入大脑[4]。但为什么是 B 细胞？又是怎样进入大脑的？我们不知道。

随着人们对这种疾病了解的不断深入，真正的问题出现了，它冲击着一个比弗朗西斯·克里克"遗传学中心法则"更加核心的遗传学理论，那就是本书从 1号染色体那一章便开始讨论的内容之一：生物的核心是数字式的。朊病毒的基因包含着很多数字变化，即用一个词代替了另一个词，但是，它导致的结果如果离开了数字以外其他知识的支撑，就变得完全无法预测。也就是说，朊病毒的系统是逻辑的，而不是数字的。它改变的不是基因序列，而是形状，它还与突变数量、位置以及其他外界因素有关。这并不是说无法确定这种疾病的发作情况，如果要确定 CJD 的发病年龄，比确定亨廷顿氏舞蹈病的还要准确。据记载，曾有住在不同地方的兄弟姐妹在同一年得病。

朊毒体病是一种链式反应引起的，一个朊病毒蛋白将它的"邻居"变成和自己一样的形状，变形后的"邻居"再去改变其他"邻居"，如此改变下去，呈指数级增长。这有点像中子裂变。1933 年的一天，利奥·西拉德（Leo Szilard）在伦敦等着过马路时，突然产生了核裂变的灵感：一个原子分裂后释放出两个中子，每个中子又导致另外一个原子分裂并释放出两个中子……这样一个链式反应，后来随着原子弹的爆炸在日本广岛成为现实。朊病毒的链式反应当然比中子链式反应慢得多，但是，它也同样有能力形成一个指数式的"爆炸"。20 世纪 80 年代初，布鲁希纳刚开始破解这种疾病，他研究的新几内亚的库鲁病就有可能是这种指数式的爆发。但是，在离人们现实生活更近的地方，一种更大的朊病毒流行病已经开始了它的链式反应。这一次，患病的是牛。

这种疾病太神秘了，没有人能够确切地说出这次牛瘙痒症是什么时间、在什么地点爆发的，也没有人知道是怎样爆发的。但是，在 20 世纪 70 年代后期或 80 年代早期的某个时候，畸形的朊病毒开始进入英国的牛肉食品中。也许是为了降低牛脂价格，食品加工厂改变了生产工艺；也许是因为当时英国给予大量的养羊补贴，导致大量的老羊进入加工厂。不管是什么原因，也许仅仅是因为牛饲料是用被瘙痒症朊病毒高度感染的动物加工而成的，畸形的朊病毒就进入了食品生产线。尽管老牛和老羊的骨头和内脏要先煮沸消毒，之后才能够做成富含蛋白质的饲料添加剂，给奶牛食用，但这毫无用处，因为沸水无法杀死引起瘙痒症的朊病毒。

尽管把朊毒体病传给一头牛的概率很小，但如果有成千上万头牛时，概率就大大增加了。一旦最初的几例"疯牛病"又重新进入食物链，被做成饲料喂给其他牛吃，上面提到的链式反应就开始了。越来越多的朊病毒进入了牛饲料饼，给小牛的用量也越来越多。这种病的潜伏期很长，染病的牛平均 5 年之后才会出现症状。1986 年年底，当人们发现最早的 6 例病牛时，全英国已经大约有 5 万头牛被感染上了，之前没有任何人意识到这一点。这种病叫作牛绵状脑病（BSE），到 20 世纪 90 年代才被基本消灭，此时已有 18 万头牛死于该病。

第一个 BSE 病例报告后不到一年，政府畜牧部门经过缜密的调查，确定问题的根源在于牛的饲料受到了污染。这个结论是有事实根据的，同时还解释了一些奇怪的现象，比如格恩西岛爆发 BSE 比泽西岛早很多，就是因为这两个岛的牛饲料来自不同的供应商，一家的饲料里添加了很多肉和骨粉，另一家添加得很少。到了 1988 年 7 月，英国政府颁布了反刍动物饲料条例，禁止在反刍动物饲料中添加和使用动物性饲料。专家和政府部门对这次事件的反应之快，是前所未有的，颇有些亡羊补牢的意味。同年 8 月，索思伍德委员会的提案也得到执行，销毁所有 BSE 病牛，不允许它们再次进入食物链。但在这时，出现了一个错误：政府给农民的补偿太少了，仅为牛价的一半，因此，农民对上报病牛没有太大动力。好在这个错误的后果并没有像人们想象的那么严重，提高补偿金额之后，上报的病牛数目也没有大幅增长。

一年之后，牛内脏强制条例生效，禁止成年牛的脑子作为人们的食物，直到在 1990 年，才把小牛的牛脑也包括进来。该条例本该早些生效，但是那时已经知道，除非向脑子里直接注射，否则其他物种很难感染羊瘙痒症，因此在那个时候实施这样的法案显得有些小题大做。当时已经证明，除非量特别大，通过食物是不可能让猴子染上人类朊毒体病的，并且牛和人的差距比人和猴子的差距要大很多。（据估算，大脑注射的致病率是食物的 1 亿倍。）并且，在那个时期，如果谁说食用牛肉不安全，人们就会认为他极其不负责任。

根据科学家的发现，这种疾病在不同物种之间通过口腔传播的概率之小，几乎为零。在进行实验的时候，除非动用几十万只动物，否则一个病例都得不到。

但这正是问题的关键所在，因为这样的一个实验正在 5000 万英国人身上进行着，在这样大的一个样本里，出现几个病例是难免的。对于政治家而言，安全是一个绝对概念，不是相对的。他们要保证没有一个人患病，"仅有个别病例"对他们而言是不够的。除此之外，BSE 同之前所有的朊毒体病一样，让人百思不得其解。猫吃了那种含有肉和骨粉的牛饲料之后，也会染上病。到目前为止，已有 70 只以上的家猫、3 只猎豹、1 只美洲狮、1 只豹猫，甚至 1 只老虎都死于 BSE。但是，没有 1 只狗死于这种疾病。那么人类呢，他们对于 BSE 的抵抗力是像狗那样强大，还是像猫科动物那样脆弱呢？

到了 1992 年，牛的问题终于被有效地解决了。因为 BSE 有长达 5 年的潜伏期，所以它的发病高峰出现在那之后。1992 年之后出生的牛很少有患上 BSE 的，甚至患上的可能性都很小。然而，人类才刚刚开始变得歇斯底里。至此，政治家所做的决定开始变得越来越愚蠢。先前提到的那个关于内脏的禁令，使得最近 10 年来食用牛肉比以往任何时候都更安全，但也正是那个禁令，人们开始拒食牛肉。

1996 年 3 月，英国政府宣布，有 10 人死于某种朊毒体病。由于死者的症状与 BSE 症状类似，且之前从未出现过类似病例，因此怀疑他们是在 BSE 发作期间通过牛肉传染的。政府通报，加上媒体煽风点火，人们很快走向一个极端。有人预测，仅在英国就会有几百万人死于 BSE，人们对这种危言耸听的话竟信以为真。牛被描述成了吃人的怪兽，反而成为支持有机农业的有力证据，因为人们更加关注食品安全。与此同时，各种各样的阴谋论也出现了：这种疾病是由杀虫剂引起的；科学家的嘴都被政客封住了；真相被隐瞒了；问题的真正原因在于取消了对饲料业的管理；法国、爱尔兰、德国和其他国家也封锁了 BSE 在当地肆虐的消息。

政府认为有责任对此作出反应，便出台了一项毫无用途的禁令：不许食用任何两岁半以上的牛。这个禁令越发激起了公众的警惕，摧毁了整个行业——这些倒霉的牛把整个国家搞得一团糟。那一年的晚些时候，在欧洲政客的坚持下，政府下令"有选择地杀死"了另外 10 万头牛。政府明明知道这么做仅仅是摆出一个毫无意义的姿态，并有可能进一步加深农民与消费者之间的矛盾。此时的政府已经不能用"事后诸葛亮"来形容了，反而成了"偷鸡不成蚀把米"。不出所料，新的"杀牛方案"出台以后，欧盟并未解除关于禁止进口英国牛肉的禁令，该禁令主要为了维护欧盟自身的经济利益。更糟糕的事情还在后面，1997 年，政府禁止人们食用带骨牛肉。食用带骨牛肉导致 CJD 的概率是微乎其微的，四年一遇，这种概率比遭雷劈还小。尽管人尽皆知，但政府依然采取了行政措施，农业部长甚至不给人民机会去发表自己的看法。事实上，如果政府在面对危险时采取了如此荒谬的措施，人们将被逼得不得不做些更危险的事情。在一些地方，就出现了一些"叛逆"的行为。我发现，在这项禁令即将生效前，我受邀去吃红烧牛尾的次数比以前任何时候都多。

1996 年一整年，英国为迎战人类 BSE 做了充分的准备，从 3 月到年底，只有 6 个人死于这种病。患者数量并没有大幅增加，相反，患者数量似乎保持稳定甚至减少了。在我写这本书的时候，有多少人会死于新型 CJD 还不得而知。患者慢慢增加到 40 人以上，每个病例都是一个无法想象的家庭悲剧。但这种疾病还不能算作流行病。起初，调查显示新型 CJD 患者偏好肉食，在 BSE 肆虐的时候也不例外（尽管有一个患者几年前开始吃素）。当科学家向那些被认为死于 CJD 的病人（但是尸检显示他们死于其他原因）亲属询问死者生前的习惯时，家属称死者都偏爱肉食。亲属只是凭心理感受进行的回忆，但事实如此吗？其实，食肉并非真正的病因。

死者都有一个共同的特点，他们几乎拥有同一种基因，他们基因的第 129 个词为甲硫氨酸纯合子。这个词是杂合子或缬氨酸纯合子的人数更常见，但也许会证明在这两种情况下，疾病的潜伏期更长。通过大脑注射传给猴子的 BSE，和其他类型的朊毒体病相比，潜伏期长得多。另外，对于绝大多数通过牛肉感染的人类病例而言，其感染时间都应该发生在1988年年底以前，10年的时间已经是牛平均潜伏期的两倍了。也许，就像在实验室里进行的动物实验一样，这种疾病难以在人与牛之间传播。毕竟，这种疾病最严重的时期已经过去。也许，这种新型CJD与吃牛肉根本无关。现在，很多人相信，从牛肉制品中提取的人体疫苗或其他医药制品给我们带来的危险性更大，而这种可能性在20世纪80年代后期就被权威机构轻易地否定了。曾有人一辈子吃素、从未做过手术、从未离开过英国、从未在农场或屠宰场工作过，却死于CJD。今天人们使用各种手段了解了CJD的各种形式和各种传播途径，包括吃人的习俗、手术、激素注射，当然吃牛肉也有可能。但朊病毒最后一个，也是最大的一个神秘之处在于，85%的CJD病例是散发的。也就是说，目前无法用任何理由解释它们的发作，只能说是偶然。这似乎违背了自然决定论。在这个理论里，所有疾病都要有个病因，然而，我们生活的世界并非完全由决定论控制着。也许，CJD就是以每百万人中有一例的概率随机出现。

朊病毒让人类因自己的无知而感到卑微。人们没有想到会存在一种没有DNA参与的自我复制，事实上，朊病毒不使用数字信息；人们没有想象到有一种疾病会如此神秘，会在意想不到的地方发病，却又是如此致命；人们仍然不能完全理解一个肽链的折叠，或基因链条上一个微不足道的改变，是如何导致如此严重而复杂的后果的。正如两位朊病毒专家所言[5]："个人与家庭悲剧、民族灾难和经济危机，都可以追溯到一个小小的分子淘气而错误的折叠。"

21 号染色体
Genome

人种优化[⊖]

> 我认为社会的终极权力不在别处，就在人民手中。如果我们认为他们不够明智，难以理智地行使权力，那么，补救办法不应当是剥夺他们的决断权，而是教会他们如何决断。
>
> ——托马斯·杰斐逊（Thomas Jefferson）

⊖ 人种优化（eugenics）与中国的优生不同。我国的优生主要包括禁止近亲结婚，进行遗传咨询，提倡适龄生育和产前诊断等，从而来确保胎儿健康。而文中的人种优化带有偏见与歧视，指通过人为的方式，将不良基因剔除，主要方式包括禁止携带不良基因的人生育，甚至直接杀死带有不良基因的人。——译者注

21 号染色体是人体内最小的染色体。它本来应该被称作"22 号染色体",但直到最近,人们依然认为 22 号染色体更小一些。无论如何,这些名字现在已经固定了。大概因为 21 号染色体是最小的一个,拥有的基因数量也最少,所以一个人的体内即使有三条 21 号染色体,也依然可以存活下去。在这一点上,21 号染色体是独一无二的,其他染色体只能有两条,如果多出一条,就会打乱人类基因组的平衡,导致身体无法正常发育。偶尔也有儿童在出生时多出一条 13 号或 18 号染色体,但在这种情况下,他们往往只能存活几天。如果出生时多了一条 21 号染色体,结果就大不相同了。这些儿童能够多活几年,并且整天乐呵呵的,但是,人们往往会认为他们是"不正常"的。因为他们患有唐氏综合征,身材矮小,体形肥胖,双眼眼距宽,脸上总是挂着天真的笑容,这些外表特征非常明显。而且他们智力低下,性格温和,衰老速度快,常常发展成阿尔茨海默氏症,寿命大多不足 40 岁。

唐氏综合征患儿的母亲大多数都是高龄产妇。随着母亲年龄的增加,生出唐氏综合征患儿的概率会迅速呈指数增长——母亲在 20 岁时生育,则每 2 300 个婴儿里有一个唐氏综合征患儿;如果母亲在 40 岁时生育,则每 100 个婴儿里就有一个患儿。因此,许多孕妇都会进行唐氏综合征产前诊断,以避免生出有缺陷的孩子。现在,大多数国家都为高龄产妇提供(或者说强制实施)羊膜穿刺术,以检查胚胎是否带有一条多余的 21 号染色体。如果是,医生就会建议甚至劝诱这位母亲堕胎。原因是虽然患儿看起来天真快乐,但大多数父母仍不希望拥有一个患有唐氏综合征的孩子。如果一个人同意这个观点,就会认为这是在用科学做善事,能够成功避免身有疾患之人的出生,并且没有给人带来痛苦;如果一个人反对这种观点,就会认为它是打着优化人种的旗号,公开鼓励残害神圣的生命,是对残疾的不尊重。从这点不难看出,虽然 50 多年前纳粹的暴行使人们看到优化人种的做法荒唐至极,并对其失去了信任,但是我们在实际生活中仍然可以见到与人种优化相关的举措。

本章将讲述遗传学历史上的阴暗面，可谓是遗传学领域中的"害群之马"——打着净化基因的旗号谋杀人民，或要求他们绝育或流产。

"人种优化学说之父"弗朗西斯·高尔顿（Francis Galton）在很多方面与堂弟查尔斯·达尔文（Charles Darwin）大相径庭。达尔文做事有条理、耐心十足，性格羞涩，思想传统，高尔顿在学习上浅尝辄止，性心理混乱，而且很爱炫耀。但高尔顿同时也很优秀，他曾在非洲南部探险，做过双胞胎方面的研究，搜集过统计学资料，甚至还梦想过乌托邦世界。今天他的声望可以跟达尔文比肩，只是用臭名昭著来形容他会更合适一点。达尔文主义容易被人们认为是政治信条，高尔顿就是这么认为的。哲学家赫伯特·斯宾塞（Herbert Spencer）积极倡导达尔文的"适者生存"理念，并论述说它支持了经济学中的自由放任经济政策和维多利亚时期社会中的个人主义，他称之为"社会达尔文主义"。高尔顿的主张更为激进。如果像达尔文阐述的那样，牛和信鸽经过系统化的选择育种后，能够改良品种，那么人类也可以通过这样的繁殖来改进自己。从某种意义上讲，高尔顿诉诸一个比达尔文主义更早的传统——18 世纪人们采用人工选择的方法繁殖牛群，更早以前采用人工选择的方法选育苹果和玉米品种。于是，他呼吁：让"我们"像改进其他物种那样改进人类自己，即只选用人类中最好的来传宗接代，剔除最差的。1885 年，他发明了"人种优化"这个词来代指这样的生育方式。

但是"我们"到底是谁？在斯宾塞的个人主义世界里，"我们"是指人类社会里的每一个人，人种优化是指我们每个人都尽力挑选一位优秀的配偶，这位配偶应当身体健康、头脑聪明。这跟人们选择结婚对象时的挑剔异曲同工——从那时起，我们已经开始"选择"的过程了。但在高尔顿的世界里，"我们"有了一个更加"集体主义"的含义。卡尔·皮尔逊（Karl Pearson）是高尔顿的第一个追随者，也是影响最大的一个。他是个激进的空想社会主义者，也是一名优秀的统计学家。皮尔逊看到德国的经济实力不断发展，感到很震惊，因此，他将人种优化上升为国家沙文主义链条上的一个环节。他认为需要优化的不应该是某个人，而是整个民族。只有在公民中实行选择性生育，英国才能够领先于欧洲大陆上的其他国家。国家拥有决定谁能够生育的权力。人种优化学说在诞生之初本不是政治学，而是打着"科学"幌子的政治信条。

到 1900 年，人种优化学说受到了广泛的社会关注。"人种优化"一词迅速流行起来，计划生育的理念如潮水一般席卷而来，与人种优化相关的会议也在英国各处召开。皮尔逊 1907 年在给高尔顿的信中写道："我经常听说，如果一些体面的中产阶级妇女看到有孩子体弱多病，就会议论说，'看，那肯定没有经过优化！'"在布尔战争中，军队征招了一批素质较差的战士，这引发了社会福利相关争论的同时，也使社会开始思考人种优化方面的问题。

德国也发生了类似的情况，弗里德里希·尼采（Friedrich Nietzsche）的英雄哲学与恩斯特·海克尔（Ernst Haeckel）的生物命运学说共同激发了人们对进化论的热情，希望人类进化的同时，也能实现经济和社会的发展。这种权威哲学在德国"一家独大"，比英国更严重，它将生物学与民族主义交织在一起了。但这种倾向仅仅是在意识形态方面，还没有付诸行动。[1]

至此，对人种优化的关注还没有产生什么危害。然而，很快重点就从鼓励"优种人"生育"优秀"的后代转向了阻止"劣种人"生育"不良"的后代上去了。"劣种人"的意思很快变成了"低能"的人，包括了酗酒者、癫痫病患者、罪犯以及智力低下的人。在美国更是如此，1904 年，高尔顿和皮尔逊的一个崇拜者查尔斯·达文波特（Charles Davenport）说服了安德鲁·卡内基（Andrew Carnegie）⊖创建了冷泉港实验室（Cold Spring Harbor Laboratory），专门从事人种优化方面的研究。达文波特精力旺盛，但古板固执，他更关注如何阻止"劣种人"生育，而

⊖ "钢铁大王"卡内基是美国著名企业家、慈善家，曾出资建立过很多研究机构。——译者注

不是鼓励"优种人"生育。他将"科学"无限简化，例如他曾说，既然孟德尔遗传学说已经证明了颗粒遗传，美国人的"大熔炉"思想就应该过时了；他还曾经提出：海军世家可能拥有热爱海洋的基因。但是在政治方面，达文波特的手腕颇多，而且影响力较大。亨利·戈达德（Henry Goddard）有一本书，很好地讲述了神秘的卡利卡克（Kallikak）家族的故事。凯勒卡家族的成员都有智力缺陷，这使戈达德意识到低能是遗传性的，达文波特就受到了这本书的启发，和他的拥护者逐渐说服了美国政府，使其相信美国人的"人种质量"情况堪忧。美国总统西奥多·罗斯福（Theodore Roosevelt）就曾这样说道："总有一天我们会认识到，作为优秀的公民，我们最主要的责任，就是为这个世界留下优良的后代，我们对此责无旁贷。"而这句话并不适用于那些"劣种"公民。[2]

美国人之所以热衷于人种优化学说，在很大程度上来源于对移民的抵制之情。当时，来自东欧、南欧国家的移民迅速涌入美国，很容易让美国国民产生不安，认为本国"基因更好"的盎格鲁 - 撒克逊人种正在逐渐变少。而人种优化的相关理论正好为那些想要抵制移民的传统种族主义者提供了支持。1924 年的移民限制法案就是人种优化运动的直接后果。在之后的 20 年间，该法案阻止了很多欧洲移民前往美国开始新生活，他们不得不绝望地留在故国，过着越发悲惨的生活。这项法案实施了 40 年，没有进行任何修正。

除成功限制了移民，人种优化倡导者在法制上还取得了其他的胜利。到了1911 年，已有 6 个州通过了成文法，允许对心智不健康的人实施强制绝育。6 年之后，又有另外 9 个州通过了这项法律。他们认为，如果一个州可以处决罪犯，那么它也可以理所当然地剥夺人的生育权（他们似乎将头脑天真等同于了犯罪行为）。"在这种情况下，谈论个人自由或个人权利是愚蠢至极的。那些不适合生育的个人……是没有权利繁育像他们那样的后代的。"一位名叫 W. J. 罗宾逊（W. J. Robinson）的美国医生这样写道。

最初，最高法院否决了很多绝育方面的法律，但 1927 年它改变了自己的立场。在巴克控告贝尔（Buck v. Bell）一案中，最高法院判决，弗吉尼亚州政府对卡莉·巴克（Carrie Buck）实施绝育手术。巴克是一个 17 岁的女孩，和妈妈艾玛、女儿薇薇安居住在林奇堡（Lynchburg）一个专门收留癫痫病人和智障者的社区里。在一次体检中，仅七个月大的薇薇安查出患有痴呆，于是，卡莉被要求去做绝育。最高法院法官奥利弗·温德尔·霍姆斯（Oliver Wendell Holmes）在判决书里有一句名言："三代白痴已经够了，不能再继续生了。"薇薇安幼年就死去了，但卡莉寿命较长，智力中等，闲暇时喜欢玩填字游戏，受到了身边人的喜爱。她的妹妹多丽丝一直想要个孩子，尝试了多年都没成功，这才意识到她在不知情的情况下也被做了绝育手术。直到 20 世纪 70 年代，弗吉尼亚州还在继续给那些有智力障碍的人做绝育手术。美国号称是保护个人自由权利的堡垒，却在 1910～1935 年通过了 30 多条州法律和联邦法律，并据此给 10 多万人进行了绝育手术，理由是这些人"低能"。

美国作为先驱开辟了道路，其他国家也紧随其后。例如，瑞典给 6 万人实施了绝育；加拿大、挪威、芬兰、爱沙尼亚和冰岛都把强制绝育列入了本国法典，并付诸实施；德国最为残忍，先是给 40 万人做了绝育，后来又杀死了其中的很多人，第二次世界大战期间的 18 个月内，为了给受伤的战士腾出病床，70 000 名德国精神病患者在做完绝育手术之后被毒气毒死。

然而，英国却从未赋予过政府任何权利，以干涉公民的生育权利，这在信仰新教的工业国里几乎是唯一的。具体来讲，英国从来没有过一项法律制止有智力有缺陷的人结婚生子，也从来没有一项法律允许政府因为某人智力有缺陷而对其强制实施绝育。（当然，并不排除某些医生或医院曾经哄骗病患进行绝育手术，但这属于"个人"行为。）

英国在这方面并不特殊，在罗马天主教影响较大的国家都没有人种优化相关的法律。荷兰没有通过该类法律；苏联虽然有过迫害知识分子的历史，也从未通过法律以迫害精神缺陷患者。但是英国之所以值得一提，是因为事实上，20世纪前40年关于人种优化学说和人种优化措施的宣传大部分来自英国。与其质问为什么那么多国家实施了这样残忍的行为，我们不如回到源头思考这样一个问题：为什么英国抵挡住了这样做的诱惑？这是谁的功劳？

首先，这不是科学家的功劳。虽然在今天，科学家将人种优化理论看成"伪科学"，尤其是在孟德尔遗传学（它揭示了隐性突变比显性突变要多得多）被重新发现之后，真正的科学家对它应当是嗤之以鼻的，但是，在当时却并非如此，大多数科学家更乐意成为新技术官僚体系中的"专家"，受到周围人的吹捧。事实上，他们一直在催促政府采取优化人种的行动。（在德国，学术界里有一半以上的生物学家加入了纳粹党，这比任何其他专业人员的比例都高，而且没有一个人批判过人种优化论。[3]）

例如，罗纳德·费希尔爵士（Sir Ronald Fisher），是现代统计学的奠基者之一（高尔顿、皮尔逊和费希尔都是伟大的统计学家，但没有人因此将统计学看作和遗传学一样危险的学说），他真正推崇孟德尔遗传学说，但同时又是人种优化学会的副主席。他沉迷于将上等人和穷人的"生育事件进行重新分配"，该"生育事件"是指穷人比富人生的孩子更多这样一个事实。即使有些人后来开始批判人种优化理论，例如朱利安·赫胥黎（Julian Huxley）和J.B.S.霍尔丹（J. B. S. Haldane），他们在1920年以前也曾支持过这种学说。他们批判的不是人种优化的根本原则，而是批判美国在实行人种优化中出现的残忍行为和偏见。

其次，社会学家在英国制止人种优化方面也没有功劳。英国工党在20世纪30年代是反对人种优化理论的，总体来讲，在邪之前的社会主义运动给人种优化论提供了思想武器。想要在英国20世纪的前30年中著名的社会主义者中找到一位反对人种优化的人，哪怕是发出过一点点模糊的反对声音的人，都是很困难的。而要在那个时候的费边社成员中找到支持人种优化的言论，却是超乎寻常的容易。H. G. 威尔斯（H. G. Wells）、J. M. 凯恩斯（J. M. Keynes）、萧伯纳（George Bernard Shaw）、哈夫洛克·埃利斯（Havelock Ellis）、哈罗德·拉斯基（Harold Laski）、西德尼·韦伯（Sidney Webb）和比阿特丽丝·韦伯（Beatrice Webb）夫妇⊖都曾发表过可怕的言论，认为人们迫切需要阻止智障和残疾人继续生育。萧伯纳的剧本《人与超人》里的一个角色这样说道："如果因为慈善的原因拒绝自然选择，我们就可以被称作懦夫；如果因为道德和善良的原因拒绝人工选择，我们就可以被称作懒汉。"

H. G. 威尔斯的作品里更是充满了意味深长的话语："就像人们生病带来病菌，或者在隔音效果不好的房间里发出噪声一样，把孩子带到世界上来这件事不单单是父母的事情，它也会对别人产生影响。"又如"那群黑人、棕色人种、肮脏的白人和黄种人……都得消失。"又如"现在越来越明显的是，人类作为一个整体，与他们规划的未来相比，是在走下坡路……想要追求平等就是要把人类的数量控制在一个水平上，否则整个社会会被他们过多的后代所淹没。"之后他又加了一句，以表关怀："进行这样的杀戮前，是要施麻醉剂的。"（现实并非如此。）⁴

社会主义者相信国家规划，随时准备为国家利益而放弃个人权利，因此，他们很容易接受人种优化学说。国家也正需要实施计划生育。人种优化理论首先在皮尔逊的一群费边社朋友之中传播开来，受到了欢迎，它为社会主义添砖加瓦，是进步的哲学，能够号召国家的力量。

很快保守党和自由党也表现出了热情。1912 年，前总理阿瑟·贝尔福（Arthur Balfour）主持了在伦敦召开的第一届世界人种优化学大会，发起会议的副主席包

⊖ 20 世纪上半叶英国的著名人物。H. G. 威尔斯是小说家；J. M. 凯恩斯是经济学家；萧纳德即为中国读者所熟知的作家萧伯纳；哈夫洛克·埃利斯是性学家；哈罗德·拉斯基是政治学家；西德尼·韦伯和比阿特丽丝·韦伯夫妇都是社会改革者。——译者注

括最高法院的大法官和温斯顿·丘吉尔（Winston Churchill）。1911 年，牛津辩论社（Oxford Union）以 2∶1 的比例通过了支持人种优化的原则。丘吉尔这样说道，"低能者的成倍增加对一个种族来说是极度危险的事情。"

当然，其中也有人发出过反对的声音。零星几个知识分子对人种优化学说持有怀疑态度，英国作家西莱尔·贝洛克（Hilaire Belloc）和 G. K. 切斯特顿（G. K. Chesterton）写道："人种优化论者一方面铁石心肠，一方面又头脑灵活、策略颇多。"但有一点是毋庸置疑的，即大多数英国人是支持人种优化的法律的。

曾经有两次，英国险些通过人种优化法律。第一次是在 1913 年，人种优化的反对者敢于逆传统潮流而上，从而将其挫败。1904 年，政府设立了"照顾控制低能患者"的皇家委员会，由拉德诺伯爵（Earl of Radnor）领导。1908 年工作汇报时，他坚持主张"智力低下是遗传性的"，这在当时并不奇怪，因为委员会的很多成员都是收了钱才支持人种优化学说的。英国作家格里·安德森（Gerry Anderson）在剑桥大学的最近一篇论文中论述道[5]，在那之后的一段时间里，各团体展开了长期的游说，敦促政府采取行动。内政部接到了来自各郡、市议会和各教育委员会的几百份提案，敦促通过法案，以限制"不适合生育的人"繁育后代。新的人种优化教育学会（Eugenics Education Society）对下议院议员进行了攻击，又同内政大臣开会，以推进自己的主张。

内政大臣赫伯特·格拉德斯通（Herbert Gladstone）不为所动，所以，有段时间一直风平浪静。但是，1910 年，丘吉尔接任了他的位置，在内阁的会议桌上积极推行人种优化。早在 1909 年，丘吉尔就已经将一篇阿尔弗雷德·特雷德戈尔德（Alfred Tredgold）所做的支持人种优化的演讲以内阁文件的形式分发下去。1910 年 12 月，丘吉尔在内政部就职之后，写信给总理赫伯特·阿斯奎斯（Herbert Asquith），敦促起尽快制定人种优化相关法律，他在信的结尾写道："我觉得，我们要在明年年底之前堵住那股疯狂之流的源泉。"他希望那些精神病人的

"诅咒随着他们一同消失"。英国作家威弗列德·斯科恩·布伦特（Wilfrid Scawen Blunt）曾写道，当时丘吉尔已经在私下里宣传，通过 X 射线和手术给那些"精神有问题"的人做绝育。

由于 1910 年和 1911 年的宪法危机，丘吉尔未能提出议案，便被调到了海军部。到 1912 年，立法的呼声再起。保守党后座议员格肖姆·斯图尔特（Gershom Stewart）以个人成员身份提出了该问题议案，成功扭转了局面。1912 年，新内政大臣雷金纳德·麦肯纳（Reginald McKenna）勉强提出了一个政府法律草案——《精神缺陷法案》。该法案旨在限制低能患者的生育，与智力缺陷者结婚将要依据该法案进行惩罚。当时大家都很清楚，一旦该法案正式实施，也就意味着它将马上得到修正，允许实施强制绝育。

值得一提的是，有一个人在当时对这个议案提出了反对意见，他就是乔赛亚·韦奇伍德（Josiah Wedgwood），当时是一位著名的激进的自由党议员。他的家族开办了著名的韦奇伍德陶瓷工厂，祖辈曾多次与达尔文家族联姻。事实上，查尔斯·达尔文的外祖父、岳父和一个姐夫（同时也是他妻子的哥哥）都叫乔赛亚·韦奇伍德。这位乔赛亚的职业是海军工程师。在 1906 年大选中，自由党取得了压倒性的胜利，他被选入议会，但是后来加入了工党，并于 1942 年进入上议院。[达尔文的儿子雷昂纳德（Leonard）那时是人种优化学会的主席。]

韦奇伍德对人种优化学说非常反感。他指责人种优化学会是在试图"把劳动阶层当成牛一样进行生育繁殖"。他还断言，遗传定律"具有不确定性，无法在此基础上建立任一学说，更不要说根据它来立法了"。但实际上，他的反对意见主要是以个人自由为基础的。他认为如果通过这项法案，则国家有权用强制的手段把孩子从自己家中带走，警察在接到公众举报说某人"低能"时有权作出行动，这将是骇人听闻的事情。他的动机不是维护社会公正，而是保护个人自由，之后其他保守党的自由派成员，如罗伯特·塞西尔勋爵（Lord Robert Cecil），也加入了他的行列。他们的共同主张就是个人自由高于国家利益。

真正让韦奇伍德不快的是这条："考虑到社会的整体利益，剥夺（低能）人生育后代的权利是符合大众意愿的。"用韦奇伍德的话来说，这是"提出的所有内容中最令人不快的一条"，而且完全没有实现"对人民自由的关切和对个人的保护，而这是我们有权期望自由党政府做到的"。[6]

韦奇伍德的攻击十分有效，迫使政府收回了法案，第二年再次提出该法案时，政府的气势已经大大地减弱了。最关键的是，这一次它省去了"任何可能被理解为人种优化的提法"（用麦肯纳的话说），同时也删掉了那些限制某些人生育或禁止通婚的条文。韦奇伍德仍然反对这一法案，他花了整整两个晚上时间，靠巧克力维持体力，列出200多条补充条款，继续对法案进行攻击。然而，最后支持他的只剩下4个人，看到这种情况，他放弃了，这一法案最终获得通过，成了法律。

韦奇伍德也许认为自己失败了。从此，对精神病人强制关押开始在英国社会合法化，他们很难再繁育后代。但事实上他的反对是成功的，他不但成功阻止了政府实施人种优化的措施，还向未来政府发出了警告，让当局认识到人种优化在相关立法工作中具有争议性，值得商榷。另外，他还指出了整个人种优化工程中最核心的漏洞——这个漏洞不是指人种优化的科学理论基础是错误的，也不是因为人种优化在实际中缺乏可行性，而是它归根结底是对人的压制，并且做法残忍至极，它旨在全力保护政府的权力，忽略了个人的权利。

20世纪30年代初的经济大萧条时期，随着失业人数的增加，人种优化再一次死灰复燃。在英国，人们开始认为，造成高失业率和贫困问题的罪魁祸首，就是人种优化论者之前预言过的种族退化，英国的人种优化学会会员人数也达到了空前的水平。这时，大多数国家才正式通过人种优化的相关法律，例如瑞典于1934年开始依照法律实施强制绝育，德国的情况也是一样。

早在几年前，迫使英国做出相关立法工作的压力就已经开始积攒了，主要来自一份名为"伍德报告"的政府报告，报告的主要内容是精神缺陷问题。它指出，精神疾病的不断出现在一定程度上是因为精神缺陷患者的高生育率导致的（报告委员会谨慎地在其中定义了三类精神缺陷患者：白痴、智障和低能患者）。但是，一名工党议员将一位普通议员的有关人种优化的提案递交给下议院时，遭到了驳回。于是，支持人种优化学说的压力集团改变了策略，开始努力说服公共服务部门采取行动。卫生部很快接受了他们的提议，成立了专门委员会（即布罗克委员会），由劳伦斯·布罗克爵士（Sir Lawrence Brock）领导，着手研究有关精神缺陷患者绝育方面的议案。

布罗克委员会由政府部门成立，从一开始就有所倾向。就像一位现代历史学家所说的，该委员会大多数成员"都丝毫不会去客观分析那些看起来自相矛盾或是不明确的论述"。他们认为智力缺陷具有遗传性，只采纳与此相符的证据，对与此不符事实视而不见。尽管证据不足，委员会依然坚信精神缺陷患者的人数一代比一代增多。委员会"放弃了"强制绝育的做法，为的只是堵住批评者的嘴，掩盖他们如何取得精神缺陷患者绝育许可的事实。1931年出版的一本生物学科普读物曝出了其中的内幕："这些低能患者很有可能是收了钱或是接受了委员会的劝诱，才自愿进行了绝育手术。"[7]

布罗克报告本质上是在宣传给精神缺陷患者实施绝育，但表面上粉饰得却像是一份没有任何偏见的专家评估报告。最近有人指出，该报告人为制造了一种恐慌，"专家"一致承认社会处于危机当中，需要尽快采取行动。它这种策略同20世纪后期国际环保人士呼吁民众关注全球变暖问题的手段如出一辙。[8]

这份报告的最终目的是通过绝育法案，但这种企图始终没有实现。究其原因，不是因为有像韦奇伍德那样坚定的反对者站出来抗议，而是因为整个社会的民意开始发生变化。很多科学家改变了原先的想法 [其中最著名的当属 J. B. S. 霍尔丹（J. B. S. Haldane）]，一部分原因是玛格丽特·米德（Margaret Mead）等人以及心理学领域的行为学派，他们用环境解释人性，日益影响了大众的认知。工党在当时是坚决反对人种优化的，把它看作针对工人阶级发动的一场阶级斗争。天主教强烈反对对人种优化，也在一些地方产生了影响。[9]

出人意料的是，直到 1938 年以后，才有来自德国的相关报告，说明了强制绝育在现实中的真正含义。布罗克委员会曾轻率地赞赏过纳粹党的绝育法，这项法律于 1934 年 1 月生效，现在看来，它肆意践踏了个人自由，为实施迫害杀戮提供了借口。总之，正确的认知在英国占了上风。[10]

从人种优化的这段简史可以得出以下结论：人种优化论的错误之处不在于它背后的科学基础，而是在于实施时的强制性。它和其他所有把社会利益凌驾于个人权利之上的项目一样，是在伦理道德上犯了罪，而不是科学根本问题上的错误。毫无疑问的是，选择性繁殖适用于狗和奶牛，也能在人类身上获得"成功"，通过有选择地生育，能够减少精神疾病的发生，改善人类的总体健康状况。但与此同时，要使它在人类身上发挥作用，需要一个漫长的过程，以及无比巨大的代价，这个过程无比残忍，充斥着不公和压迫。卡尔·皮尔逊曾经对韦奇伍德说："只有社会权利是正确的，没有任何权利可以凌驾于它之上。"这是一句骇人的话，应该成为人种优化论的墓志铭。

今天，当我们在报纸上读到有关智慧基因、生殖细胞基因疗法、产前检查相关报道的时候，就能真切地感受到人种优化的观点仍然存在。我在 6 号染色体一章中曾提到过，高尔顿那"人性与遗传相关"的观点又重新流行了起来。这一次，尽管并未得到证实，但它有了更好的事实依据。如今，越来越多的父母可以通过基因筛选来选择他们孩子的基因。哲学家菲利普·基切尔（Philip Kitcher）就曾经把基因筛选称作"放任型人种优化"："每个人都可以成为他（或她）自己的人种优化专家，利用现有的基因检测手段做出他（或她）认为正确的生育决定。"[11]

按照这个标准，人种优化每天都在世界的某个医院里发生着，最常见的受害者是那些带有一条多余21号染色体的胚胎，即出生时患有唐氏综合征的婴儿。如果让他们出生，大多数情况下，他们会度过短暂且快乐的一生——这是他们的先天条件决定的。他们也会感受到父母和兄弟姐妹们的爱。对于一个还在母体内、未成人型的胚胎，不让其出生并不一定等同于残害它的生命。现在，我们又回到了堕胎的争论上面：母亲是否有权利打掉孩子，或者说，国家是否有权制止她这样做。这个争论由来已久。基因学给想要堕胎的母亲提供了更多的理由。选择一个具有某种特殊能力的胚胎，而不仅仅是消除掉那些带有缺陷的胚胎，我们即将拥有这种技术。但是，如果为了生育男孩而将女孩流掉，就是对羊膜穿刺术的不当使用，而这在印度次大陆地区尤为常见。

人们否定政府提出的人种优化法案，难道是为了获得个人自愿优化的"权利"？在医生的建议、保险公司的警告，甚至可能是社会文化的驱使下，父母可能迫于压力主动进行人种优化选择。我们无数次地听说，直到20世纪70年代，还有妇女因为带有某种遗传病的基因而听从医生的建议，去做绝育手术。但是，换一个角度看，如果政府明令禁止人们进行基因筛选，则会增加基因缺陷的风险。所以，禁止基因筛选和强制进行基因筛选是同样残忍的行为。是否进行基因筛选应该属于个人的权利，不能由专业科技人员决定。基切尔坚持认为："人们想具备什么特征，或是不想具备什么特征，都是他们自己的选择。"美国分子生物学家詹姆斯·沃森也这样认为："那些自认为是基因筛选方面专家的人应该离这种事远点。……我希望看到的是，有关基因的问题应该由这个基因的拥有者自己来决定，而不是政府说了算。" [12]

现如今，尽管有一小部分科学家对人种基因退化表示担忧 [13]，但大多数科学家还是坚持认为，在这方面，个人权益应当高于集体权益。现在的基因筛选与人种优化学说盛行时期所倡导的那种基因选择有着本质上的区别，具体体现在：基因筛选是基于个人价值标准，由个人自由决定实施的个体生育活动，而人种优化学说则是基于国家价值标准，为了国家的集体利益进行的集体生育活动。当我们步入新的基因领域时，人们往往忽视了一个重要的问题，那就是"我们"到底应该如何定义？"我们"到底是谁？是指独立的个体，还是代表着种族或国家的集体利益？

现在，我们来举例说明正在进行着的人种优化案例。该案例发生在美国，我在 13 号染色体那一章里讨论过，犹太人遗传病防治委员会要对在校学生的血液样本进行测试，如果发现有人携带致病基因，就会建议他之后不要和带有相同致病基因的人结婚。该测试因为带有人种优化的观点而备受批评，但实际上，它所提出的措施是完全基于自愿原则的，没有强制学生遵守。[14]

现在，许多人将人种优化理论的发展历史作为一个典型，来描述当科学（尤其是遗传学）不受控制时会有多危险。而实际上，它更多地反映出，如果政府不受控制会带来多么严重的后果。

22 号染色体
Genome

自 由 意 志

在本书即将完稿之际，距新千年到来还有几个月。这时传来了一条重要的消息，位于剑桥附近的桑格中心（从事人类染色体研究的顶级实验室）已经完成了22号染色体的全部测序工作。人体第22号染色体所包含的1 550万个（具体数目根据序列重复次数而定，不同个体之间差异较大）"单词"已经全部被读出，并使用英语字母表示出来。共有4 700万个A、C、G、T。

在靠近22号染色体长臂顶端的地方，有个基因被称为HFW，它的尺寸巨大，结构复杂，地位相当重要。它有14个外显子，合在一起长度可达6 000余个字母。这段"文字"经过RNA的特殊剪接之后，形成了一个非常复杂的蛋白质。这个蛋白质只在大脑前额皮质的一小部分表达，大体来讲，其功能就是赐予人类自由意志。换句话说，没有HFW，人类就没有自由意志。

上段内容纯属虚构。在22号染色体上不存在HFW基因，在其他染色体上也没有。在讲述了22章关于基因的事实后，我忍不住想撒个小谎骗骗大家。我不写小说，但写了这么久，几近崩溃，情不自禁地想编造一些东西出来调侃一下。

但是，"我"到底是谁？那个迸发出如此可笑的冲动，想要虚构事实的"我"，到底是谁？"我"是由基因构成的一个生物体。基因塑造了我的体形，给了我双手10指和32颗牙齿，赋予了我语言能力，决定了我大约一半的智力。当我要记住一些事情，也是基因在做这些工作，它们把CREB系统打开，将记忆储存起来。基因创造了我的大脑，并将日常工作分派给大脑完成。基因还让我清晰地知道，我可以自由地决定我想怎样行动。总而言之，"我"是一个自由的个体，能够自己决定该做什么事情，不能做什么事情。我现在就可以开车去爱丁堡，也可以编造一个故事。不需要任何理由，只是因为我想这样做。因为，我是一个自由的个体，拥有自由意志。

这种自由意志从何而来呢？显而易见，它不来源于我的基因，否则也就称不上是自由意志了。很多人说，它来源于社会、文化和后天的培养。如果这样的话，自由就是我们天性中不受基因控制的那部分，是人体在经历了基因的"暴政"之后，开出来的花。这朵花不受基因决定论的控制，我们将其称为神秘的"自由之花"。

长久以来，有些科学书籍的作者认为，生物学界里有两类人，一类人相信基因决定论，另一类人相信自由。然而，这些作者又都否定了基因决定论，并创建了其他形式的生物决定论——父母影响决定论或社会环境决定论。奇怪的是，有这么多作者竟然如此来捍卫人类的尊严，他们一方面认为人类不受基因的控制，另一方面却认为人类是受环境控制的。就曾有人发表文章批评我，声称我曾说过所有行为都是由基因决定的（其实我没有说过）。该作者又进一步举例说明人类的行为不是由基因决定的。他说，众所周知，虐待儿童的人往往自己在小时候也受过虐待，而以前的遭遇是他日后产生同样行为的原因。但他似乎没有意识到，这个说法同样是带有决定论色彩的。并且，对于那些惨遭过不幸的人来说，这种说法比我以前的任何言论都更残忍，可以说是带有偏见的谴责。他的观点可以概括如下：那些虐待孩子的人的后代也会继续虐待自己的孩子，并且这种状况无法改变。他并没有意识到，自己是在使用双重标准来判断这件事情：在使用基因解释行为时，要求有力的证据；同时，在使用社会因素来解释行为时，却轻易就接受了。

对基因和环境，有一种错误的划分方法：认为基因代表着加尔文主义中不可更改的天数，而环境则是自由意志的源头。例如，子宫内部的总体状况就是塑造性格与能力方面最重要的环境因素之一，而这却是一个人无法改变的。正如我在6号染色体一章中提到的那样，那些影响智力的基因也许能够激发一个人学习的欲望，但并不能提高其学习的能力——这样的基因能够使人具有学习的主动性。事实上，一个懂得激励学生的老师也能产生同样的效果。也就是说，天性比后天培养更具有可塑性。

在人种优化的热情达到顶峰的 20 世纪 20 年代，英国著名生物学家阿道司·赫胥黎（Aldous Huxley）完成了著作《美丽新世界》，向世人呈现出一个恐怖的世界，整个世界是单一的，每个人都受到强权压迫，毫无个性可言。由上而下，每个人都安于其在阶级社会中的地位，并且按照社会希望的那样本分地工作，享受社会给予他的娱乐生活。"美丽新世界"这个词现在被赋予了新的含义，指集权统治与先进科学共同造就的地狱般的社会。

因此，当你读完赫胥黎的书之后，就会惊奇地发现，书里几乎没有任何关于人种优化的内容。人等级的高低，也不是与生俱来的，而是受到人体子宫内化学调节的影响，以及出生后受到巴甫洛夫式的条件反射训练和洗脑之后产生的，并且在成人之后还要靠类似于鸦片的药物维持。也就是说，在这种社会里，人的天性无足轻重，一切都是由后天环境因素造就的。这是一个地狱，关乎环境，与基因无关——每个人的命运不是由其基因决定的，而是由控制他的环境所决定的。这是生物决定论，但却不是基因决定论。阿道司·赫胥黎的伟大之处就在于他意识到，如果一个世界完全由后天培养所主导，那将是无比可怕的。诚然，在 20 世纪 30 年代时，统治德国的是极端的基因决定论者，同期统治苏联的是极端的环境决定论者，将两者进行对比，很难说哪个给人类带来了更大的痛苦。但有一点可以确定，这两个极端都会引起令人恐惧的结果。

幸运的是，人们抵抗洗脑的能力十分强大。无论父母或政客怎样劝说年轻人吸烟有害健康，他们还是会继续吸烟。事实上，正是因为成年人向他们宣传吸烟的危害，才使得吸烟有这么大的吸引力。人们天生就有反抗权威的倾向，特别是在青少年时期，从而能够保护自己的天性，提防那些独裁者、老师、虐待孩子的继父继母以及政府的宣传攻势。

除此之外，我们现在知道，几乎所有证明父母影响塑造了我们性格的说法都有极大的缺陷。虐待儿童和儿时曾遭遇虐待之间的确存在联系，但它可以完全用遗传的性格特征来解释，即施虐者的孩子继承了他们施虐的性格特征。研究发现，在考虑到这个因素之后，后天因素的决定作用就没有那么大了。例如，施虐者收养的孩子不会成为虐待儿童的人。[1]

令人惊讶的是，这个观点几乎可以解决你之前听过的所有社会问题：罪犯的孩子成了罪犯，离婚父母的孩子日后也会离婚，问题父母培养出问题儿童，肥胖的父母养出肥胖的孩子。当代美国心理学家朱迪斯·里奇·哈里斯（Judith Rich Harris）曾花多年时间编写心理学课本。在此期间，她曾经坚信上述说法，但在几年前，她突然对此产生了怀疑。她发现，几乎所有这些情况都没有考虑遗传因素，在所有这些研究里，也没有任何证据来证明其间的因果关系——研究者只是轻率地在两件事之间加上因果关系，这种草率的态度，简直令人震惊。里奇·哈里斯针对每种现象进行了遗传学研究，获得了新的、有力的证据，据此推翻了她自己提出的"后天培养假说"。例如，通过研究双胞胎的离婚案件发现，一半左右受到遗传的影响，剩下的一半与各自的生活环境有关，而他们从小共同生活的家庭环境，则对他们没有产生任何影响。也就是说，如果一个人成长在一个不完整的家庭里，除非父母离异，否则他离婚的概率并不比平均水平高。此外，在丹麦，对于被收养孩子的犯罪记录的研究显示，他们是否犯罪与亲生父母的犯罪记录有很大的关系，与养父母是否有犯罪记录关系很小。而与养父母的关系，在分析了同侪导向效应（即被收养的孩子是否犯罪，与其养父母居住街区的犯罪率高低有关）之后，可以忽略不计。

现在已经清楚，比起父母给子女的非遗传影响，子女对于父母的非遗传影响更大。我曾在 X 与 Y 染色体那一章节中提到，传统上认为父子关系疏离、母亲过分保护造就了儿子的同性恋。现在，更多的人认为，这种说法颠倒了因果关系：父母先是察觉到儿子男性特征不显著，可能有同性恋倾向，之后才采取了一定的行动。于是，父亲与他的关系产生了疏离，母亲则会给予儿子过度的保护，以弥补伤害。同理，自闭症儿童的母亲确实通常都比较冷漠，但这并不是造成孩子自闭的原因，而是看到孩子自闭之后才变得冷漠：这些母亲曾长年试图与自闭的孩子进行沟通，却毫无效果，她身心俱疲，心灰意冷，最后才选择了放弃，因此变得冷漠。

里奇·哈里斯还系统地推翻了"父母塑造了子女性格与文化"的假说，而这一假说正是20世纪社会科学所推崇的"教条"之一。在西格蒙德·弗洛伊德（Sigmund Freud）的心理学研究，约翰·华生（John Watson）的行为学派，以及玛格丽特·米德（Margaret Mead）的人类学研究中，父母养育对孩子的决定作用都只是一种假设，从未得到过证实。但是关于双胞胎、移民家庭子女以及被收养孩子的研究，已经开始让我们面对一个事实，即人类的性格产生于体内的基因，受到了身边同伴的影响，而不是来源于父母。

20世纪70年代，在美国著名生物学家 E. O. 威尔逊（E.O.Wilson）出版了《社会生物学》一书。之后，在他哈佛同事理查德·列万廷（Richard Lewontin）和斯蒂芬·杰·古尔德（Stephen Jay Gould）的带领下，开始对"遗传影响行为"的理论展开了猛烈的攻击。他们当时最响亮的一句口号是"不在我们的基因里"（Not in our genes!），可谓掷地有声。列万廷后来就用这句口号为自己的一本书命名。在当时，说"基因对行为的影响较小或者没有影响"，仍然只是一个合乎情理的假设。当行为遗传学研究经过25年的发展之后，这个观点已经站不住脚了，基因的确影响着行为。

但是，即使有了这些发现，依然不能否认，环境对行为产生着重大的影响——整体来看，也许各种环境因素加在一起产生的作用要比基因重要得多。但是，其中只有很小一部分是来源于父母的影响。这不是否认父母对孩子的影响，或者是说明孩子没有父母也可以。而实际上，正如里奇·哈里斯所言，否认父母的作用实在太荒谬了。父母造就了家庭环境，拥有一个幸福家庭就是最好的。你也许不相信快乐决定性格，但你一定同意拥有快乐是件好事。但是，孩子们在离开家之后，便不再希望家庭环境影响他们的性格，或者在成年之后也是这样的。里奇·哈里斯经过观察，得出了一个关键性的结论：人们将生活中的公共空间和私人空间划分得很清楚，在两个空间里可能表现截然不同的性格。而且，人们能够在这两个空间里自如转换。这样，人们在移民后便不再使用父母教给的话语或口音，而是学习了身边同伴的语音，并在日后生活里使用。文化很容易在孩子之间进行传播，而父母子女之间传播就不那么容易了。这也解释了为何在成人中推行的男女平等并没有对孩子产生影响，他们在做游戏时，仍然按性别进行分组。每个父母都心知肚明，自己的孩子更喜欢模仿同伴的行为，而不是家长。心理学领域与社会学、人类学一样，曾经一度被那些反对遗传影响力的人所主导，但我们不能再这样无知下去了。[2]

在这里，我并不是要重复上演关于先天遗传与后天培养的争论，这个问题实际上已经在 6 号染色体那个章节里讨论过了，我只是想引起大家对这件事情的关注：即使后天培养的假说被证明是正确的，它也丝毫不会影响基因决定论的作用。里奇·哈里斯强调了身边同龄人对性格产生的巨大影响，从而引起人们对于环境决定论的重视，这其实是在给人们洗脑。他从未提过有关自由意志的任何内容，实际上，他已经否定了自由意志的作用。当一个孩子排除来自父母和兄弟姐妹的压力，坚持了自己的（部分是遗传的）性格时，他至少是在遵从自己内心的声音，而不是受到外来的影响。

所以，我们无法绕过决定论的作用，而仅仅谈论社会环境因素的影响。万事万物，或有起因，或无起因。如果我因为童年时期的某次经历而变得胆小怯懦，这次经历便与体内的"胆小基因"相同，都具有同样的决定性作用。我们犯下的更大错误，不是把环境的决定作用与基因的作用等同起来，而是把环境的决定作用看作不可避免的。如《不在我们的基因里》一书的三位作者史蒂文·罗斯

（Steven Rose）、利昂·卡明（Leon Kamin）和理查德·列万廷所言："对于生物决定论者来说，那句古老的信条'你无法改变人的本性'贯穿了整部人类史。"但是，"决定论＝宿命论"这个等式是没有根据的，人人都能理解这一点，但我们不清楚这三位作者是在控诉谁。[3]

我之所以说将决定论等同于宿命论是没有科学依据的，主要基于如下原因。假如你生病了，你通过推理认为没有必要看医生，因为你要么会自己痊愈，要么不会痊愈，但无论哪种结果，都与看医生没有直接关系。然而，这实际上遗漏了一种可能性，那就是你身体痊愈也许是因为看了医生，没有痊愈也许是因为没有去看医生。随之而来的是，决定论并不决定你可以做什么或不可以做什么。决定论可以通过过去分析现在状况的原因，而无法预测现在这样做会有什么结果。

但是，人们还是相信这样的说法：遗传的决定作用比环境的决定作用的影响更大。詹姆斯·沃森说过："我们认为基因疗法能够改变一个人的命运，但实际上，你也可以通过帮助一个人还清债务来改变他的命运。"之所以要了解基因，就是为了（主要通过非遗传的方法）弥补遗传的缺陷。我已在本书中列举了许多例子，充分说明了发现基因突变并没有导致宿命论，人们反而加倍努力，以减轻基因突变带来的影响。我在6号染色体那一章中曾提到，当确认存在读写困难症，而认定其为遗传问题之后，家长、老师和政府不应该认为患者前途无望。事实上，从来没有人说过，因为读写困难症是遗传病，所以它不可治愈，便允许患有读写困难症的孩子成为文盲。相反，人们针对读写困难症患者创造出了补偿性的教育方法，并取得了惊人的效果。同样，我在11号染色体那一章中曾提到，心理医生也发现了遗传因素能够帮助人们克服害羞心理。通过让害羞的人相信，他们的害羞是内在的、"真实"存在的，从而让这些人克服这个害羞的问题。

生物决定论威胁政治自由的说法同样也是说不通的。正如美国当代经济学家山姆·布里坦（Sam Brittan）曾经说过的[4]："自由的反面是强制，而不是宿命论。"我们看重政治自由，是因为它使我们享受了个人自由，拥有了自己做决定的权利，而不因为我们拥有个人自由，才去重视政治自由。尽管我们嘴上说，我们热爱自由意志，然而一旦有事情发生，需要一个解释时，我们便又会转向决定论，认为是它影响了我们的行为。1994年2月，美国人斯蒂芬·莫布利（Stephen Mobley）谋杀比萨饼店经理约翰·科林斯（John Collins）的罪名成立，并判处死刑。他的律师提出上诉，要求把死刑改为无期徒刑，并将遗传因素作为辩护原因之一。他们指出，莫布利的家人有好几代都是骗子或罪犯。他杀害科林斯也许是因为体内的基因在作怪，他的行为受到了基因的控制，因此"他"本身不应对该案件负有责任。

莫布利愉快地放弃了自由意志的想法，他希望别人相信自己是没有自由意志的。有些罪犯利用"精神错乱"或"属于减轻责任的情形"为自己辩护，有些人谋杀了对自己不忠的配偶，便在法庭上声称自己"暂时性精神错乱"或"情绪失控"，他们便采用了这种逻辑。这种逻辑的例子还有很多：欺骗股东、犯诈骗罪的大老板会说他们得了阿尔茨海默氏症；孩子在操场玩耍时犯错误了，会说是受朋友怂恿的；我们在与心理医生聊完之后，都会认同他们的观点，并将现在的不快乐归咎于父母；面对较高的犯罪率，地区官员解释这是社会大环境导致的。经济学家声称消费者在追求商品的效用最大值时，传记作家在描述他笔下的人物是如何在各种经历中锻造出这般性格时，人们在占卜算命时，实际上都在拥抱决定论的观点，并且发自内心地接受并感谢它。人类似乎根本不热爱自由意志，而是随时准备要抛弃它。[5]

一个人必须要对自己的行为负全责，这是法律实施的基础，但这其实是一个伪命题。从某种程度上来讲，一个人的行为源于这个人的性格，所以他要为自己的行为负责；但是，这个人的性格又是已经被决定好的。18世纪的苏格兰哲学家大卫·休谟（David Hume）就发现自己面临这样的难题，后来将其命名为"休谟之叉"（Hume's fork）。我们的行为，要么已经事先决定了，我们便不必对其负责；要么是偶然事件的产物，我们也不必对其负责。这两种情况都违背了我们的常识，在此基础上是无法建立一个合理有序的社会的。

几位著名的演化生物学家最近提出，宗教信仰是人类普遍拥有的本能之一。换句话说，他们认为，人体内有一组基因是关于信仰上帝或神灵的。（一位神经生物学家甚至声称，他在大脑颞叶发现了一个特殊的区域，在宗教信仰者的大脑里，该区域的面积比普通人更大，功能更活跃。颞叶性癫痫的表现之一就是对宗教的过分狂热。）人具有迷信的本能，会假定所有事件，包括电闪雷鸣，都是由心而生的，而宗教信仰的本能也许就是迷信的一个产物。在石器时代，这种迷信是有意义的，例如，你差点被一块从山坡上滚下的巨石砸死，你如果认为这是某个人将巨石推下的，就比相信这是偶然事件要更加安全。我们平时在说话时，也透露了内心的想法。之前，我曾写道，我的基因创造了我，并为大脑分配工作。事实上，我的基因并没有这么做，但我还是将这段话写了下来，因为我有自由意志。

E. O. 威尔逊（E. O. Wilson）在他的《知识大融通》（Consilience）[6] 一书里写到，道德是人类本能的体现，我们判断对错的标准实际是来源于天性，但是这犯了自然主义谬误⊖。这里边产生了一个自相矛盾的结论：信仰上帝是一种自然行为，因此是正确的。威尔逊本人曾经是一个虔诚的浸礼教徒，现在是不可知论者，所以他一直以来反对本能的决定作用。同样地，史蒂文·平克接受了"自私的基因"的理论，一直没有要孩子，他告诉他的自私基因"见鬼去吧"。

所以，即使是决定论者，也可以抛开决定论观点。这里有一个矛盾：如果我

⊖　自然主义谬误（naturalistic fallacy）主张符合自然天性的都是合道德的、应该接受的，不符合符合自然天性的都不是合道德的、不应该接受的。

们的行为不是随意的，那肯定是事先就安排好的。如果我们的行为是事先安排好的，那我们就不是自由的。然而我们真切地感受到，并且可以证明我们是自由的。查尔斯·达尔文把自由意志描述成一种幻觉，我们之所以产生这种幻觉，是因为我们没有能力分析自己的内在动机。现代达尔文学派人士，如罗伯特·泰弗士（Robert Trivers）甚至提出，在这件事上，自我欺骗也算是一种进化，因为这样可以更好地适应环境。平克认为，自由意志是"人类的理想，而这种理想是人类伦理道德的基础"。作家丽塔·卡特（Rita Carter）认为，自由意志是事先植入思维里的幻觉。哲学家托尼·英格瑞姆（Tony Ingram）则认为，自由意志是我们假设别人拥有的东西——我们内心似乎有所倾向，认为从难以操控的舷外发动机㊀，到携带我们基因的不听话的孩子，我们周围所有人、所有事物都拥有自由意志。[7]

我相信，我们能够很好地解决这个矛盾。在探讨 10 号染色体时，我曾经讲过，在应激反应中，基因根据环境变化作出反应，而不是反过来基因的变化导致了环境的变化。如果基因能影响行为，行为也能影响基因，那么就产生了一个循环累积因果关系。在这样一个循环积累的系统里，简单的因果关系可能产生难以预料的结果。

这种理念来自混沌理论㊁。我不得不承认，物理学家走在了我们的前面。18 世纪法国伟大的数学家皮埃尔 - 西蒙德·拉普拉斯（Pierre-Simon de LaPlace）是个非常信仰牛顿学说的人。他曾经设想过，如果他了解宇宙中每一个原子的位置和运动，他就能够预言未来。或者说，他已经知道了自己无法预知未来，但是在寻找无法预知的原因。时髦一点说，原因是在亚原子层面上。我们现在知道，量

㊀ 安装在船体（船舷）外侧的推进用发动机，通常悬挂于艉板的外侧，又称船外机。——译者注
㊁ 混沌理论是一种兼具质性思考与量化分析的方法，用以探讨动态系统中无法用单一的数据关系，而必须用整体、连续的数据关系才能加以解释及预测的行为。——译者注

子力学事件只在统计学上具有可预测性，世界并不能完全用牛顿学说来解释。但是这并没有太大的意义，因为牛顿物理学实际上很好地解释了我们日常生活中的现象，没有人会真正相信，我们的自由意志依赖的是海森堡⊖（Heisenberg）的不确定性原理⊖的概率框架。说得直白一点，今天下午我在决定写这一章时，我的大脑没有掷骰子。随机行动和自由行动并不是一回事，实际上两者正好相反。8

使用混沌理论能够更好地回答拉普拉斯的问题。同量子物理学不同，数学家所定义的混沌系统不依赖概率，它是经过事先确定的，而非随机的。但量子物理学上混沌理论认为，即使了解了这个系统内的所有确定性因素，仍然有可能无法预测这个系统的发展轨迹，这是因为，不同的因素之间会发生相互作用。即使确定性的系统也可能产生混沌状态的行为，部分原因在于"自反性"，即上一个行为会影响下一个行为的初始状态，就这样，尽管上一行为的后果很微小，但它有可能对下一个行为产生巨大的影响。股票指数的走势、天气预报以及海岸线的"分形几何"，都属于混沌系统。我们只能预测其大概的轮廓和事件发展的大体方向，却无法预知其精确的细节。就像我们知道冬天比夏天冷，但我们无法知道明年圣诞节会不会下雪。

人类行为也具有这些特征。压力会改变基因的表达形式，基因的表达又会反过来影响人体对压力的反应。所以说，人类的行为从短期看来，是无法预测的，但是长期行为又是可以大体预测出来的。我有不吃饭的自由，一天内可以少吃一顿饭，但有一点几乎是可以肯定的，那天我还是要吃饭的，至于什么时间吃，就

⊖ 维尔纳·卡尔·海森堡（Wener Karl Heisenberg）是德国著名的理论物理学家、哲学家、量子力学的创始人之一。——译者注

⊖ 不确定性原理（uncertainty principle），又称"测不准原理""不确定关系"，是量子力学的一个基本原理，由德国物理学家海森堡（Werner Heisenberg）于1927年提出。该原理表明：一个微观粒子的某些物理量（如位置和动量，或方位角与动量矩，还有时间和能量等），不可能同时具有确定的数值，其中一个量越确定，另一个量的不确定程度就越大。——译者注

要看很多因素，如饥饿程度（部分由我的基因决定）、天气（由无数外界因素以混沌的方式确定）或别人可能会约我吃饭（对方的行为由其自身产生，而不受我的控制）。遗传因素与外界影响的相互作用，从而无法预测我的行为。但是，它们并不能决定我的行为，因为我有自由意志。

我们永远无法避开决定论，但我们可以在好的决定论和坏的决定论之间做出选择——选择自由还是不自由。假设我此刻正坐在加利福尼亚州理工学院下条信（Shin Shimojo）的实验室里，他用一根电极刺激我大脑里前扣带回附近的区域。因为这个地方控制着我的"自主性动作"，通过刺激这一区域，他使我挪动了一下胳膊，但这看上去就像我的自主性动作一样。如果问我为何要动胳膊，我肯定会回答，那是我自己要动的。事实是怎样的，下条信教授比我更清楚。（说明一下，这不是一个真实的实验，而是下条信教授建议我做的一个设想。）如果我的行为被其他因素所决定，这并不影响我对自由的幻想。真正的矛盾在于：我的行动是由外界他人的力量决定的，这才与自由相悖。

哲学家 A. J. 艾尔（A. J. Ayer）如是说：[9]

"假如我患上了强迫型精神病，我起身走到房间另一头，或许这不是我内心的想法，或许有人强迫我这样做，无论是哪种情况，都不能说我的行为是自由的。但是，如果没有上述假设，我现在起身走到房间另一头，那么我的行动就是自由的。从这个角度来看，我为何做出这种行为，原因并不重要。"

林顿·伊夫斯（Lyndon Eaves）是一位研究双胞胎的心理学家，也曾经提出过类似的观点：[10]

"自由是我们站起来超越环境限制的能力。自然选择赋予我们这一能力，因为它能帮我适应……如果你被驱使着前进，你是选择被身边的环境驱使，还是被自己的基因驱使？从某种意义上讲，基因就是你自己。"

　　自由意味着你决定自己的行为，而不是别人决定你的行为。关键不在于"决定"，而在于是由谁决定。我们如果想要自由，那么最好是让我们来决定自己的行为，而不要让别人来决定我们的行为。我们之所以拒绝克隆，有一部分原因是因为：我们害怕自身的独特性不再独属于我们自己，而另外一个人也拥有了这些特点。我们坚守着这样一个信念，自己的身体应当由自己的基因来做决定，绝不能让外界因素影响了我们的自由。你现在能看出来我为什么要在这里半开玩笑似地探讨"自由意志基因"了吗？"自由意志基因"不是一个矛盾体，因为它存在于我们的体内，外人无法通过控制它进而控制我们的行为。当然，自由意志不是由一个基因决定的，而是由整个人类本性决定的——人类本性分外强大，给人力量，以各种形式存在于我们的基因组里，但它又是我们每个人所特有的。每个人都拥有与众不同的内在本性，人们将其称为"自我"。

参考文献

The literature of genetics and molecular biology is gargantuan and out of date. As it is published, each book, article or scientific paper requires updating or revising, so fast is new knowledge being minted (the same applies to my book). So many scientists are now working in the field that it is almost impossible even for many of them to keep up with each other's work. When writing this book, I found that frequent trips to the library and conversations with scientists were not enough. The new way to keep abreast was to surf the Net.

The best repository of genetic knowledge is found at Victor McKusick's incomparable website known as OMIM, for Online Mendelian Inheritance in Man. Found at http://www.ncbi.nlm.nih.gov/omim/, it includes a separate essay with sources on every human gene that has been mapped or sequenced, and it is updated very regularly – an almost overwhelming task. The Weizmann Institute in Israel has another excellent website with 'gene-cards' summarising what is known about each gene and links to other relevant websites: bioinformatics.weizmann.ac.il/cards.

But these websites give only summaries of knowledge and they are not for the faint-hearted: there is much jargon and assumed knowledge, which will defeat many amateurs. They also concentrate on the relevance of each gene for inherited disorders, thus compounding the problem that I have tried to combat in this book: the impression that the main function of genes is to cause diseases.

I have relied heavily on textbooks, therefore, to supplement and explain the latest knowledge. Some of the best are Tom Strachan and Andrew Read's *Human molecular genetics* (Bios Scientific Publishers, 1996), Robert Weaver and Philip Hedrick's *Basic genetics* (William C. Brown, 1995), David Micklos and Greg Freyer's *DNA science* (Cold Spring Harbor Laboratory Press, 1990) and Benjamin Lewin's *Genes VI* (Oxford University Press, 1997).

As for more popular books about the genome in general, I recommend Christopher Wills's *Exons, introns and talking genes* (Oxford University Press, 1991), Walter Bodmer and Robin McKie's *The book of man* (Little, Brown, 1994) and Steve Jones's *The language of the genes* (Harper Collins, 1993). Also Tom Strachan's *The human genome* (Bios, 1992). All of these are inevitably showing their age, though.

In each chapter of this book, I have usually relied on one or two main sources, plus a variety of individual scientific papers. The notes that follow are intended to direct the interested reader, who wishes to follow up the subjects, to these sources.

染色体 1

The idea that the gene and indeed life itself consists of digital information is found in Richard Dawkins's *River out of Eden* (Weidenfeld and Nicolson, 1995) and in Jeremy Campbell's *Grammatical man* (Allen Lane, 1983). An excellent account of the debates that still rage about the origin of life is found in Paul Davies's *The fifth miracle* (Penguin, 1998). For more detailed information on the RNA world, see Gesteland, R. F. and Atkins, J. F. (eds) (1993). *The RNA world.* Cold Spring Harbor Laboratory Press, Cold Spring Harbor, New York.

1. Darwin, E. (1794). *Zoonomia: or the laws of organic life.* Vol. II, p. 244. Third edition (1801). J. Johnson, London.
2. Campbell, J. (1983). *Grammatical man: information, entropy, language and life.* Allen Lane, London.
3. Schrödinger, E. (1967). *What is life? Mind and matter.* Cambridge University Press, Cambridge.
4. Quoted in Judson, H. F. (1979). *The eighth day of creation.* Jonathan Cape, London.
5. Hodges, A. (1997). *Turing.* Phoenix, London.
6. Campbell, J. (1983). *Grammatical man: information, entropy, language and life.* Allen Lane, London.
7. Joyce, G. F. (1989). RNA evolution and the origins of life. *Nature* 338: 217–24; Unrau, P. J. and Bartel, D. P. (1998). RNA-catalysed nucleotide synthesis. *Nature* 395: 260–63.
8. Gesteland, R. F. and Atkins, J. F. (eds) (1993). *The RNA world.* Cold Spring Harbor Laboratory Press, Cold Spring Harbor, New York.
9. Gold, T. (1992). The deep, hot biosphere. *Proceedings of the National Academy of Sciences of the USA* 89: 6045–49; Gold, T. (1997). An unexplored habitat for life in the universe? *American Scientist* 85: 408–11.
10. Woese, C. (1998). The universal ancestor. *Proceedings of the National Academy of Sciences of the USA* 95: 6854–9.
11. Poole, A. M., Jeffares, D.C and Penny, D. (1998). The path from the RNA world. *Journal of Molecular Evolution* 46: 1–17; Jeffares, D. C., Poole, A. M. and Penny, D. (1998). Relics from the RNA world. *Journal of Molecular Evolution* 46: 18–36.

染色体 2

The story of human evolution from an ape ancestor has been told and retold many times. Good recent accounts include: N. T. Boaz's *Eco homo* (Basic Books, 1997), Alan Walker and Pat Shipman's *The wisdom of bones* (Phoenix, 1996), Richard Leakey and Roger Lewin's *Origins reconsidered* (Little, Brown, 1992) and Don Johanson and Blake Edgar's magnificently illustrated *From Lucy to language* (Weidenfeld and Nicolson, 1996).

1. Kottler, M. J. (1974). From 48 to 46: cytological technique, preconception, and the counting of human chromosomes. *Bulletin of the History of Medicine* 48: 465–502.

2. Young, J. Z. (1950). *The life of vertebrates*. Oxford University Press, Oxford.

3. Arnason, U., Gullberg, A. and Janke, A. (1998). Molecular timing of primate divergences as estimated by two non-primate calibration points. *Journal of Molecular Evolution* 47: 718–27.

4. Huxley, T. H. (1863/1901). *Man's place in nature and other anthropological essays*, p. 153. Macmillan, London.

5. Rogers, A. and Jorde, R. B. (1995). Genetic evidence and modern human origins. *Human Biology* 67: 1–36.

6. Boaz, N. T. (1997). *Eco homo*. Basic Books, New York.

7. Walker, A. and Shipman, P. (1996). *The wisdom of bones*. Phoenix, London.

8. Ridley, M. (1996). *The origins of virtue*. Viking, London.

染色体 3

There are many accounts of the history of genetics, of which the best is Horace Judson's *The eighth day of creation* (Jonathan Cape, London, 1979; reprinted by Penguin, 1995). A good account of Mendel's life is found in a novel by Simon Mawer: *Mendel's dwarf* (Doubleday, 1997).

1. Bearn, A. G. and Miller, E. D. (1979). Archibald Garrod and the development of the concept of inborn errors of metabolism. *Bulletin of the History of Medicine* 53: 315–28; Childs, B. (1970). Sir Archibald Garrod's conception of chemical individuality: a modern appreciation. *New England Journal of Medicine* 282: 71–7; Garrod, A. (1909). *Inborn errors of metabolism*. Oxford University Press, Oxford.

2. Mendel, G. (1865). Versuche über Pflanzen-Hybriden. *Verhandlungen des naturforschenden Vereines in Brünn* 4: 3–47. English translation published in the *Journal of the Royal Horticultural Society*, Vol. 26 (1901).

3. Quoted in Fisher, R. A. (1930). *The genetical theory of natural selection*. Oxford University Press, Oxford.

4. Bateson, W. (1909). *Mendel's principles of heredity*. Cambridge University Press, Cambridge.

5. Miescher is quoted in Bodmer, W. and McKie, R. (1994). *The book of man*. Little, Brown, London.

6. Dawkins, R. (1995). *River out of Eden*. Weidenfeld and Nicolson, London.

7. Hayes, B. (1998). The invention of the genetic code. *American Scientist* 86: 8–14.

8. Scazzocchio, C. (1997). Alkaptonuria: from humans to moulds and back. *Trends in Genetics* 13: 125–7; Fernandez-Canon, J. M. and Penalva, M. A. (1995). Homogentisate dioxygenase gene cloned in *Aspergillus*. *Proceedings of the National Academy of Sciences of the USA* 92: 9132–6.

染色体 4

For those concerned about inherited disorders such as Huntington's disease, the writings of Nancy and Alice Wexler, detailed in the notes below, are essential reading. Stephen Thomas's *Genetic risk* (Pelican, 1986) is a very accessible guide.

1. Thomas, S. (1986). *Genetic risk*. Pelican, London.
2. Gusella, J. F., McNeil, S., Persichetti, F., Srinidhi, J., Novelletto, A., Bird, E., Faber, P., Vonsattel, J.-P., Myers, R. H. and MacDonald, M. E. (1996). Huntington's disease. *Cold Spring Harbor Symposia on Quantitative Biology* 61: 615–26.
3. Huntington, G. (1872). On chorea. *Medical and Surgical Reporter* 26: 317–21.
4. Wexler, N. (1992). Clairvoyance and caution: repercussions from the Human Genome Project. In *The code of codes* (ed. D. Kevles and L. Hood), pp. 211–43. Harvard University Press.
5. Huntington's Disease Collaborative Research Group (1993). A novel gene containing a trinucleotide repeat that is expanded and unstable on Huntington's disease chromosomes. *Cell* 72: 971–83.
6. Goldberg, Y. P. *et al.* (1996). Cleavage of huntingtin by apopain, a proapoptotic cysteine protease, is modulated by the polyglutamine tract. *Nature Genetics* 13: 442–9; DiFiglia, M., Sapp, E., Chase, K. O., Davies, S. W., Bates, G. P., Vonsattel, J. P. and Aronin, N. (1997). Aggregation of huntingtin in neuronal intranuclear inclusions and dystrophic neurites in brain. *Science* 277: 1990–93.
7. Kakiuza, A. (1998). Protein precipitation: a common etiology in neurodegenerative disorders? *Trends in genetics* 14: 398–402.
8. Bat, O., Kimmel, M. and Axelrod, D. E. (1997). Computer simulation of expansions of DNA triplet repeats in the fragile-X syndrome and Huntington's disease. *Journal of Theoretical Biology* 188: 53–67.
9. Schweitzer, J. K. and Livingston, D. M. (1997). Destabilisation of CAG trinucleotide repeat tracts by mismatch repair mutations in yeast. *Human Molecular Genetics* 6: 349–55.
10. Mangiarini, L. (1997). Instability of highly expanded CAG repeats in mice transgenic for the Huntington's disease mutation. *Nature Genetics* 15: 197–200; Bates, G. P., Mangiarini, L., Mahal, A. and Davies, S. W. (1997). Transgenic models of Huntington's disease. *Human Molecular Genetics* 6: 1633–7.
11. Chong, S. S. *et al.* (1997). Contribution of DNA sequence and CAG size to mutation frequencies of intermediate alleles for Huntington's disease: evidence from single sperm analyses. *Human Molecular Genetics* 6: 301–10.
12. Wexler, N. S. (1992). The Tiresias complex: Huntington's disease as a paradigm of testing for late-onset disorders. *FASEB Journal* 6: 2820–25.
13. Wexler, A. (1995). *Mapping fate*. University of California Press, Los Angeles.

染色体 5

One of the best books about gene hunting is William Cookson's *The gene hunters: adventures in the genome jungle* (Aurum Press, 1994). Cookson is one of my main sources of information on asthma genes.

1. Hamilton, G. (1998). Let them eat dirt. *New Scientist*, 18 July 1998: 26–31; Rook, G. A. W. and Stanford, J. L. (1998). Give us this day our daily germs. *Immunology Today* 19: 113–16.
2. Cookson, W. (1994). *The gene hunters: adventures in the genome jungle*. Aurum Press, London.
3. Marsh, D. G. *et al.* (1994). Linkage analysis of IL4 and other chromosome 5q31.1 markers and total serum immunoglobulin-E concentrations. *Science* 264: 1152–6.
4. Martinez, F. D. *et al.* (1997). Association between genetic polymorphism of the beta-2-adrenoceptor and response to albuterol in children with or without a history of wheezing. *Journal of Clinical Investigation* 100: 3184–8.

染色体 6

The story of Robert Plomin's search for genes that influence intelligence will be told in a forthcoming book by Rosalind Arden. Plomin's textbook on *Behavioral genetics* is an especially readable introduction to the field (third edition, W. H. Freeman, 1997). Stephen Jay Gould's *Mismeasure of man* (Norton, 1981) is a good account of the early history of eugenics and IQ. Lawrence Wright's *Twins: genes, environment and the mystery of identity* (Weidenfeld and Nicolson, 1997) is a delightful read.

1. Chorney, M. J., Chorney, K., Seese, N., Owen, M. J., Daniels, J., McGuffin, P., Thompson, L. A., Detterman, D. K., Benbow, C., Lubinski, D., Eley, T. and Plomin, R. (1998). A quantitative trait locus associated with cognitive ability in children. *Psychological Science* 9: 1–8.
2. Galton, F. (1883). *Inquiries into human faculty*. Macmillan, London.
3. Goddard, H. H. (1920), quoted in Gould, S. J. (1981). *The mismeasure of man*. Norton, New York.
4. Neisser, U. *et al.* (1996). Intelligence: knowns and unknowns. *American Psychologist* 51: 77–101.
5. Philpott, M. (1996). Genetic determinism. In Tam, H. (ed.), *Punishment, excuses and moral development*. Avebury, Aldershot.
6. Wright, L. (1997). *Twins: genes, environment and the mystery of identity*. Weidenfeld and Nicolson, London.
7. Scarr, S. (1992). Developmental theories for the 1990s: development and individual differences. *Child Development* 63: 1–19.
8. Daniels, M., Devlin, B. and Roeder, K. (1997). Of genes and IQ. In Devlin, B., Fienberg, S. E., Resnick, D. P. and Roeder, K. (eds), *Intelligence, genes and success*. Copernicus, New York.

9. Herrnstein, R. J. and Murray, C. (1994). *The bell curve*. The Free Press, New York.

10. Haier, R. *et al.* (1992). Intelligence and changes in regional cerebral glucose metabolic rate following learning. *Intelligence* 16: 415–26.

11. Gould, S. J. (1981). *The mismeasure of man*. Norton, New York.

12. Furlow, F. B., Armijo-Prewitt, T., Gangestead, S. W. and Thornhill, R. (1997). Fluctuating asymmetry and psychometric intelligence. *Proceedings of the Royal Society of London, Series B* 264: 823–9.

13. Neisser, U. (1997). Rising scores on intelligence tests. *American Scientist* 85: 440–47.

染色体 7

Evolutionary psychology, the theme of this chapter, is explored in several books, including Jerome Barkow, Leda Cosmides and John Tooby's *The adapted mind* (Oxford University Press, 1992), Robert Wright's *The moral animal* (Pantheon, 1994), Steven Pinker's *How the mind works* (Penguin, 1998) and my own *The red queen* (Viking, 1993). The origin of human language is explored in Steven Pinker's *The language instinct* (Penguin, 1994) and Terence Deacon's *The symbolic species* (Penguin, 1997).

1. For the death of Freudianism: Wolf, T. (1997). Sorry but your soul just died. *The Independent on Sunday*, 2 February 1997. For the death of Meadism: Freeman, D. (1983). Margaret Mead and Samoa: the making and unmaking of an anthropological myth. Harvard University Press, Cambridge, MA; Freeman, D. (1997). *Frans Boas and 'The flower of heaven'*. Penguin, London. For the death of behaviourism: Harlow, H. F., Harlow, M. K. and Suomi, S. J. (1971). From thought to therapy: lessons from a primate laboratory. *American Scientist* 59: 538–49.

2. Pinker, S. (1994). *The language instinct: the new science of language and mind*. Penguin, London.

3. Dale, P. S., Simonoff, E., Bishop, D. V. M., Eley, T. C., Oliver, B., Price, T. S., Purcell, S., Stevenson, J. and Plomin, R. (1998). Genetic influence on language delay in two-year-old children. *Nature Neuroscience* 1: 324–8; Paulesu, E. and Mehler, J. (1998). Right on in sign language. *Nature* 392: 233–4.

4. Carter, R. (1998). *Mapping the mind*. Weidenfeld and Nicolson, London.

5. Bishop, D. V. M., North, T. and Donlan, C. (1995). Genetic basis of specific language impairment: evidence from a twin study. *Developmental Medicine and Child Neurology* 37: 56–71.

6. Fisher, S. E., Vargha-Khadem, F., Watkins, K. E., Monaco, A. P. and Pembrey, M. E. (1998). Localisation of a gene implicated in a severe speech and language disorder. *Nature Genetics* 18: 168–70.

7. Gopnik, M. (1990). Feature-blind grammar and dysphasia. *Nature* 344: 715.

8. Fletcher, P. (1990). Speech and language deficits. *Nature* 346: 226; Vargha-Khadem, F. and Passingham, R. E. (1990). Speech and language deficits. *Nature* 346: 226.

9. Gopnik, M., Dalakis, J., Fukuda, S. E., Fukuda, S. and Kehayia, E. (1996). Genetic language impairment: unruly grammars. In Runciman, W. G., Maynard Smith, J. and Dunbar, R. I. M. (eds), *Evolution of social behaviour patterns in primates and man*, pp. 223–49. Oxford University Press, Oxford; Gopnik, M. (ed.) (1997). *The inheritance and innateness of grammars.* Oxford University Press, Oxford.

10. Gopnik, M. and Goad, H. (1997). What underlies inflectional error patterns in genetic dysphasia? *Journal of Neurolinguistics* 10: 109–38; Gopnik, M. (1999). Familial language impairment: more English evidence. *Folia Phonetica et Logopaedia* 51: in press. Myrna Gopnik, e-mail correspondence with the author, 1998.

11. Associated Press, 8 May 1997; Pinker, S. (1994). *The language instinct: the new science of language and mind.* Penguin, London.

12. Mineka, S. and Cook, M. (1993). Mechanisms involved in the observational conditioning of fear. *Journal of Experimental Psychology, General* 122: 23–38.

13. Dawkins, R. (1986). *The blind watchmaker.* Longman, Essex.

X 和 Y 染色体

The best place to find out more about intragenomic conflict is in Michael Majerus, Bill Amos and Gregory Hurst's textbook *Evolution: the four billion year war* (Longman, 1996) and W. D. Hamilton's *Narrow roads of gene land* (W. H. Freeman, 1995). For the studies that led to the conclusion that homosexuality was partly genetic, see Dean Hamer and Peter Copeland's *The science of desire* (Simon and Schuster, 1995) and Chandler Burr's *A separate creation: how biology makes us gay* (Bantam Press, 1996).

1. Amos, W. and Harwood, J. (1998). Factors affecting levels of genetic diversity in natural populations. *Philosophical Transactions of the Royal Society of London, Series B* 353: 177–86.

2. Rice, W. R. and Holland, B. (1997). The enemies within: intergenomic conflict, interlocus contest evolution (ICE), and the intraspecific Red Queen. *Behavioral Ecology and Sociobiology* 41: 1–10.

3. Majerus, M., Amos, W. and Hurst, G. (1996). *Evolution: the four billion year war.* Longman, Essex.

4. Swain, A., Narvaez, V., Burgoyne, P., Camerino, G. and Lovell-Badge, R. (1998). Dax1 antagonises sry action in mammalian sex determination. *Nature* 391: 761–7.

5. Hamilton, W. D. (1967). Extraordinary sex ratios. *Science* 156: 477–88.

6. Amos, W. and Harwood, J. (1998). Factors affecting levels of genetic diversity in natural populations. *Philosophical Transactions of the Royal Society of London, Series B* 353: 177–86.

7. Rice, W. R. (1992). Sexually antagonistic genes: experimental evidence. *Science* 256: 1436–9.

8. Haig, D. (1993). Genetic conflicts in human pregnancy. *Quarterly Review of Biology* 68: 495–531.

9. Holland, B. and Rice, W. R. (1998). Chase-away sexual selection: antagonistic seduction versus resistance. *Evolution* 52: 1–7.

10. Rice, W. R. and Holland, B. (1997). The enemies within: intergenomic conflict, interlocus contest evolution (ICE), and the intraspecific Red Queen. *Behavioral Ecology and Sociobiology* 41: 1–10.

11. Hamer, D. H., Hu, S., Magnuson, V. L., Hu, N. *et al.* (1993). A linkage between DNA markers on the X chromosome and male sexual orientation. *Science* 261: 321–7; Pillard, R. C. and Weinrich, J. D. (1986). Evidence of familial nature of male homosexuality. *Archives of General Psychiatry* 43: 808–12.

12. Bailey, J. M. and Pillard, R. C. (1991). A genetic study of male sexual orientation. *Archives of General Psychiatry* 48: 1089–96; Bailey, J. M. and Pillard, R. C. (1995). Genetics of human sexual orientation. *Annual Review of Sex Research* 6: 126–50.

13. Hamer, D. H., Hu, S., Magnuson, V. L., Hu, N. *et al.* (1993). A linkage between DNA markers on the X chromosome and male sexual orientation. *Science* 261: 321–7.

14. Bailey, J. M., Pillard, R. C., Dawood, K., Miller, M. B., Trivedi, S., Farrer, L. A. and Murphy, R. L.; in press. A family history study of male sexual orientation: no evidence for X-linked transmission. *Behaviour Genetics*.

15. Blanchard, R. (1997). Birth order and sibling sex ratio in homosexual versus heterosexual males and females. *Annual Review of Sex Research* 8: 27–67.

16. Blanchard, R. and Klassen, P. (1997). H-Y antigen and homosexuality in men. *Journal of Theoretical Biology* 185: 373–8; Arthur, B. I., Jallon, J.-M., Caflisch, B., Choffat, Y. and Nothiger, R. (1998). Sexual behaviour in *Drosophila* is irreversibly programmed during a critical period. *Current Biology* 8: 1187–90.

17. Hamilton, W. D. (1995). *Narrow roads of gene land*, Vol. 1. W. H. Freeman, Basingstoke.

染色体 8

Again, one of the best sources on mobile genetic elements is the textbook by Michael Majerus, Bill Amos and Gregory Hurst: *Evolution: the four billion year war* (Longman, 1996). A good account of the invention of genetic fingerprinting is in Walter Bodmer and Robin McKie's *The book of man* (Little, Brown, 1994). Sperm competition theory is explored in Tim Birkhead and Anders Moller's *Sperm competition in birds* (Academic Press, 1992).

1. Susan Blackmore explained this trick in her article 'The power of the meme meme' in the *Skeptic*, Vol. 5 no. 2, p. 45.

2. Kazazian, H. H. and Moran, J. V. (1998). The impact of L1 retrotransposons on the human genome. *Nature Genetics* 19: 19–24.

3. Casane, D., Boissinot, S., Chang, B. H. J., Shimmin, L. C. and Li, W. H. (1997). Mutation pattern variation among regions of the primate genome. *Journal of Molecular Evolution* 45: 216–26.

4. Doolittle, W. F. and Sapienza, C. (1980). Selfish genes, the phenotype paradigm and genome evolution. *Nature* 284: 601–3; Orgel, L. E. and Crick, F. H. C. (1980). Selfish DNA: the ultimate parasite. *Nature* 284: 604–7.

5. McClintock, B. (1951). Chromosome organisation and genic expression.

Cold Spring Harbor Symposia on Quantitative Biology 16: 13–47.

6. Yoder, J. A., Walsh, C. P. and Bestor, T. H. (1997). Cytosine methylation and the ecology of intragenomic parasites. *Trends in Genetics* 13: 335–40; Garrick, D., Fiering, S., Martin, D. I. K. and Whitelaw, E. (1998). Repeat-induced gene silencing in mammals. *Nature Genetics* 18: 56–9.

7. Jeffreys, A. J., Wilson, V. and Thein, S. L. (1985). Hypervariable 'minisatellite' regions in human DNA. *Nature* 314: 67–73.

8. Reilly, P. R. and Page, D. C. (1998). We're off to see the genome. *Nature Genetics* 20: 15–17; *New Scientist*, 28 February 1998, p. 20.

9. See *Daily Telegraph*, 14 July 1998, and *Sunday Times*, 19 July 1998.

10. Ridley, M. (1993). *The Red Queen: sex and the evolution of human nature.* Viking, London.

染色体 9

Randy Nesse and George Williams's *Evolution and healing* (Weidenfeld and Nicolson, 1995) is the best introduction to Darwinian medicine and the interplay between genes and pathogens.

1. Crow, J. F. (1993). Felix Bernstein and the first human marker locus. *Genetics* 133: 4–7.

2. Yamomoto, F., Clausen, H., White, T., Marken, S. and Hakomori, S. (1990). Molecular genetic basis of the histo-blood group ABO system. *Nature* 345: 229–33.

3. Dean, A. M. (1998). The molecular anatomy of an ancient adaptive event. *American Scientist* 86: 26–37.

4. Gilbert, S. C., Plebanski, M., Gupta, S., Morris, J., Cox, M., Aidoo, M., Kwiatowski, D., Greenwood, B. M., Whittle, H. C. and Hill, A. V. S. (1998). Association of malaria parasite population structure, HLA and immunological antagonism. *Science* 279: 1173–7; also A. Hill, personal communication.

5. Pier, G. B. *et al.* (1998). *Salmonella typhi* uses CFTR to enter intestinal epithelial cells. *Nature* 393: 79–82.

6. Hill, A. V. S. (1996). Genetics of infectious disease resistance. *Current Opinion in Genetics and Development* 6: 348–53.

7. Ridley, M. (1997). *Disease.* Phoenix, London.

8. Cavalli-Sforza, L. L. and Cavalli-Sforza, F. (1995). *The great human diasporas.* Addison Wesley, Reading, Massachusetts.

9. Wederkind, C. and Füri, S. (1997). Body odour preferences in men and women: do they aim for specific MHC combinations or simple heterogeneity? *Proceedings of the Royal Society of London, Series B* 264: 1471–9.

10. Hamilton, W. D. (1990). Memes of Haldane and Jayakar in a theory of sex. *Journal of Genetics* 69: 17–32.

染色体 10

The tricky subject of psychoneuroimmunology is explored by Paul Martin's *The sickening mind* (Harper Collins, 1997).

1. Martin, P. (1997). *The sickening mind: brain, behaviour, immunity and disease.* Harper Collins, London.

2. Becker, J. B., Breedlove, M. S. and Crews, D. (1992). *Behavioral endocrinology.* MIT Press, Cambridge, Massachusetts.

3. Marmot, M. G., Davey Smith, G., Stansfield, S., Patel, C., North, F. and Head, J. (1991). Health inequalities among British civil servants: the Whitehall II study. *Lancet* 337: 1387–93.

4. Sapolsky, R. M. (1997). *The trouble with testosterone and other essays on the biology of the human predicament.* Touchstone Press, New York.

5. Folstad, I. and Karter, A. J. (1992). Parasites, bright males and the immunocompetence handicap. *American Naturalist* 139: 603–22.

6. Zuk, M. (1992). The role of parasites in sexual selection: current evidence and future directions. *Advances in the Study of Behavior* 21: 39–68.

染色体 11

Dean Hamer has both done the research and written the books on personality genetics and the search for genetic markers that correlate with personality differences. His book, with Peter Copeland, is *Living with our genes* (Doubleday, 1998).

1. Hamer, D. and Copeland, P. (1998). *Living with our genes.* Doubleday, New York.

2. Efran, J. S., Greene, M. A. and Gordon, D. E. (1998). Lessons of the new genetics. *Family Therapy Networker* 22 (March/April 1998): 26–41.

3. Kagan, J. (1994). *Galen's prophecy: temperament in human nature.* Basic Books, New York.

4. Wurtman, R. J. and Wurtman, J. J. (1994). Carbohydrates and depression. In Masters, R. D. and McGuire, M. T. (eds), *The neurotransmitter revolution,* pp.96–109. Southern Illinois University Press, Carbondale and Edwardsville.

5. Kaplan, J. R., Fontenot, M. B., Manuck, S. B. and Muldoon, M. F. (1996). Influence of dietary lipids on agonistic and affiliative behavior in *Macaca fascicularis. American Journal of Primatology* 38: 333–47.

6. Raleigh, M. J. and McGuire, M. T. (1994). Serotonin, aggression and violence in vervet monkeys. In Masters, R. D. and McGuire, M. T. (eds), *The neurotransmitter revolution,* pp. 129–45. Southern Illinois University Press, Carbondale and Edwardsville.

染色体 12

The story of homeotic genes and the way in which they have opened up the study of embryology is told in two recent textbooks: *Principles of development* by Lewis Wolpert (with Rosa Beddington, Jeremy Brockes, Thomas Jessell, Peter Lawrence and Elliot Meyerowitz) (Oxford University Press, 1998), and *Cells, embryos and evolution* by John Gerhart and Marc Kirschner (Blackwell, 1997).

The story of homeotic genes and the way in which they have opened up the study of embryology is told in two recent textbooks: *Principles of development* by Lewis Wolpert (with Rosa Beddington, Jeremy Brockes, Thomas Jessell, Peter Lawrence and Elliot Meyerowitz) (Oxford University Press, 1998), and *Cells, embryos and evolution* by John Gerhart and Marc Kirschner (Blackwell, 1997).

1. Bateson, W. (1894). *Materials for the study of variation*. Macmillan, London.
2. Tautz, D. and Schmid, K. J. (1998). From genes to individuals: developmental genes and the generation of the phenotype. *Philosophical Transactions of the Royal Society of London, Series B* 353: 231–40.
3. Nüsslein-Volhard, C. and Wieschaus, E. (1980). Mutations affecting segment number and polarity in *Drosophila. Nature* 287: 795–801.
4. McGinnis, W., Garber, R. L., Wirz, J., Kuriowa, A. and Gehring, W. J. (1984). A homologous protein coding sequence in *Drosophila* homeotic genes and its conservation in other metazoans. *Cell* 37: 403–8; Scott, M. and Weiner, A. J. (1984). Structural relationships among genes that control development: sequence homology between the *Antennapedia, Ultrabithorax* and *fushi tarazu* loci of *Drosophila. Proceedings of the National Academy of Sciences of the USA* 81: 4115–9.
5. Arendt, D. and Nubler-Jung, K. (1994). Inversion of the dorso-ventral axis? *Nature* 371: 26.
6. Sharman, A. C. and Brand, M. (1998). Evolution and homology of the nervous system: cross-phylum rescues of *otd/Otx* genes. *Trends in Genetics* 14: 211–14.
7. Duboule, D. (1995). Vertebrate hox genes and proliferation – an alternative pathway to homeosis. *Current Opinion in Genetics and Development* 5: 525–8; Krumlauf, R. (1995). Hox genes in vertebrate development. *Cell* 78: 191–201.
8. Zimmer, C. (1998). *At the water's edge*. Free Press, New York.

染色体 13

The geography of genes is explored in Luigi Luca Cavalli-Sforza and Francesco Cavalli-Sforza's *The great human diasporas* (Addison Wesley, 1995); some of the same material is also covered in Jared Diamond's *Guns, germs and steel* (Jonathan Cape, 1997).

1. Cavalli-Sforza, L. (1998). The DNA revolution in population genetics. *Trends in Genetics* 14: 60–65.
2. Intriguingly, the genetic evidence generally points to a far more rapid migration rate for women's genes than men's (comparing maternally inherited mitochondria with paternally inherited Y chromosomes) – perhaps eight times as high. This is partly because in human beings, as in other apes, it is generally females that leave, or are abducted from, their native group when they mate. Jensen, M. (1998). All about Adam. *New Scientist*, 11 July 1998: 35–9.

3. Reported in *HMS Beagle: The Biomednet Magazine* (www.biomednet.com/hmsbeagle), issue 20, November 1997.

4. Holden, C. and Mace, R. (1997). Phylogenetic analysis of the evolution of lactose digestion in adults. *Human Biology* 69: 605–28.

染色体 14

Two good books on ageing are Steven Austad's *Why we age* (John Wiley and Sons, 1997) and Tom Kirkwood's *Time of our lives* (Weidenfeld and Nicolson, 1999).

1. Slagboom, P. E., Droog, S. and Boomsma, D. I. (1994). Genetic determination of telomere size in humans: a twin study of three age groups. *American Journal of Human Genetics* 55: 876–82.

2. Lingner, J., Hughes, T. R., Shevchenko, A., Mann, M., Lundblad, V. and Cech, T. R. (1997). Reverse transcriptase motifs in the catalytic subunit of telomerase. *Science* 276: 561–7.

3. Clark, M. S. and Wall, W. J. (1996). *Chromosomes: the complex code.* Chapman and Hall, London.

4. Harrington, L., McPhail, T., Mar, V., Zhou, W., Oulton, R., Bass, M. B., Aruda, I. and Robinson, M. O. (1997). A mammalian telomerase-associated protein. *Science* 275: 973–7; Saito, T., Matsuda, Y., Suzuki, T., Hayashi, A., Yuan, X., Saito, M., Nakayama, J., Hori, T. and Ishikawa, F. (1997). Comparative gene-mapping of the human and mouse TEP-1 genes, which encode one protein component of telomerases. *Genomics* 46: 46–50.

5. Bodnar, A. G. *et al.* (1998). Extension of life-span by introduction of telomerase into normal human cells. *Science* 279: 349–52.

6. Niida, H., Matsumoto, T., Satoh, H., Shiwa, M., Tokutake, Y., Furuichi, Y. and Shinkai, Y. (1998). Severe growth defect in mouse cells lacking the telomerase RNA component. *Nature Genetics* 19: 203–6.

7. Chang, E. and Harley, C. B. (1995). Telomere length and replicative aging in human vascular tissues. *Proceedings of the National Academy of Sciences of the USA* 92: 11190–94.

8. Austad, S. (1997). *Why we age.* John Wiley, New York.

9. Slagboom, P. E., Droog, S. and Boomsma, D. I. (1994). Genetic determination of telomere size in humans: a twin study of three age groups. *American Journal of Human Genetics* 55: 876–82.

10. Ivanova, R. *et al.* (1998). HLA-DR alleles display sex-dependent effects on survival and discriminate between individual and familial longevity. *Human Molecular Genetics* 7: 187–94.

11. The figure of 7,000 genes is given by George Martin, quoted in Austad, S. (1997). *Why we age.* John Wiley, New York.

12. Feng, J. *et al.* (1995). The RNA component of human telomerase. *Science* 269: 1236–41.

染色体 15

Wolf Reik and Azim Surani's *Genomic imprinting* (Oxford University Press, 1997) is a good collection of essays on the topic of imprinting. Many books explore gender differences including my own *The Red Queen* (Viking, 1993).

1. Holm, V. *et al.* (1993). Prader–Willi syndrome: consensus diagnostic criteria. *Pediatrics* 91: 398–401.

2. Angelman, H. (1965). 'Puppet' children. *Developmental Medicine and Child Neurology* 7: 681–8.

3. McGrath, J. and Solter, D. (1984). Completion of mouse embryogenesis requires both the maternal and paternal genomes. *Cell* 37: 179–83; Barton, S. C., Surani, M. A. H. and Norris, M. L. (1984). Role of paternal and maternal genomes in mouse development. *Nature* 311: 374–6.

4. Haig, D. and Westoby, M. (1989). Parent-specific gene expression and the triploid endosperm. *American Naturalist* 134: 147–55.

5. Haig, D. and Graham, C. (1991). Genomic imprinting and the strange case of the insulin-like growth factor II receptor. *Cell* 64: 1045–6.

6. Dawson, W. (1965). Fertility and size inheritance in a Peromyscus species cross. *Evolution* 19: 44–55; Mestel, R. (1998). The genetic battle of the sexes. *Natural History* 107: 44–9.

7. Hurst, L. D. and McVean, G. T. (1997). Growth effects of uniparental disomies and the conflict theory of genomic imprinting. *Trends in Genetics* 13: 436–43; Hurst, L. D. (1997). Evolutionary theories of genomic imprinting. In Reik, W. and Surani, A. (eds), *Genomic imprinting*, pp. 211–37. Oxford University Press, Oxford.

8. Horsthemke, B. (1997). Imprinting in the Prader–Willi/Angelman syndrome region on human chromosome 15. In Reik, W. and Surani, A. (eds), *Genomic imprinting*, pp. 177–90. Oxford University Press, Oxford.

9. Reik, W. and Constancia, M. (1997). Making sense or antisense? *Nature* 389: 669–71.

10. McGrath, J. and Solter, D. (1984). Completion of mouse embryogenesis requires both the maternal and paternal genomes. *Cell* 37: 179–83.

11. Jaenisch, R. (1997). DNA methylation and imprinting: why bother? *Trends in Genetics* 13: 323–9.

12. Cassidy, S. B. (1995). Uniparental disomy and genomic imprinting as causes of human genetic disease. *Environmental and Molecular Mutagenesis* 25, Suppl. 26: 13–20; Kishino, T. and Wagstaff, J. (1998). Genomic organisation of the UBE3A/E6-AP gene and related pseudogenes. *Genomics* 47: 101–7.

13. Jiang, Y., Tsai, T.-F., Bressler, J. and Beaudet, A. L. (1998). Imprinting in Angelman and Prader–Willi syndromes. *Current Opinion in Genetics and Development* 8: 334–42.

14. Allen, N. D., Logan, K., Lally, G., Drage, D. J., Norris, M. and Keverne, E. B. (1995). Distribution of pathenogenetic cells in the mouse brain and their influence on brain development and behaviour. *Proceedings of the National Academy of Sciences of the USA* 92: 10782–6; Trivers, R. and Burt, A. (in preparation), *Kinship and genomic imprinting*.

15. Vines, G. (1997). Where did you get your brains? *New Scientist*, 3 May 1997: 34–9; Lefebvre, L., Viville, S., Barton, S. C., Ishino, F., Keverne, E. B. and Surani, M. A. (1998). Abnormal maternal behaviour and growth retardation associated with loss of the imprinted gene Mest. *Nature Genetics* 20: 163–9.

16. Pagel, M. (1999). Mother and father in surprise genetic agreement. *Nature* 397: 19–20.

17. Skuse, D. H. *et al.* (1997). Evidence from Turner's syndrome of an imprinted locus affecting cognitive function. *Nature* 387: 705–8.

18. Diamond, M. and Sigmundson, H. K. (1997). Sex assignment at birth: long-term review and clinical implications. *Archives of Pediatric and Adolescent Medicine* 151: 298–304.

染色体 16

There are no good popular books on the genetics of learning mechanisms. A good textbook is: M. F. Bear, B. W. Connors and M. A. Paradiso's *Neuroscience: exploring the brain* (Williams and Wilkins, 1996).

1. Baldwin, J. M. (1896). A new factor in evolution. *American Naturalist* 30: 441–51, 536–53.

2. Schacher, S., Castelluci, V. F. and Kandel, E. R. (1988). cAMP evokes long-term facilitation in *Aplysia* neurons that requires new protein synthesis. *Science* 240: 1667–9.

3. Bailey, C. H., Bartsch, D. and Kandel, E. R. (1996). Towards a molecular definition of long-term memory storage. *Proceedings of the National Academy of Sciences of the USA* 93: 12445–52.

4. Tully, T., Preat, T., Boynton, S. C. and Del Vecchio, M. (1994). Genetic dissection of consolidated memory in *Drosophila*. *Cell* 79: 39–47; Dubnau, J. and Tully, T. (1998). Gene discovery in *Drosophila*: new insights for learning and memory. *Annual Review of Neuroscience* 21: 407–44.

5. Silva, A. J., Smith, A. M. and Giese, K. P. (1997). Gene targeting and the biology of learning and memory. *Annual Review of Genetics* 31: 527–46.

6. Davis, R. L. (1993). Mushroom bodies and *Drosophila* learning. *Neuron* 11: 1–14; Grotewiel, M. S., Beck, C. D. O., Wu, K. H., Zhu, X.-R. and Davis, R. L. (1998). Integrin-mediated short-term memory in *Drosophila*. *Nature* 391: 455–60.

7. Vargha-Khadem, F., Gadian, D. G., Watkins, K. E., Connelly, A., Van-Paesschen, W. and Mishkin, M. (1997). Differential effects of early hippo-campal pathology on episodic and semantic memory. *Science* 277: 376–80.

染色体 17

The best recent account of cancer research is Robert Weinberg's *One renegade cell* (Weidenfeld and Nicolson, 1998).

1. Hakem, R. *et al.* (1998). Differential requirement for caspase 9 in apoptotic pathways *in vivo. Cell* 94: 339–52.
2. Ridley, M. (1996). *The origins of virtue.* Viking, London; Raff, M. (1998). Cell suicide for beginners. *Nature* 396: 119–22.
3. Cookson, W. (1994). *The gene hunters: adventures in the genome jungle.* Aurum Press, London.
4. *Sunday Telegraph,* 3 May 1998, p. 25.
5. Weinberg, R. (1998). *One renegade cell.* Weidenfeld and Nicolson, London.
6. Levine, A. J. (1997). P53, the cellular gatekeeper for growth and division. *Cell* 88: 323–31.
7. Lowe, S. W. (1995). Cancer therapy and p53. *Current Opinion in Oncology* 7: 547–53.
8. Hüber, A.-O. and Evan, G. I. (1998). Traps to catch unwary oncogenes. *Trends in Genetics* 14: 364–7.
9. Cook-Deegan, R. (1994). *The gene wars: science, politics and the human genome.* W. W. Norton, New York.
10. Krakauer, D. C. and Payne, R. J. H. (1997). The evolution of virus-induced apoptosis. *Proceedings of the Royal Society of London, Series B* 264: 1757–62.
11. Le Grand, E. K. (1997). An adaptationist view of apoptosis. *Quarterly Review of Biology* 72: 135–47.

染色体 18

Geoff Lyon and Peter Gorner's blow-by-blow account of the development of gene therapy, *Altered fates* (Norton, 1996) is a good place to start. *Eat your genes* by Stephen Nottingham (Zed Books, 1998) details the history of plant genetic engineering. Lee Silver's *Remaking Eden* (Weidenfeld and Nicolson, 1997) explores the implications of reproductive technologies and genetic engineering in human beings.

1. Verma, I. M. and Somia, N. (1997). Gene therapy – promises, problems and prospects. *Nature* 389: 239–42.
2. Carter, M. H. (1996). Pioneer Hi-Bred: testing for gene transfers. Harvard Business School Case Study N9–597–055.
3. Capecchi, M. R. (1989). Altering the genome by homologous recombination. *Science* 244: 1288–92.
4. First, N. and Thomson, J. (1998). From cows stem therapies? *Nature Biotechnology* 16: 620–21.

染色体 19

The promises and perils of genetic screening have been discussed at great length in many books, articles and reports, but few stand out as essential sources of wisdom. Chandler Burr's *A separate creation: how biology makes us gay* (Bantam Press, 1996) is one.

1. Lyon, J. and Gorner, P. (1996). *Altered fates.* Norton, New York.

2. Eto, M., Watanabe, K. and Makino, I. (1989). Increased frequencies of apolipoprotein E2 and E4 alleles in patients with ischemic heart disease. *Clinical Genetics* 36: 183–8.

3. Lucotte, G., Loirat, F. and Hazout, S. (1997). Patterns of gradient of apolipoprotein E allele *4 frequencies in western Europe. *Human Biology* 69: 253–62.

4. Kamboh, M. I. (1995). Apolipoprotein E polymorphism and susceptibility to Alzheimer's disease. *Human Biology* 67: 195–215; Flannery, T. (1998). *Throwim way leg.* Weidenfeld and Nicolson, London.

5. Cook-Degan, R. (1995). *The gene wars: science, politics and the human genome.* Norton, New York.

6. Kamboh, M. I. (1995). Apolipoprotein E polymorphism and susceptibility to Alzheimer's disease. *Human Biology* 67: 195–215; Corder, E. H. *et al.* (1994). Protective effect of apolipoprotein E type 2 allele for late onset Alzheimer disease. *Nature Genetics* 7: 180–84.

7. Bickeboller, H. *et al.* (1997). Apolipoprotein E and Alzheimer disease: genotypic-specific risks by age and sex. *American Journal of Human Genetics* 60: 439–46; Payami, H. *et al.* (1996). Gender difference in apolipoprotein E-associated risk for familial Alzheimer disease: a possible clue to the higher incidence of Alzheimer disease in women. *American Journal of Human Genetics* 58: 803–11; Tang, M.-X. *et al.* (1996). Relative risk of Alzheimer disease and age-at-onset distributions, based on APOE genotypes among elderly African Americans, Caucasians and Hispanics in New York City. *American Journal of Human Genetics* 58: 574–84.

8. Caldicott, F. *et al.* (1998). *Mental disorders and genetics: the ethical context.* Nuffield Council on Bioethics, London.

9. Bickeboller, H. *et al.* (1997). Apolipoprotein E and Alzheimer disease: genotypic-specific risks by age and sex. *American Journal of Human Genetics* 60: 439–46.

10. Maddox, J. (1998). *What remains to be discovered.* Macmillan, London.

11. Cookson, C. (1998). Markers on the road to avoiding illness. *Financial Times*, 3 March 1998, p. 18; Schmidt, K. (1998). Just for you. *New Scientist*, 14 November 1998, p. 32.

12. Wilkie, T. (1996). The people who want to look inside your genes. *Guardian*, 3 October 1996.

染色体 20

The story of prions is exceptionally well told in Rosalind Ridley and Harry Baker's *Fatal protein* (Oxford University Press, 1998). I have also drawn on Richard Rhodes's *Deadly feasts* (Simon and Schuster, 1997) and Robert Klitzman's *The trembling mountain* (Plenum, 1998).

1. Prusiner, S. B. and Scott, M. R. (1997). Genetics of prions. *Annual Review of Genetics* 31: 139–75.

2. Brown, D. R. *et al.* (1997). The cellular prion protein binds copper *in vivo*. *Nature* 390: 684–7.

3. Prusiner, S. B., Scott, M. R., DeArmand, S. J. and Cohen, F. E. (1998). Prion protein biology. *Cell* 93: 337–49.

4. Klein, M. A. *et al.* (1997). A crucial role for B cells in neuroinvasive scrapie. *Nature* 390: 687–90.

5. Ridley, R. M. and Baker H. F. (1998). *Fatal protein*. Oxford University Press, Oxford.

染色体 21

The most thorough history of the eugenics movement, Dan Kevles's *In the name of eugenics* (Harvard University Press, 1985) concentrates mostly on America. For the European scene, John Carey's *The intellectuals and the masses* (Faber and Faber, 1992) is eye-opening.

1. Hawkins, M. (1997). *Social Darwinism in European and American thought*. Cambridge University Press, Cambridge.

2. Kevles, D. (1985). *In the name of eugenics*. Harvard University Press, Cambridge, Massachusetts.

3. Paul, D. B. and Spencer, H. G. (1995). The hidden science of eugenics. *Nature* 374: 302–5.

4. Carey, J. (1992). *The intellectuals and the masses*. Faber and Faber, London.

5. Anderson, G. (1994). The politics of the mental deficiency act. M.Phil. dissertation, University of Cambridge.

6. *Hansard*, 29 May 1913.

7. Wells, H. G., Huxley, J. S. and Wells, G. P. (1931). *The science of life*. Cassell, London.

8. Kealey, T., personal communication; Lindzen, R. (1996). Science and politics: global warming and eugenics. In Hahn, R. W. (ed.), *Risks, costs and lives saved*, pp. 85–103. Oxford University Press, Oxford.

9. King, D. and Hansen, R. (1999). Experts at work: state autonomy, social learning and eugenic sterilisation in 1930s Britain. *British Journal of Political Science* 29: 77–107.

10. Searle, G. R. (1979). Eugenics and politics in Britain in the 1930s. *Annals of Political Science* 36: 159–69.

11. Kitcher, P. (1996). *The lives to come*. Simon and Schuster, New York.

12. Quoted in an interview in the *Sunday Telegraph*, 8 February 1997.

13. Lynn, R. (1996). *Dysgenics: genetic deterioration in modern populations*. Praeger, Westport, Connecticut.

14. Reported in *HMS Beagle: The Biomednet Magazine* (www.biomednet.com/hmsbeagle), issue 20, November 1997.

染色体 22

The most intelligent book on determinism is Judith Rich Harris's *The nurture assumption* (Bloomsbury, 1998). Steven Rose's *Lifelines* (Penguin, 1998) makes the opposing case. Dorothy Nelkin and Susan Lindee's *The DNA mystique* (Freeman, 1995) is worth a look.

1. Rich Harris, J. (1998). *The nurture assumption*. Bloomsbury, London.
2. Ehrenreich, B. and McIntosh, J. (1997). The new creationism. *Nation*, 9 June 1997.
3. Rose, S., Kamin, L. J. and Lewontin, R. C. (1984). *Not in our genes*. Pantheon, London.
4. Brittan, S. (1998). Essays, moral, political and economic. *Hume Papers on Public Policy*, Vol. 6, no. 4. Edinburgh University Press, Edinburgh.
5. Reznek, L. (1997). *Evil or ill? Justifying the insanity defence*. Routledge, London.
6. Wilson, E. O. (1998). *Consilience*. Little, Brown, New York.
7. Darwin's views on free will are quoted in Wright, R. (1994). *The moral animal*. Pantheon, New York.
8. Silver, B. (1998). *The ascent of science*. Oxford University Press, Oxford.
9. Ayer, A. J. (1954). *Philosophical essays*. Macmillan, London.
10. Lyndon Eaves, quoted in Wright, L. (1997). *Twins: genes, environment and mystery of identity*. Weidenfeld and Nicolson, London.

悦读经济学

最好用的101个经济法则

作者：（韩）金敏周 ISBN：978-7-111-41189-5 定价：39.90元

左手咖啡，右手世界：一部咖啡的商业史

作者：（美）马克·彭德格拉斯特 ISBN：978-7-111-42846-6 定价：69.00元

与全世界做生意

作者：（爱）柯纳·伍德曼 ISBN：978-7-111-31898-9 定价：32.00元

理性乐观派：一部人类经济进步史

作者：（英）马特·里德利 ISBN：978-7-111-36074-2 定价：45.00元

写给中国人的经济学

作者：王福重 ISBN：978-7-111-29244-9 定价：38.00元

用经济学解释我们的生活

作者：农卓恩 ISBN：978-7-111-32648-9 定价：29.00元

妙趣横生博弈论

作者：（美）阿维纳什 K.迪克西特 等 ISBN：978-7-111-27693-7 定价：48.00元

身边的博弈（第2版）

作者：董志强 ISBN：7-111-19585-6 定价：28.00元

经济学是个什么玩意

作者：王瑞泽 等 ISBN：978-7-111-33095-0 定价：29.00元

活学活用博弈论

作者：（美）詹姆斯 D.米勒 ISBN：978-7-111-33464-4 定价：39.80元

无知的博弈：有限信息下的生存智慧

作者：董志强 ISBN：7-111-25320-4 定价：28.00元

看电影读小说，你就能懂经济学

作者：（美）米丽卡 Z.布克曼 ISBN：978-7-111-39175-3 定价：28.00元

会赚钱的行为经济学

作者：（美）陈其一 等 ISBN：978-7-111-35006-4 定价：39.00元